大飞机出版工程　　总主编／顾诵芬

民机先进航电系统及应用系列

主编／冯培德　执行主编／金德琨

民用
机载电子硬件
开发实践

Civil Airborne Electronic Hardware
Development Practice

田莉蓉　袁晓军　刘文　赵腊才　王青／编著
牛文生　金德琨／审校

上海交通大學出版社
SHANGHAI JIAO TONG UNIVERSITY PRESS

内容提要

本书以机载电子硬件设计保证指南 DO‐254 为切入点,系统地介绍了机载电子硬件开发过程要求和适航审查要求,并引导读者在实际工作场景中理解和落实这些要求,旨在为民用机载电子硬件工程师进行产品开发以及适航认证提供帮助。

本书首先系统地介绍了机载电子硬件适航要求及设计保证指南;其次基于 DO‐254 指南并结合工程实践经验,描述了电子硬件设计保证过程及其工程实际活动,给出了具体活动的参考模板;再次基于 DO‐297 对 IMA 架构下硬件模块开发和认证的特殊要求进行了说明;最后介绍了局方针对机载电子硬件的适航审查过程,并对局方关注的事项进行了说明。

本书为民用机载电子硬件工程师产品开发以及适航认证提供帮助,适合从事民用航空电子硬件开发的技术人员和工程管理人员阅读,也可供高校相关专业的师生使用。

图书在版编目(CIP)数据

民用机载电子硬件开发实践/田莉蓉等编著. —上海:上海交通大学
出版社,2019 (2020 重印)
大飞机出版工程
ISBN 978‐7‐313‐21333‐4

Ⅰ.①民… Ⅱ.①田… Ⅲ.①民用飞机‐机载计算机‐硬件‐开发
Ⅳ.①V247.1

中国版本图书馆 CIP 数据核字(2019)第 101947 号

民用机载电子硬件开发实践
MINYONG JIZAI DIANZI YINGJIAN KAIFA SHIJIAN

编 著 者:田莉蓉 袁晓军 刘 文 赵腊才 王 青
出版发行:上海交通大学出版社　　　　　　　　地　　址:上海市番禺路 951 号
邮政编码:200030　　　　　　　　　　　　　　电　　话:021‐64071208
印　　制:上海盛通时代印刷有限公司　　　　　经　　销:全国新华书店
开　　本:710mm×1000mm　1/16　　　　　　印　　张:24
字　　数:324 千字
版　　次:2019 年 12 月第 1 版　　　　　　　　印　　次:2020 年 5 月第 2 次印刷
书　　号:ISBN 978‐7‐313‐21333‐4
定　　价:235.00 元

大飞机出版工程
丛书编委会

总序

国务院在 2007 年 2 月底批准了大型飞机研制重大科技专项正式立项,得到全国上下各方面的关注。"大型飞机"工程项目作为创新型国家的标志工程重新燃起我们国家和人民共同承载着"航空报国梦"的巨大热情。对于所有从事航空事业的工作者,这是历史赋予的使命和挑战。

1903 年 12 月 17 日,美国莱特兄弟制作的世界第一架有动力、可操纵、重于空气的载人飞行器试飞成功,标志着人类飞行的梦想变成了现实。飞机作为 20 世纪最重大的科技成果之一,是人类科技创新能力与工业化生产形式相结合的产物,也是现代科学技术的集大成者。军事和民生对飞机的需求促进了飞机迅速而不间断的发展,体现和应用了当代科学技术的最新成果;而航空领域的持续探索和不断创新为诸多学科的发展和相关技术的突破提供了强劲动力。航空工业已经成为知识密集、技术密集、高附加值、低消耗的产业。从大型飞机工程项目开始论证到确定为《国家中长期科学和技术发展规划纲要》的十六个重大专项之一,直至立项通过,不仅使全国上下重视起我国自主航空事业,而且使我们的人民、政府理解了我国航空事业半个世纪发展的艰辛和成绩。大型飞机重大专项正式立项和启动使我们的民用航空进入新纪元。经过 50 多年的风雨历程,当今中国的航空工业已经步入了科学、理性的发展轨道。大型客机项目其产业链长、辐射面宽、对国家综合实力带动性强,在国民经济发展和科学技术进步中发挥着重要作用,我国的航空工业迎来了新的发展机遇。

大型飞机的研制承载着中国几代航空人的梦想,在 2016 年造出与波音 737 和空客 A320 改进型一样先进的"国产大飞机"已经成为每个航空人心中奋斗的目标。然而,大型飞机覆盖了机械、电子、材料、冶金、仪器仪表、化工等几乎所有工业门类,集成了数学、空气动力学、材料学、人机工程学、自动控制学等多种学科,是一个复杂的科技创新系统。为了迎接新形势下理论、技术和工程等方面的严峻挑战,迫切需要引入、借鉴国外的优秀出版物和数据资料,总结和巩固我们的经验和成果,编著一套以"大飞机"为主题的丛书,借以推动服务"大型飞机"作为推动服务整个航空科学的切入点,同时对于促进我国航空事业的发展和加快航空紧缺人才的培养,具有十分重要的现实意义和深远的历史意义。

2008年5月,中国商用飞机有限责任公司成立之初,上海交通大学出版社就开始酝酿"大飞机出版工程",这是一项非常适合"大飞机"研制工作时宜的事业。新中国第一位飞机设计宗师——徐舜寿同志在领导我们研制中国第一架喷气式歼击教练机——歼教1时,亲自撰写了《飞机性能捷算法》,及时编译了第一部《英汉航空工程名词字典》,翻译出版了《飞机构造学》和《飞机强度学》,从理论上保证了我们的飞机研制工作。我本人作为航空事业发展50年的见证人,欣然接受了上海交通大学出版社的邀请担任该丛书的主编,希望为我国的"大型飞机"研制发展出一份力。出版社同时也邀请了王礼恒院士、金德琨研究员、吴光辉总设计师、陈迎春总设计师等航空领域专家撰写专著、精选书目,承担翻译、审校等工作,以确保这套"大飞机"丛书具有高品质和重大的社会价值,为我国的大飞机研制以及学科发展提供参考和智力支持。

编著这套丛书,一是总结整理50多年来航空科学技术的重要成果及宝贵经验;二是优化航空专业技术教材体系,为飞机设计技术人员培养提供一套系统、全面的教科书,满足人才培养对教材的迫切需求;三是为大飞机研制提供有力的技术保障;四是将许多专家、教授、学者广博的学识见解和丰富的实践经验总结继承下来,旨在从系统性、完整性和实用性角度出发,把丰富的实践经验进一步理论化、科学化,形成具有我国特色的"大飞机"理论与实践相结合的知识体系。

"大飞机"丛书主要涵盖了总体气动、航空发动机、结构强度、航电、制造等专业方向,知识领域覆盖我国国产大飞机的关键技术。图书类别分为译著、专著、教材、工具书等几个模块;其内容既包括领域内专家最先进的理论方法和技术成果,也包括来自飞机设计第一线的理论和实践成果。如:2009 年出版的荷兰原福克飞机公司总师撰写的 Aerodynamic Design of Transport Aircraft(《运输类飞机的空气动力设计》),由美国堪萨斯大学 2008 年出版的 Aircraft Propulsion(《飞机推进》)等国外最新科技的结晶;国内《民用飞机总体设计》等总体阐述之作和《涡量动力学》《民用飞机气动设计》等专业细分的著作;也有《民机设计 1000 问》《英汉航空双向词典》等工具类图书。

该套图书得到国家出版基金资助,体现了国家对"大型飞机项目"以及"大飞机出版工程"这套丛书的高度重视。这套丛书承担着记载与弘扬科技成就、积累和传播科技知识的使命,凝结了国内外航空领域专业人士的智慧和成果,具有较强的系统性、完整性、实用性和技术前瞻性,既可作为实际工作指导用书,亦可作为相关专业人员的学习参考用书。期望这套丛书能够有益于航空领域里人才的培养,有益于航空工业的发展,有益于大飞机的成功研制。同时,希望能为大飞机工程吸引更多的读者来关心航空、支持航空和热爱航空,并投身于中国航空事业做出一点贡献。

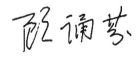

2009 年 12 月 15 日

系列序

20世纪后半叶特别是21世纪初,信息技术的高速发展带动了其他学科的发展,航空信息化、智能化加速了航空的发展。航空电子已成为现代飞机控制和运行的基础,越来越多的重要功能有赖于先进的航空电子系统来实现。先进的航空电子系统已成为飞机先进性的重要标志之一。

如果将发动机比作飞机的"心脏",航空电子系统则称得上是飞机的"大脑"和"中枢神经系统",其性能直接影响飞机的自动化和智能化水平,对飞机的安全性、经济性、舒适性、可用性等有重要的作用。由于航空电子系统地位特殊,因此当今主流飞机制造商都将航空电子系统集成与验证的相关技术列为关键技术,这也是我国亟待突破的大飞机研制关键技术。目前,国家正筹备航电专项以提升航空电子系统的自主研发和系统集成能力。

随着国家对航空产业的重视,在"十二五""十三五"民机科研项目的支持下,在国产大飞机研制的实践中,我国航空电子系统在综合化、模块化方面取得了很大的进步。本系列图书旨在将我国广大工程技术人员在航空电子技术方面多年研究成果和实践加以梳理、总结,为我国自主研制大型民用飞机助一臂之力。

本系列图书以"民机先进航电系统及应用"为主题,内容主要涵盖航空电子系统综合技术、飞行管理系统、显示与控制系统、机载总线与网络、飞机环境综合监视、通信导航监视、航空电子系统软件/硬件开发及适航审定、客舱与机载信息系统、民机健康管理系统、飞行记录系统、驾驶舱集成设计与适航验证、系统安全性设计与分析和航空电子适航性管理等关键性技术,既有理论又有设计方法;既有正在运营的各种大型飞机航空电子系统的介绍,也有航空电子发展趋势的展望,具有明显的工程实用性,对大飞机在研型号的优化和新机研制具有参考和借鉴价值。本系列图书适用于民用飞机航空电子研究、开发、生产及管理人员和高等学校相关专业师生,也可供从事军用航空电子工作的相关人员参考。

本系列图书的作者主要来自航空工业无线电电子研究所、航空工业西安航空计算技术研究所、航空工业雷华电子技术研究所、航空工业综合技术研究所、中国电子科技集团航空电子公司、航空工业陕西千山航空电子有限责任公司、上海交通大学以及大飞机研制的主体单位——中国商用飞机有限责任公司等专业的研究所、高校以及公司。他们都是从事大飞机航空电子系统研制的专家和学者,在航空电子领域有着突出的贡献、渊博的知识和丰富的实践经验。

大型民用飞机的研制承载着中国几代航空人的梦想,制造出先进的国产大飞机已经成为每个航空人奋斗的目标。本系列图书得到 2019 年国家出版基金的资助,充分体现了国家对"大飞机工程"的高度重视,希望该套图书的出版能够为国产大飞机的研制服务。衷心感谢每一位参与编著本系列图书的人员,以及所有直接或间接参与本丛书审校工作的专家学者和上海交通大学出版社的"大飞机出版工程"项目组,在大家的共同努力下,这套丛书终于面世。衷心希望本系列图书能切实有利于我国航空电子系统研发能力的提升,为国产大飞机的研制尽一份绵薄之力。

由于本系列图书是国内第一套航空电子系列图书,规模大、专业面广,作者的水平和实践经验有限,不妥之处在所难免,敬请读者批评指正!

民机先进航电系统及应用系列编委会

前言

本书是"大飞机出版工程·民机先进航电系统及应用系列"之一。它以机载电子硬件设计保证指南 DO‑254 为切入点，系统地介绍了机载电子硬件开发过程要求和适航审查要求，并引导读者在实际工作场景中理解和落实这些要求，旨在为民用机载电子硬件工程师进行产品开发以及适航认证提供帮助，同时也可作为高等院校航空相关专业的教学和指导用书。

早在 20 世纪 60 年代，随着软件规模的扩大以及复杂性的提高，因软件设计错误导致的各种设备的失效逐步增多，出现了所谓的"软件危机"。通过对各种失效原因的分析，人们意识到对于软件这种高度抽象、复杂且特性难以度量的产品，仅仅依靠对最终产品的检查很难保证其质量，必须规范开发过程以减少产品潜在的设计缺陷。之后陆续推出的软件工程、能力成熟度模型(CMM)以及专门针对机载软件的 DO‑178 指南(机载设备及软件合格审查考虑)等，都是通过规范软件开发过程提高软件产品质量的方法。实践证明这些方法在软件领域取得了很好的成效。

相比于软件，硬件包括电子硬件则普遍被认为是一种看得见、摸得着的实体，不像软件那么抽象、复杂，其设计错误也易于发现和更正，因此在对软件提出设计保证要求之后很长一段时间内，机载电子硬件仍可以随系统和设备一起通过对最终结果的验证表明其适航符合性。对于早期的以机械产品为主的硬件而言，这种看法是正确的。对于后期在机载领域广泛使用的电子硬件而言，这种观点则是不客观的。随着电子工业的不断发展，电子产品功能日趋复杂，集成度不断提高，设计的难度也随之不断加大，尤其是 FPGA 等可编程器件的大量使用，使得许多电子硬件产品越来越表现出与软件相似的特性。

机载电子硬件复杂性的增加使得通过最终测试表明产品没有潜在设计缺陷变得非常困难甚至是不可能的。同时设计错误也越来越难以发现，因设计错误导致的硬件失效也越来越多。如果管理不善，设计错误的更改又有可能引入新的设计错误。在过去

1

十几年中,电子硬件的复杂性及设计能力大幅增长,但相应的验证能力却没有得到提升,以至无法充分表明产品的适航性,这一矛盾导致复杂电子硬件在机载领域的应用受到了限制。

然而为了满足飞机不断提高的性能和功能要求,越来越多的机载电子设备,包括影响安全的电子设备中都包含了复杂电子硬件。复杂电子硬件在机载领域的大量使用已成为不可回避的事实。另外,由于FPGA技术的发展,软件和硬件之间的界限越来越模糊,许多功能既可以用软件实现也可以用硬件实现,因此供应商会考虑将越来越多的功能以硬件的形式实现,以规避对软件的严格审查。这种趋势引起了航空界尤其是民用航空界的高度重视,局方和工业界都意识到需要采取必要的手段保证复杂机载电子硬件的安全性。

为了解决复杂电子硬件在机载领域应用面临的问题,航空无线电委员会(RTCA)和欧洲民用航空组织(EUROCAE)组成了联合工作组共同制定了DO–254指南(机载电子硬件设计保证指南)。该指南借鉴DO–178的思想,通过对复杂电子硬件设计过程的规范和约束,以尽早发现并剔除设计缺陷,保证机载复杂电子硬件达到相应的安全等级要求。该指南随后被美国联邦航空管理局(FAA)、欧洲航空安全局(EASA)等局方接受作为机载电子硬件的适航符合性方法之一。申请人如果不能提出更为有效的被局方接受的符合性方法,那么满足DO–254指南定义的开发过程目标就是机载复杂电子硬件适航的必要条件。

目前对于DO–254标准本身的培训在国内已经非常普遍,但由于DO–254标准只是提出了原则性的目标和要求,没有给出具体工程研发活动中实现和满足这些目标和要求的方法。"怎么做"是广大硬件工程师急切需要获得的知识。本书结合笔者多年的工作实践,分享DO–254标准的应用经验,为机载电子硬件满足适航要求提供指导。

本书共10章,分别为机载电子硬件概述、DO–254指南简介、策划过程、需求捕获过程、硬件模块开发过程、可编程逻辑开发过程、构型管理过程、过程保证过程、IMA 模块开发过程以及适航审查过程。其中第 1 章对机载电子硬件及其适航要求进行了系统介绍；第 2 章对电子硬件设计保证指南 DO‑254 进行了概要说明；第 3～8 章基于笔者的工程实践经验对 DO‑254 指南中提出的设计保证方法进行分析和解读，将设计保证要求转换为机载电子硬件开发过程的各项工程活动，引导读者基于实际的开发工作场景理解并落实相关要求，同时提供相关的模板和检查单；为保证内容的完整性，第 9 章基于 DO‑297 对集成模块化航电(IMA)架构下硬件模块开发和认证的特殊要求进行了说明；第 10 章介绍了局方针对机载电子硬件的适航审查过程，并对局方关注的事项进行了说明。

需要说明的是，为了更好地适应技术发展，DO‑254 等指南也在不断更新，但其基本思想没有发生大的变化。本书关注相关指南的内涵，并非是特定版本指南的解读，因此除特殊需要外，在本书中将统一使用代号(ARP 4754、ARP 4761、DO‑178、DO‑254 等)指代指南，不特别标注版本信息。

另外，虽然适航最初是针对民机提出的要求，但近几年军机适航也得到军方和主机厂所的普遍关注，目前我国军方对许多新研型号都提出了适航要求。本书虽然以民机为主线讨论机载电子硬件开发过程，但由于军、民机适航在技术层面上不存在本质差别，本书对军机项目的适航工作同样具有参考价值。

本书第 1、2、9 章由田莉蓉主笔，第 3、8 章由王青主笔，第 4、6、7 章由袁晓军主笔，第 5 章由赵腊才主笔，第 10 章由刘文主笔。

本书在编制过程中得到航空工业西安航空计算技术研究所适航工程支持组的大力支持，在此表示感谢。

由于作者水平有限、时间仓促，书中难免存在错误、疏忽和不足之处，欢迎广大读者提出宝贵意见。

目录

9　IMA 硬件模块开发过程 / 283

10　适航审查过程 / 301

1

绪论

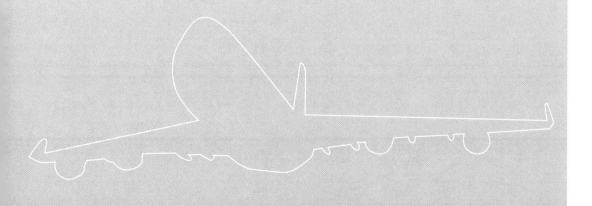

本章对机载电子硬件的定义、发展过程以及机载电子硬件与机载系统的关系进行说明，并在此基础上介绍民用飞机机载电子硬件的适航要求及符合性方法。

1.1 机载电子硬件定义

硬件一词起源于工程领域，译自英文"hardware"，英文原义是"The machinery and equipment to do something"。与软件（software）相对应，硬件通常是指金属构件、元件、器件等零部件以及由这些零部件组成的物理装置。在工程领域中，硬件一般是指相对固定的、看得见摸得着的物理设备和基础设施等。按照《计算机科学技术百科全书》的定义，电子硬件是指构成电子系统的所有物质元器件、部件、设备等物理装置的总称，这些物理装置按系统结构的要求构成一个有机整体，为电子系统的运行提供物质基础。软件则是特指计算机程序，它们装载到相应的硬件平台中运行，协同硬件共同完成电子系统的功能。

目前大多数电子产品都包含硬件和软件两部分，以大家熟知的 PC 机为例，硬件是指相对固定不变、看得见的物理设备，如机箱、电源、主板、硬盘、显示器和键盘鼠标等，软件则包括 Windows 操作系统、Office 办公软件、数据库软件、视频播放器和聊天软件等。电子产品硬件的许多零部件又可以包括软件和硬件，如硬盘包括盘片、读写电机、磁头和壳体等硬件，同时又包含了控制磁头运动的控制软件。

机载电子硬件特指安装于飞机平台上的电子硬件，应具备在机载环境下完成预期行为的能力，需要满足适航等特殊的设计要求。机载电子硬件物理形态从广义上可以分为外场可更换设备（line replaceable unit，LRU，通常指可直接独立在航空器上安装的机载产品）、电路板或者车间可更换部件（shop replaceable unit，SRU，通常指 LRU 内部的印制板模块等部件，需要在维修车间安装和维修)、可编程逻辑组件(FPGA/CPLD/ASIC 中驻留的硬件逻辑)以及电子元器件等。

在上述不同层级的机载电子硬件中,由于 LRU 通常包含多个 SRU 级部件,具有一定的系统特性,目前航空业界倾向于将其纳入系统开发过程控制;电子元器件通常采用业界广泛使用的货架产品,由独立于研制方的第三方供应商提供,使用方通常通过采购控制、筛选、产品集成、使用监控等全生命周期管控手段;因此机载电子硬件开发特指 SRU 硬件模块及可编程逻辑的开发。若无特别说明,本书后续章节中的电子硬件特指 SRU 模块及可编程逻辑组件。

另外电子硬件除了在飞机上广泛应用外,也大量应用于其他航空器(如气球、飞艇、直升机、滑翔机等),由于民用飞机的使用数量占整个民用航空器的 97%以上,为方便起见,本书以民用飞机为使用场景对机载电子硬件进行讨论,其他类型的航空器可参照使用。

1.2 机载电子硬件发展过程

机载电子硬件是电子技术在机载领域的应用成果,其发展过程和电子技术的发展密切相关。电子技术的发展可追溯到 20 世纪 30 年代,先后经历了热阴极电子管、晶体管、大规模集成电路、超大规模集成电路等发展阶段。伴随着电子技术的发展,机载电子硬件的发展大致也可分为以下三个阶段。

(1) 以模拟电路及二极管处理器为代表的第一代机载电子硬件,典型代表为模拟仪表。

(2) 以大规模集成电路为代表的第二代机载电子硬件,典型代表为数字处理硬件。

(3) 以超大规模集成电路为代表的第三代机载电子硬件,典型代表为大规模可编程硬件、多核数字处理硬件等。

　　机载电子硬件是完成系统功能的物质基础,机载系统能力的提升与机载电子硬件的发展密不可分。随着机载电子硬件的发展,短短几十年间,机载系统从功能到结构都发生了巨大的变化。

　　航空电子系统是机载系统中电子硬件最为密集的系统,系统与电子硬件之间这种相互依赖又相互促进的关系在航空电子系统发展过程中表现得尤为突出,其中数字计算机的引入和变革更是为航电系统带来了革命性的变化。例如:计算机指令系统带来航电系统逻辑处理能力的变化,计算机存储系统带来航电系统程序处理能力变化,计算机系统架构(如多机并行处理、IMA)则带来航电系统组织模式的变化,等等。航空电子系统的分立式、联合式、综合模块化航电系统(integrated modular avionics,IMA)三个大的发展阶段与机载电子硬件的发展基本上是同步的,每次架构变化在很大程度上得益于机载电子硬件能力的提升。下面结合航空电子系统的发展回顾机载电子硬件的变迁,说明机载电子硬件与机载系统相伴相随的发展过程。该过程分为三个阶段:分立式阶段(1940—1960年)、联合式阶段(1960—1990年)和综合模块化阶段(1990年至今)。

1.2.1　分立式阶段的电子硬件

　　分立式航空电子系统就是早期独立分散的航空电子设备与飞行员能力组织模式。即分立式航空电子系统由多个独立的设备和能力构成。每个设备提供自身独立的能力,设备之间没有直接的物理联系,而是通过飞行员的操作和组织实现相互协同。分立式航空电子系统是面向人(飞行员)的能力组织。它是由许多"独立的"子系统组成的,每个子系统都由各自的探测器、控制器、显示器以及专用的模拟计算机通过点对点的连线连接,且依靠飞行员的操作完成特定的任务。例如雷达、通信、导航等设备各自均有专用且相互独立的天线、射频前端、控制器和显示器等,采用点对点连接。这种结构专用性强,缺少灵活性,难以实现大量的信息交换,任何改进或任务的变更均需要通过更改硬件来实现,20世纪50年代和60年代初的飞机航空电子系统基本上都采用分立式架构。从严格意义上说这一阶段的航电还不能称为系统,其典型系统结构如图 1-1 所示。

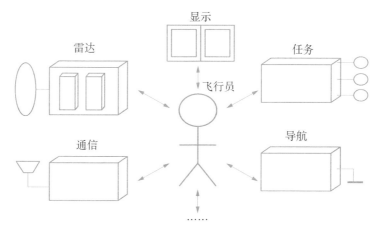

图 1-1　典型分立式航电系统结构

分立式航空电子系统特征如下:

(1) 各个设备是独立的,由面向自身功能组织与实现操作构成,不存在与其他设备的交联和相互协同。

(2) 每个设备功能都是面向飞行员能力延伸,直接与飞行员能力和操作交联。如没有设备内部交联通信。

(3) 每个设备有各自的传感器、控制器和处理模式,与自身功能处理相关,与飞机其他设备无关。

(4) 每个设备各项功能支持与飞行员进行信息和活动交互,飞行员负责组织和管理,不支持外界信息交互和管理。

(5) 设备的功能与设备是绑定的,设备功能的能力和性能只与驻留设备自身和环境条件相关,基本上与飞机其他设备无关。

(6) 多数为模拟设备,仅有少量的数字化设备。

分立式架构后期的航空电子系统引入了简单的数字处理功能,各功能系统间也建立了以 RS 232 和 ARINC 429 为代表的通信链路,具有简单的协同处理能力,形成了航空电子系统雏形。

分立式架构中的机载电子硬件主要为第一代机载电子硬件,其基本特征为功能单一、状态简单,采用模拟电路技术,典型代表为分立式模拟仪表,采用晶体管技术的处理器以及 RS 232 和 ARINC 429 等数字化总线及接口。

1.2.2　联合式阶段的电子硬件

联合式架构针对飞机飞行应用能力需求,根据系统专业技术的发展,构建系统功能组织和运行管理的专业系统和设备,并建立了系统与设备之间接口和功能的交联。随着数字化技术的发展,大多数设备已从模拟处理模式转换成数字处理模式,为系统信息处理和组织奠定了基础。

联合式架构首先构建面向功能目标和实现的设备与子系统,同时建立系统设备物理接口之间数据交联链路——数据总线,实现整个航空电子系统设备功能的组织、协同和管理。目前,大多数联合式航空电子系统采用联合式架构,建立统一标准的总线和通信协议——MIL‐STD‐1553B 和 ARINC 429 总线,支持联合式构架各设备或分系统之间的信息通信与传输。同时,为了通过统一系统的能力和对活动的描述,针对联合式架构不同设备功能组织需求,建立了通用编程语言,如国际算法语言的朱尔斯文本(Jules own version of IAL,JOVIAL)语言,形成联合式架构功能组织与管理模式。

联合式航空电子系统主要的特征是采用时分多路传输数据总线、标准机载计算机、标准开发语言以及标准接口单元。各子系统之间通过标准数据总线连接,简化了连接方式,减少了设备简单连接的电缆数量,减少了系统的重量,提升了系统的性能。

联合式架构航空电子系统通常由多个数字电子设备组成。在数字电子设备中除包含传统硬件电路外,还包含大量软件及可编程硬件电路,通过数据总线进行数据交互共同完成飞机功能。联合式架构下的系统功能由该系统的专属硬件(与其他系统不共享)以及相关应用软件共同完成,其典型系统结构如

图 1-2 所示。

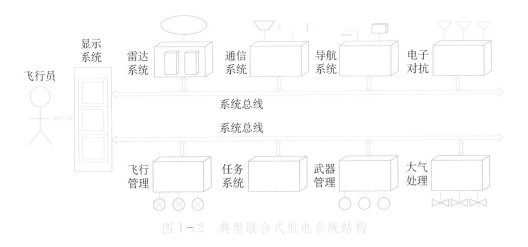

图 1-2 典型联合式航电系统结构

联合式航空电子系统特征如下：

（1）各个设备是根据独立专业分类构成的,承担着本专业系统的能力和功能。所有的功能专业的分类归属各个设备。

（2）航空电子系统建立系统数据总线,支持系统设备的功能组织和交联,支持系统任务组织与管理。显示系统负责任务的组织与调度,各设备或子系统负责功能调度与管理。

（3）系统通过显示系统（设备）实现与飞行员交互,显示系统（设备）提供系统各设备的功能处理结果,响应飞行员的指令,实现飞行员对航空电子系统功能的组织和管理。

（4）系统每个设备有各自的传感器、控制器和处理模式,即具有自身的输入、资源和功能,在系统任务的调度下,自行独立完成功能的组织、处理与管理。

（5）系统各个设备的功能与设备资源是绑定的,即确定的功能只能在确定的设备、确定的资源上运行,不支持功能组织的迁移。

（6）系统所有设备都具有自身的处理系统,各个设备负责自身设备或子系统的管理。故障限定在各自设备或子系统中,不对系统其他设备产生影响。

联合式架构中的机载电子硬件主要为第二代机载电子硬件,其基本特征为采用大规模集成电路技术,功能多、电路复杂并使用可编程器件,典型代表为具有较强处理能力的机载数字计算机、数据总线以及多样化的外部接口。

1.2.3 综合模块化阶段的电子硬件

随着飞机对航电系统需求的不断增长,联合式架构已不能满足航电系统发展要求,主要体现在以下几个方面:

(1) 联合式架构中软/硬件资源专属于各个系统,彼此之间不能共享。随着航电系统功能的增加,对硬件设备数量的需求也同步增长,导致硬件的体积、功耗、重量等指标以及系统成本大幅提升。联合式航空电子系统的一个主要特点是每一个子系统都需要其自己的资源和接口,建立自身独立的操作和输入/输出处理。如传感器、受动器、显示器和控制器等,从而使操作变得更加复杂,也导致系统中存在大量不必要的重复设备。随着整个航空电子系统功能的不断增多,航空电子设备的组织需求持续增加,整个系统中的航空电子设备的体积、重量和花费呈现直线增长,对飞机机载系统的组织和能力产生巨大压力。

(2) 联合式架构中系统之间的交联通过计算机的外部总线和网络实现,传输带宽、速率和延迟较计算机内部总线有较大差距,如 1553B 总线仅有 1 MB/s 的传输速率,而计算机内部传输总线的带宽很容易就达到 GB 的水平。带宽、速率和延迟的限制使得系统之间的数据交换能力受到很大影响,无法实现多个系统的高度功能综合,从而限制了系统的总体功能和性能。

(3) 随着功能的增加可靠性下降。由于系统功能和硬件资源急剧增多,而系统功能和资源是绑定的,直接影响系统的可靠性。虽然系统设备和功能之间相互独立,具有自然隔离避免故障扩散的优点,但是功能模块的独立使得一旦某个设备和功能模块发生故障,系统无法采用其他独立设备替代故障设备及其功能。虽然系统可以采用冗余容错的方法解决单点设备故障的问题,但是冗余的设备大幅度增加系统的成本,同时也造成系统处理组织的冗余。

（4）随着功能的增加系统成本增大。在联合式航空电子系统中，每个子系统都是独立且专用的，一个功能模块中很小的修改或升级，都可能造成整个模块的重新开发以及重新验证。尽管在联合式系统中，重新验证工作由于被限制在单独的模块中而相对简单；但相对于整个航空电子系统全寿命周期中频繁的系统升级需求，这种重新开发与重新验证所带来的代价也是需要避免的。

由于系统应用、功能和性能不断提升，现代航空电子系统呈现越来越复杂的系统特征。对复杂系统来说，系统应用越来越宽，系统构成的规模越来越大，系统包含元素越来越多，元素之间的关系和影响越来越复杂，必须建立相应的措施解决复杂的系统问题。系统综合技术是面向系统应用、环境和能力一体化的系统处理技术，是解决系统组织、处理和管理的效能、效率和有效性的重要途径。

为解决上述问题，20 世纪 90 年代国外开始综合模块化航空电子系统的研究工作，并很快取得了突破，成为新一代客机、军机的典型架构形式。综合模块化航空电子系统（IMA）是第一个提出综合化需求的航空电子系统架构，是航空电子系统发展的一个里程碑。从原理上说，综合化航空电子系统是真正地从系统角度审视、思考、组织和管理航空电子系统的组织与构成。

综合模块化航空电子系统架构的主要思想是将能支持航空电子系统综合化的通用处理从系统紧密耦合组织中剥离出来，构建一个系统具备统一、独立和干净的通用处理环境和平台，并保留基本的系统专用处理能力作为系统松耦合的支持部分，形成系统驻留通用处理功能组织和综合模式，提供系统资源组织与综合，支持基于驻留功能的系统应用组织与综合。其典型系统结构如图 1-3 所示。

综合模块化航空电子系统特征如下：

（1）提高了系统资源利用率。通过建立综合化资源共享模式，提升资源利用率，降低资源配置需求。航空电子系统资源综合改变了资源静态需求配置模式，建立了系统动态资源需求供给模式。通过采用资源与应用解耦方法，针对

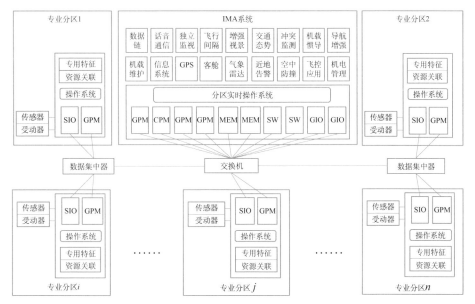

图 1-3　典型综合模块化航电系统结构

系统当前运行应用需求,提供共享资源能力。

(2)提高了系统资源可用性。通过建立系统统一规范状态组织管理,降低资源能力缺陷、资源操作错误和资源结果故障对系统资源能力的影响,提高系统资源能力利用率,提高系统处理的置信度。通过将资源与应用分离,通过资源能力测试、资源操作诊断以及资源结果监控,识别资源存在的缺陷、错误和故障,通过系统回避、综合抑制,降低系统故障对系统资源保证能力的影响。

(3)基于模块化和标准化资源综合。IMA 平台资源不再是静态配置给出确定的功能,而是在系统功能调度模式下,根据功能运行资源需求与当前资源可用状态,实现动态的功能与资源配置模式,有效地实现资源共享和综合。

(4)基于驻留分区的功能综合。IMA 通过基于 IMA 驻留系统专业功能,提供驻留分区组织和运行隔离,支持系统级功能组织和集成,实现系统功能的综合。

(5)基于航空电子系统网络的应用综合。IMA 平台针对飞行运行组织,根据驻留系统综合组织功能,通过航空电子系统网络,组织和协同航空电子系统专业系统功能,实现航空电子系统应用任务的综合。

综合模块化架构中的电子硬件主要为第三代机载电子硬件。与第二代相比,其功能更加多样,状态更为复杂,多核处理逐步成为主流。典型特征为远程数据集中器、大规模可编程硬件、超强计算和通信能力的核心处理平台以及高速机载网络。

1.3 机载电子硬件与系统的关系

飞机由飞机平台、发动机以及机载系统组成,多个机载系统间通过数据总线或网络交联,协同完成货物运载、旅客运输、播种、救火等飞行任务。在通常情况下,机载电子硬件不能独立安装在飞机上,也不能独立完成飞机功能,它往往是某一机载产品的组成部分,和其他硬件及软件构成设备、系统后在飞机上安装并共同完成特定的飞机功能。本节对联合式及 IMA 架构中机载电子硬件与系统的关系进行说明。

1.3.1 联合式架构中硬件与系统的关系

联合式架构下的机载产品包含机载系统、设备(子系统)、软/硬件等多个层级,联合式架构下典型飞机组成如图 1-4 所示。

图 1-4 联合式架构下典型飞机组成

机载系统通常完成一个或一组特定飞机功能,如通信、导航、气象服务、航路规划等。机载系统按功能类型划分可以分为飞机系统(含飞控和机电系统)和航空电子系统两大类(如导航系统、通信系统、雷达系统等)。按物理组成可分为仅包含机械产品的机械系统和包含电子产品的电子系统两大类。包含软件或电子硬件的系统属于机载电子系统范畴。随着技术的发展,单纯的机械系统已经越来越少,传统意义上的机械系统如液压、刹车等也都包含了许多电子控制部件。

联合式架构下机载系统通常又由多个子系统或机载设备组成,典型的机载系统组成如图1-5所示。

图1-5　联合式架构下典型机载系统组成

机载系统包含机械类设备和电子类设备。电子类设备可将物理量转换为数字量进行处理,并可通过总线、网络等通信链路与其他电子设备交联,协同完成系统功能。随着电子技术的发展,电子类设备在机载系统中所占比例越来越大。目前的机载电子设备种类繁多,它不仅包含传统概念上的机载无线电设备(通信、导航、雷达、遥测、遥感、电视、电子侦察与干扰等),还包括各类机载计算机、数据处理、显示与记录设备等,更广义地还涉及某些光电设备、光纤设备、激光设备和红外设备,甚至飞机结构件和蒙皮材料中都嵌入了大量的传感器和电子设备。

早期的电子设备中,由于设备中没有软件,机载电子设备等同于机载电子硬件,如图1-5中的液压阀和蓄压器。目前的大部分机载电子设备中除了传统意义上的电子硬件外,还包含大量软件和可编程逻辑,如图1-5中的刹车控

制单元。联合式架构下典型的机载电子设备组成如图 1－6 所示。

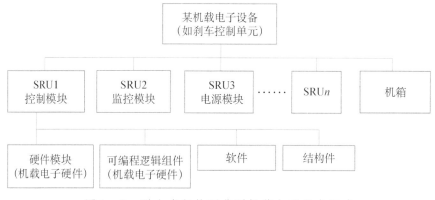

图 1－6　联合式架构下典型机载电子设备组成

　　联合式架构下，硬件电路模块与驻留其上的可编程逻辑、软件以及结构件集成后构成完整的模块，完成模块功能及其在设备内的安装。不同模块间通过底板总线相互交联，并与机箱（或机柜）及结构安装件集成后构成完整的设备，完成机载设备的功能及其在飞机上的安装。不同设备间通过外部接口（EWIS 及其他机械接口）相互交联构成完整的机载系统，在飞机平台中实现最终的飞机级功能。

1.3.2　IMA 架构中硬件与系统的关系

　　随着硬件处理能力的提升，综合模块化架构在飞机系统设计中得到越来越广泛的应用。综合模块化架构航空电子系统由统一的核心处理平台（IMA 平台）、多个远程数据集中器以及驻留应用组成。核心处理平台上集中完成多个飞机系统的计算处理功能，核心处理平台与传感器之间通过远程数据集中器及机载网络系统进行数据交互。综合模块化架构不仅涉及技术变革，而且还导致了生产分工的变化。在综合模块化架构中，传统意义上的系统功能由核心处理平台、远程接口部件、网络以及系统专用部件、系统驻留应用软件等共同完成。

　　综合模块化架构在一定程度上打破了联合式架构中系统的边界，IMA 架构下机载系统的典型组成如图 1-7 所示。

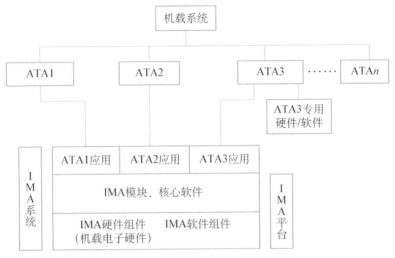

图 1-7 IMA 架构下机载系统的典型组成

在 IMA 架构中,软件或硬件组件或其集合构成 LRM 模块,LRM 模块直接安装于 IMA 机架上,通过背板总线以信号或网络方式互联,同时通过网络、总线等与远程接口单元或其他系统互联,集中完成多个系统的计算和处理功能。

从图 1-5～图 1-7 可以看出,无论联合式架构还是 IMA 架构,机载软件及电子硬件都是构成飞机系统的基本元素。机载软件的表现形式为驻留在存储单元中的指令,机载电子硬件的表现形式为硬件电路板或驻留在可编程器件中的控制逻辑。机载软件及电子硬件通常也是飞机的最小构型项,直接或间接地影响飞机系统安全。本书后续章节重点对机载电子硬件的开发过程进行讨论,确保机载电子硬件达到相应等级的安全性要求。

1.4　机载电子硬件适航要求

满足适航要求是民用机载电子硬件区别于其他电子硬件的重要特征。

民用飞机是一种与公众安全密切相关的特殊商品,除了满足制造商及航空公司期望实现的功能、性能外,民用飞机还要满足基本的安全性要求。

在民用飞机投入商业运营的初期,由于技术和管理等多方面的因素,发生了多起惨痛的飞行事故。为维护公众利益,航空业较发达的美国和欧洲政府率先对民用飞机提出了适航要求,它要求飞机(含机载系统、设备、硬件、软件等)的设计和制造应保证其具备在预期的环境中安全飞行(包括起飞和着陆)的品质(初始适航),并通过适当的维护在使用过程中保持这种品质(持续适航)。除安全性要求外,适航要求还包括噪声及环境污染等方面的要求。本书关注与安全相关的适航要求。

民用飞机必须通过适航认证才能进入商业运营,能否通过适航认证是民机型号是否成功的关键因素。适航认证是政府相关机构(以下简称局方)确认产品符合适航要求的过程,也是民用飞机开发方(以下简称申请人)表明产品符合适航要求并取得适航证件的过程。除此之外,所有在民用飞机上安装的机载产品都必须通过适航审查,获得局方颁发的相关适航证明文件,才能在民用飞机上安装使用。

适航是各国政府对民用飞机及机载产品的强制性法律要求。机载电子硬件是飞机的基本组成元素,与飞机安全密切相关,也必须满足相关的适航要求。飞机型号适航要求是机载电子硬件适航要求的源头,为使读者对机载电子硬件适航要求有一个完整的认识,下面从飞机型号、系统、电子硬件层面对适航要求进行说明。

1.4.1 型号适航要求

民用飞机及其他航空产品(发动机、螺旋桨和直升机等)的通用适航要求在技术类适航规章中定义,如 CCAR/FAR 23、25、27、29、33 和 35 分别定义了小型通用飞机、大型运输机、小型直升机、重型直升机、发动机、螺旋桨等航空产品的最低安全要求。

适航规章不是一成不变的,它随技术发展及航空产品的使用和运营不断修订完善。1996 年,美国环球航空公司 800 航班的一架波音 747 客机在空中爆炸,机上 230 人全部遇难。经调查最可能的原因是飞机电器线路故障产生的电火花进入飞机的燃油箱导致空中爆炸。1998 年,瑞士航空公司的一架 MD-11 客机失火后坠入大西洋,机上 229 人全部遇难。尽管最后未能完全确定导致此次航空事故的确切原因,但事后调查发现在有可能最早起火的客舱位置处的一段客舱娱乐系统的电缆上有凝固铜。这表明该处电缆曾产生过电弧,导致铜质导体融化后又凝固。因此专家认为该导线故障产生的电弧很有可能就是这起飞机失火坠毁事故的原因。两起事故促使美国国家运输安全委员会和美国联邦航空管理局(Federal Aviation Administration,FAA)开始关注与电气线路相关的问题。2007 年 11 月 8 日,FAA 发布了"飞机系统/燃油箱安全适航性增强项目",在 25 部中也增加了 H 分部——电气线路互联系统(electrical wiring interconnection sytem,EWIS),以避免类似灾难性事故的发生,极大地提高了所有运输类飞机电气线路系统的安全性。

除适航规章外,在针对特定型号进行审查时,如果局方认为提交适航审查的型号产品具有新颖或独特的设计,而且与这些设计有关的安全性要求、特殊的运营适航要求及环境保护要求没有包含在现行的适航规章中,局方会为该型号审查制定并颁布专用条件对上述内容进行规范和说明,专用条件与适航规章具有同等效力。

另外,当申请人设计的航空产品的某些设计特征无法满足适航规章的要求,但其类似的设计特征具有长期安全使用的经验,或采用等效安全措施能够达到相同安全水平时,申请人可以向局方申请适航条款的豁免,局方根据产品的设计特征、安全性影响以及等效安全措施的采用情况等,决定是否批准豁免申请。

除适航规章定义的通用要求外,局方会根据情况提出针对飞机型号的其他要求,这些要求以问题纪要的形式记录。如在 ARJ21 型号审查中,局方要求复杂电子硬件除进行必要的测试验证外,还需要按照 DO-254 指南或其他被局方接受的方法表明符合性。这一要求就是以问题纪要的形式发布的。

综上所述,特定飞机型号的适航要求包括适用的适航规章以及专用条件、豁免条款、问题纪要等。飞机型号适航要求应在飞机级认证计划(certification plan,CP)中明确并获得局方批准。

1.4.2 系统/设备适航要求

机载系统/设备是飞机的重要组成部分,与飞机的飞行安全密切相关。与大多数追求最佳性价比的商业化产品不同,安全是机载系统/设备考虑的首要因素。为保证飞机的安全性,机载系统/设备必须满足相关的适航要求并经适航审查部门批准,才允许在飞机上安装使用。机载系统/设备的适航要求主要来源于如下几个方面。

1) 适航规章

机载系统/设备适航要求包括与之相关的适航条款、专用条件、豁免条款、问题纪要。例如,CCAR 23、25、27、29、33 和 35 等适航规章中对飞机型号的功能、性能提出了最低要求,与这些功能相关的机载系统/设备必须满足相关的要求。除此之外,适航规章还规定了适用于所有机载系统/设备的通用要求,主要包括可达性要求、防火要求、安装要求、闪电防护要求、电子设备要求和持续适航要求等。例如:

(1) 25.611 可达性。

(2) 25.869 防火。

(3) 25.1301 功能和安装。

(4) 25.1309 设备、系统和安装。

(5) 25.1316 闪电防护。

(6) 25.1431 电子设备。

(7) 25.1529 持续适航。

CCAR 23、27、29、33 和 35 中也有类似的条款要求。

2) 技术标准规定

机载系统/设备的适航要求还要考虑与之相关的技术标准规定（Technical Standard Order，TSO，中国民航局发布的 TSO 称为 CTSO）的要求。技术标准规定是局方颁布的民用航空器上所用的某些材料、零部件或者机载设备的最低性能标准。在通常情况下，机载系统/设备的适航要求不能低于相关的技术标准规定的要求。CTSO 包含在 CCAR 37 中，并在 AC - 37 - 01 咨询通告（advisory circular，AC）中表明了局方对 CTSO 的立场。目前中国民用航空局（CAAC）已颁布了 100 多项技术标准规定。

在通常情况下，机载系统/设备首先应满足相关的 TSO 要求，并在满足特定型号的装机要求后才能在飞机上安装使用。如果国外已有 TSO 标准，而国内尚未发布对应的 CTSO 标准，机载电子产品供应商在确定产品的适航要求时，应充分考虑国外 TSO 标准的相关要求，以保证相关 CTSO 标准发布后产品的适用性。

TSO 通常都与特定的功能设备对应，如自动驾驶仪和飞行显示器等。无独立功能的硬件模块或部件（如处理器模块和通用接口模块等）通常无法获得 TSO 批准。2002 年 FAA 发布了 TSO - C153，为无功能的硬件模块获得 TSO 批准提供了可能。虽然该 TSO 标准是基于 IMA 系统架构下硬件模块的认证需求而提出的；但如果需要，非 IMA 系统的硬件模块也可以获得 TSO - C153 的批准。目前参照 TSO - C153 制定的 CTSO - C153 已经发布。

3) 工业标准

在有些情况下适航规章会引用工业标准作为机载系统/设备的最低性能标准或试验标准，这些被引用的工业标准也构成相关机载系统/设备的适航技术要求，如 ARINC 标准和 DO 标准等。

机载系统/设备适航要求应在系统/设备认证（或支持）计划中明确并获得局方（或申请人）批准。

1.4.3　电子硬件适航要求

大部分机载电子硬件不直接实现飞机功能也不能在飞机上独立安装,它们与其他软件、硬件组件共同构成机载系统/设备,完成飞机功能。因此除了25.1309这类通用条款外,机载电子硬件的适航要求通常不直接体现在适航条款、专用条件、豁免条款这些顶层的适航要求中,但它需要满足飞机总体、系统、子系统逐层设计分解和迭代形成的安全性设计要求。

除此之外,机载电子硬件的适航要求要考虑与之相关的技术标准规定(TSO)及问题纪要的要求。在通常情况下,机载电子硬件的适航要求不能低于技术标准规定中相应部分的要求。

机载电子硬件的适航要求应在硬件合格审定计划(plan for hardware aspect of certification,PHAC)中明确并获得局方批准。

1.4.4　适航要求的实现

对于飞机及其机载产品而言,适航要求只是允许其装机的最低安全要求。除适航要求外,申请人及供应商通常会考虑产品的市场竞争力等其他多种因素,对产品提出更多、更高的要求,与适航要求一起构成完整的设计要求,因此适航要求是飞机设计要求的子集。适航要求与其他设计要求的不同点在于,适航要求是获得适航批准必须满足的强制性要求,其他设计要求则可由相关方权衡取舍。

适航审查采用的是申请人负责制,飞机型号申请人(通常是飞机制造商,如波音、空客、中国商飞、中国西飞等公司)对飞机的适航性负责。供应商原则上只需满足申请人提出的设计要求,不直接承担适航责任。为保证飞机的适航性,申请人需要将相关的适航要求纳入外包产品设计要求,并根据供应商的能力及成熟度对供应商进行适度监控,确保其提供的产品满足要求。

适航要求必须转化为安全性设计要求才能落实到产品的属性中。安全性设计要求包括适航要求的具体细化以及基于适航要求的设计决策而产生的衍生需求。

以显示器设计为例,适航规章中CCAR/FAR 25.2321条款对飞行仪表的布局和可见度提出的适航要求如下:必须使任一飞行员在其工作位置沿飞行航迹向前观察时,尽可能少地偏移正常姿势和视线,即可看清供他使用的每个飞行、导航和动力装置仪表。该条款转换为安全性设计要求的示例如下。

申请人在显示器外包要求中将适航条款转化为以下安全性设计要求:

在各种光照条件下,任一飞行员姿势最多偏移不大于x,视线最多偏移y,显示器上飞行、导航和动力装置信息应清晰可读。

供应商在显示器需求中将申请人的要求进一步转化为以下安全性设计要求:

在强烈日照条件下,任一飞行员姿势最多偏移不大于x,视线最多偏移y,显示器上飞行、导航和动力装置信息应清晰可读。

在夜光条件下应避免飞行员产生视觉疲劳,且应提供足够的调节能力使飞行员可以根据自己的视力状况调节显示亮度。

应采取防止飞行员误操作的有效预防措施。

再例如,25.1309条款要求安全关键功能不允许存在单点故障,为满足此要求,系统设计需要采用能够容错的架构,基于此架构设计提出的机载系统/设备的余度设计要求、监控要求、独立性要求以及相关的安全性定量要求(如失效率要求)等衍生需求均属于基于适航要求转换的安全性设计要求。

机载系统/设备/硬件的安全性设计要求与飞机系统的顶层设计密切相关。完成相同功能的机载系统/设备/硬件,由于飞机系统架构的不同(如在某型飞机中有备份系统,而在另一型飞机中无备份系统),对应的安全性设计要求就会有所不同。

在实际工作中外包设计要求通常以技术协议书的形式明确。供应商需要在其需求文件中进一步明确这些设计要求,将顶层抽象的、原则性的要求逐步转换为针对具体产品的可实现、可验证的设计需求(如将适航要求转换为具体的安全性设计要求),并落实到产品的设计和实现中。外包产品的设计要求理论上应由申请人定义,但在实际的工程实践中,设计要求的初稿通常是由有经验的供应商提供,因为他们在其所从事的特定领域内通常比申请人更有经验(如申请人更熟悉与产品相关的工业标准要求、通用或特殊设计准则等)。在此基础上申请人和供应商共同完成最终的外包设计要求。实践证明,这种工作方式有助于形成完整的外包设计要求,是非常值得推荐的最佳实践。

1.5 机载电子硬件符合性方法

符合性方法是申请人向局方表明其产品符合适航要求而采用的方法,目前主要包括设计验证以及设计保证两大类方法。对于简单机载产品,通过设计验证就可以充分表明适航符合性。对于复杂机载产品,除了设计验证外,还需要采取一系列的设计保证措施才能充分表明其适航性。

机载电子硬件属于复杂机载产品,需要通过设计验证及设计保证两个层面表明适航符合性。

1.5.1 通过设计验证表明符合性

为规范适航符合性方法,局方在其颁布的适航管理程序 AP21-03R3 中对其认可的基于设计验证的符合性方法(means of compliance,MOC)进行了分类说明,如表 1-1 所示。申请人可以通过这些方法对产品进行全方位检查、分析及测试,表明产品设计符合适航要求。

表 1-1　AP21-03R3 符合性方法分类及说明

代码	名称	使用说明
MOC0	符合性声明	通过符合性检查单/符合性记录等表明产品适航符合性
MOC1	说明	通过技术文件(如安装图纸、计算方法、证明方案、飞机手册等)表明产品的适航符合性

（续表）

代码	名称	使 用 说 明
MOC2	分析/计算	通过分析、计算（如载荷、静强度和疲劳强度计算，性能分析，统计数据分析，与以往型号的相似性分析等）表明产品的适航符合性
MOC3	安全性评估	通过安全性评估（如飞机/系统功能危险评估、飞机/系统初步安全性评估、飞机/系统安全性评估等）表明产品的适航符合性
MOC4	实验室试验	通过实验室试验（如静力和疲劳试验、环境试验等）表明产品的适航符合性。试验可以在零部件、组件和完整的产品上进行
MOC5	机上地面试验	通过机上地面试验（如旋翼和减速器的耐久性试验，环境、温度等试验）表明产品的适航符合性
MOC6	飞行试验	通过飞行试验表明产品的适航符合性。飞行试验通常在适航规章明确要求或用其他方法无法完全表明符合性的情况下进行
MOC7	飞机检查	通过飞机的检查（如系统之间的隔离检查、维修性检查等）表明产品与适航要求的符合性
MOC8	模拟器试验	通过模拟真实环境（如评估潜在危险的失效情况，驾驶舱评估等）表明产品的适航符合性
MOC9	设备鉴定试验	通过设备鉴定试验（如预期功能的适合性，临界环境中的性能等）表明产品的适航符合性

　　AP21-03R3 是在飞机型号层面对 MOC0～MOC9 进行分类和说明的，TC 申请人可以使用这些不同类型、不同层次的方法及其组合表明飞机型号及飞机系统设计符合适航要求。局方在适航审查过程中对这些方法的合理性、有效性及最终的符合性进行判断。

　　但是上述方法的分类和说明对供应商尤其是低层级供应商而言存在一定的模糊性。以设备级的功能试验为例，有些设备供应商将其归为 MOC4，有些则将其归为 MOC9。这样在不同供应商之间、供应商和主机厂之间的沟通就有可能出现歧义。建议 TC 申请人在表 1-1 的基础上对不同层次供应商的符合性方法做进一步说明，以保证型号研制的不同团队（系统/设备/软件及电子硬件供应商、飞机制造商、审查方等)能够在共同的语境下沟通。

例如在飞机层面符合性方法中,MOC4 定义为飞机层面开展的符合性试验(如铁鸟试验等),MOC9 则定义为各系统(如航电系统和飞控系统)向飞机级表明其符合性的方法。各系统层面递归采用 MOC0～MOC9 表明其符合性,以航电系统为例,MOC4 定义为航电系统层面开展的符合性试验证据(如铜鸟试验等),MOC9 则定义为航电系统中各设备(如 IMA 平台和显示设备等)向航电系统表明其符合性的方法,以此类推。

飞机级符合性方法说明如表 1-2 所示。

表 1-2　飞机级符合性方法说明

代码	名称	使　用　说　明
MOC0	符合性声明	通过符合性检查单/符合性记录等表明产品适航符合性
MOC1	说明	通过技术文件(如安装图纸、计算方法、证明方案和飞机手册等)表明产品的适航符合性
MOC2	分析/计算	通过分析、计算(如载荷、静强度和疲劳强度计算,性能分析,统计数据分析,与以往型号的相似性分析等)表明产品的适航符合性
MOC3	安全性评估	通过安全性评估(如飞机/系统功能危险评估、飞机/系统初步安全性评估、飞机/系统安全性评估等)表明产品的适航符合性
MOC4	实验室试验	通过实验室试验(如静力和疲劳试验、环境试验、铁鸟试验等)表明产品的适航符合性。试验可以在零部件、组件和完整的产品上进行
MOC5	机上地面试验	通过机上地面试验(如旋翼和减速器的耐久性试验,环境、温度等试验)表明产品的适航符合性
MOC6	飞行试验	通过飞行试验表明产品的适航符合性。飞行试验通常是在适航规章明确要求或用其他方法无法完全表明符合性的情况下进行
MOC7	飞机检查	通过飞机的检查(如系统之间的隔离检查、维修性检查等)表明产品与适航要求的符合性
MOC8	模拟器试验	通过模拟真实环境(如评估潜在危险的失效情况,驾驶舱评估等)表明产品的适航符合性
MOC9	系统鉴定试验	通过系统鉴定试验(如预期功能的适合性,临界环境中的性能等)表明产品的适航符合性(在系统层级递归使用 MOC0～MOC9 方法)

系统级符合性方法说明如表 1-3 所示。

表 1-3　系统级符合性方法说明

代码	名称	使 用 说 明
MOC0	符合性声明	为表明系统符合适航要求而开展的符合性审查活动结论,如系统供应商质量部门对系统符合性的审查结论,其他相关方给出的设备符合相关要求的结论等
MOC1	说明	为表明系统符合相关适航要求而开展的设计工作,主要证据包括设计文件、评审报告等
MOC2	分析/计算	为表明系统符合设计性能要求而开展的分析活动,主要证据包括性能分析、类比报告等
MOC3	安全性评估	为表明系统满足安全性要求而开展的评估活动,主要证据包括系统 FHA、PSSA 和 SSA 等
MOC4	实验室试验	为表明系统满足适航要求开展的一系列试验,包括功能、性能、环境试验等(如航电系统铜鸟试验),主要证据包括相关的试验报告
MOC5～MOC8	机上地面试验/飞行试验/飞机检查/模拟器试验	为表明系统满足适航要求在机上地面试验、飞行试验、飞机检查、模拟器试验中开展的活动(必要时),主要证据包括相关的试验、检查报告
MOC9	设备鉴定试验	为表明系统中的设备或子系统满足适航要求而开展的符合性验证活动,主要证据包括设备或子系统的设计、分析、测试及过程控制数据等(在设备或子系统层级递归使用 MOC0～MOC9 方法)

设备级符合性方法说明如表 1-4 所示。

表 1-4　设备级符合性方法说明

代码	名称	使 用 说 明
MOC0	符合性声明	为表明设备符合适航要求而开展的符合性审查活动结论,如设备供应商质量部门对设备符合性的审查结论,其他相关方给出的设备符合相关要求的结论等
MOC1	说明	为表明设备(含软件及复杂电子硬件)符合相关适航要求而开展的设计工作,主要证据包括设计文件、评审报告等

代码	名称	使 用 说 明
MOC2	分析/计算	为表明设备符合设计性能要求而开展的分析活动,主要证据包括结构强度计算、性能分析、类比报告等
MOC3	安全性评估	为表明设备满足安全性要求而开展的评估活动,主要证据包括设备级 PSSA 和 SSA 等
MOC4	实验室试验	为表明设备满足适航要求开展的一系列试验,包括功能、性能、环境试验等,主要证据包括相关的试验报告
MOC5~MOC8	机上地面试验/飞行试验/飞机检查/模拟器试验	为表明设备满足适航要求在机上地面试验、飞行试验、飞机检查、模拟器试验中开展的活动(必要时),主要证据包括相关的试验、检查报告
MOC9	组件鉴定试验	为表明设备中的组件如机载软件、电子硬件满足适航要求而开展的符合性验证活动,主要证据包括组件的设计、分析、测试及过程控制数据等(在软件、硬件层面递归使用 MOC0~MOC9 方法)

　　机载软件及电子硬件是机载产品的基本组成元素,它们也必须通过相关的适航审查才允许装机使用。对机载软件、电子硬件供应商而言,适航审查过程就是通过一系列符合性方法,配合申请人向局方表明机载电子硬件符合适航要求的过程。因此同样可以将表 1-4 中的 MOC9 组件鉴定试验看成是证明软/硬件组件符合适航要求的方法,递归采用 MOC0~MOC9 表明软件及电子硬件组件的符合性。

　　机载软件/电子硬件层面符合性方法说明如表 1-5 所示。

表 1-5　机载软件/电子硬件层面符合性方法说明

代码	名称	使 用 说 明
MOC0	符合性声明	为表明机载软件、电子硬件符合适航要求而开展的符合性审查活动结论,如机载软件、电子硬件供应商质量部门对机载软件、电子硬件符合性的审查结论,其他相关方给出的机载软件、电子硬件符合相关要求的结论等
MOC1	说明	为表明机载软件、电子硬件符合相关适航要求而开展的设计工作,主要证据包括设计文件、评审报告等

代码	名称	使 用 说 明
MOC2	分析/计算	为表明机载软件、电子硬件符合相关适航要求而开展的分析活动,主要证据包括性能分析、环境适应性分析、类比报告等
MOC3	安全性评估	为表明机载软件、电子硬件符合相关适航要求而开展的安全性评估活动,主要证据包括 FMEA、完整性数据、失效率数据等
MOC4	实验室试验	为表明机载软件、电子硬件符合相关适航要求开展的一系列试验,包括功能、性能、环境试验等。主要证据包括相关的验证报告
MOC5～MOC8	机上地面试验/飞行试验/飞机检查/模拟器试验	不适用
MOC9	组件鉴定试验	不适用(电子软件、硬件为机载产品的最小单元)

表 1-2～表 1-5 是申请人对符合性方法做进一步规范的示例,采用的是自底向上逐级支撑的方法。申请人可以根据项目实际需要提出不同的要求,例如,在表 1-5 的 MOC9 中要求供应商提供元器件符合相关要求的证明材料等。通过上述符合性方法对不同层次的产品设计进行全面的检查、分析和测试,表明产品不存在潜在设计缺陷,满足适航要求。当然申请人也可以提出其他的分类方法,如采取横向归类方法,将各层级的实验室试验均归为 MOC4,而各层级的环境鉴定试验均归为 MOC9 等。

设计验证是最直观、最有效的表明符合性的方法。对于机械类及简单电子产品,通过设计验证对产品设计进行穷举验证,可以有效地表明产品符合适航要求。而对于包括大部分机载电子产品在内的复杂机载产品而言,由于无法进行穷举验证,上述方法则不足以表明适航符合性,需要采取一系列的设计保证措施,以进一步确保产品满足适航要求。

1.5.2　通过设计保证表明符合性

随着飞机及机载产品设计的日趋复杂和高度集成化,尤其是软件以及可编程硬件组件的大量使用,导致产品的设计及技术状态日益复杂,很难完全通过穷举验证剔除设计缺陷,表明适航符合性。为此局方和工业界一致认为需要进一步采取必要的设计保证措施,保证产品满足相应等级的安全性要求。

1) 基于过程控制的设计保证

为了保证复杂机载电子产品的适航符合性,航空无线电技术委员会(Radio Technical Commission for Aeronautics,RTCA)和国际自动机工程师学会(Society of Automotive Engineers,SAE)等机构提出了基于设计过程控制的设计保证方法,该方法对产品的开发过程提出相应等级的控制目标,以便在设计过程中尽早、尽可能多地发现并剔除设计缺陷,保证产品达到相应等级的安全性要求。基于过程目标的设计保证方法是对本书第1.5.1节通过设计验证表明符合性方法的有效补充,以弥补飞机及复杂机载产品无法进行穷举验证的不足。

目前RTCA和SAE已分别针对机载软件、系统、电子硬件以及IMA系统制定了相应的设计保证指南,即DO-178、ARP 4754、DO-254和DO-297指南以及安全性评估过程指南和方法(ARP 4761)等,目前这些指南已被各国局方普遍认同,将其作为表明复杂机载产品适航符合性的方法。相关指南之间的关系如图1-8所示。

上述指南是美国的SAE和RTCA以及欧洲的EUROCAE共同开发的,ARP和DO分别是SAE和RTCA的文件标识,EUROCAE对应的标识统一为ED。本书为方便起见,统一采用SAE和RTCA的文件标识。

ARP 4754定义机载复杂系统开发过程的要求,ARP 4761定义相应的安全性评估方法。1996年SAE发布ARP 4754,2010年修订发布ARP 4754A。2011年FAA发布咨询通告AC 20-174明确ARP 4754A为局方接受的适航符合性方法,同时也指出该方法适用于LRU设备层级。

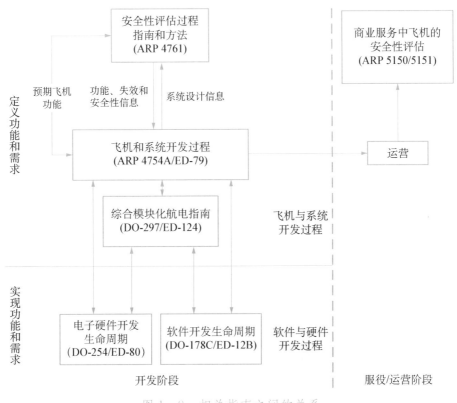

图 1-8　相关指南之间的关系

ARP 5150/5151 定义飞机及系统运营过程的安全性评估方法,关注持续适航阶段的工作。本书不对 ARP 5150/5151 进行详细讨论,但需要说明的是,机载电子产品在设计过程中需要考虑对运营阶段相关活动的支持。

DO-178 定义机载软件开发过程的要求。1982 年 RTCA 发布 DO-178,1985 修订和发布 DO-178A,1992 年修订和发布 DO-178B,1993 年 FAA 发布的咨询通告 AC 20-115B 明确了 DO-178B 为局方接受的适航符合性方法。2012 年修订和发布 DO-178C,2013 年 FAA 发布了咨询通告 AC 20-115C,明确了 DO-178C 为局方接受的适航符合性方法。

DO-254 定义对机载电子硬件开发过程的要求。2000 年 RTCA 发布 DO-254 指南(简称 DO-254),2005 年 FAA 发布咨询通告 AC 20-152,要求专用集成电路、在线可编程逻辑阵列、可编程逻辑件（ASIC、FPGA 和 PLD）等可编程逻辑的适航认证需提供设计保证证据，并明确 DO－254 为局方接受的设计保证方法之一。欧洲航空安全局（European Aviation Safety Agency，EASA）发布的认证备忘录（certification memorandum，CM）EASA CM－SWCEH－002 也要求 LRU 和 SRU 为可编程逻辑等复杂电子硬件提供设计保证证据，并明确了 DO－254 为局方接受的设计保证方法。EASA CM－SWCEH－002 同时指出除可编程逻辑外，LRU 及 SRU 硬件只需符合 D 级设计保证要求。CAAC 目前对 DO－254 的应用还没有提出明确要求，但在 ARJ21 及 C919 的研制过程中参考 FAA 的策略对 ASIC、FPGA 和 PLD 等可编程硬件组件提出了通过 DO－254 或其他被局方接受的方法进一步表明其适航符合性的要求。

DO－297 定义 IMA 系统开发过程的要求。随着民机航电系统架构从联合式向综合模块化 IMA 的转变，适航认证也面临着新的挑战。2005 年 RTCA 发布 DO－297《IMA 系统开发指南及认证考虑》，它在 ARP 4754/4761、DO－178 和 DO－254 的基础上提出针对 IMA 系统的开发和认证要求。按照 DO－297 要求，IMA 系统的开发过程须符合 ARP 4754/4761 指南的要求，模块及驻留应用的开发过程须符合 DO－178 和 DO－254 指南的要求，除此之外 IMA 系统以及模块、驻留应用开发还应满足 DO－297 中提出的针对 IMA 系统开发和认证的特殊要求。2010 年 FAA 发布咨询通告 AC 20－170，要求 IMA 系统的适航认证须提供设计保证证据，并明确 DO－297 为局方接受的设计保证方法之一。

随着技术的发展以及人们认识的提高，上述指南也在不断地更新和完善。目前发布的各项指南的最新版本为 DO－178C、DO－254、DO－297、ARP 4754A、ARP 4761 和 ARP 5150/5151。其中 ARP 4761、ARP 4754A 以及 ARP 5150/5151 的修订正在进行中，DO－254 的修订也在酝酿之中。

2）基于全局属性的精简设计保证

在过去的二十几年里，以 ARP 4754、DO－178 和 DO－254 等为代表的基于过程控制的设计保证方法对提高机载产品的质量起了很好的导向作用。随着技术的发展以及机载系统间的不断融合,系统、软件、硬件等领域的界限变得越来越模糊,现有的基于离散目标的设计保证指南的使用会逐渐变得困难,而且符合离散目标有助于提高产品品质;但并不能直接保证产品与最终目标的符合性。

在此背景下,FAA 启动了精简设计保证(streamline design assurance)方法的研究,这种方法期望通过定义少量全局属性(overarching property,OP),覆盖 ARP 4754、DO-178 和 DO-254 中多个离散过程目标,形成精简设计保证方法。目前精简设计保证方法拟定义三个全局属性,包括如下几方面。

(1) 设计意图(intend):该属性目标保证定义的预期行为对于期望的行为而言是正确和完整的。

(2) 正确性(correctness):该属性目标保证在可预见的使用环境下,实现对于定义的预期行为而言是正确的。

(3) 可接受性(acceptability):该属性目标保证超出定义的预期行为之外的实现不能有不可接受的安全性影响。

每个属性包含属性目标、术语定义、前置条件、强制要求和假设等一系列要素。申请人需要提供充分的证据表明开发的机载产品符合上述属性要求。精简设计保证方法并非替代基于过程的设计保证方法,而是两者同时并存,为申请人提供更多的选择。

目前精简设计保证方法尚处于论证阶段,最终的全局属性及其要素框架还未明确,真正实施还需要就许多问题进行研究并达成普遍共识,例如,如何按不同的 DAL 等级确定全局属性要求、如何采用敏捷的方法满足全局属性目标、对现有政策和指南的影响以及表明和评估符合总体属性目标的方法等都需要进行进一步研究,同时还需要制定一系列指南对工业界及局方审查人员进行指导。但精简设计保证方法代表了未来设计保证的趋势,值得持续关注。在2018 年 7 月的 SAE S18 技术委员会会议上针对精简设计保证启动了目标简化

(objective simplicity)专题工作。

需要说明的是,精简并不等同于简单。事实上精简设计保证方法对使用者的能力提出了更高的要求。对缺乏经验的企业来说,先从基于过程控制的设计保证方法入手开展工程实践活动,待积累了足够的经验和基础数据后再采用精简设计保证方法,实现从"必然王国"到"自由王国"的转变,是一个比较可行的路线。我国民机工业起步较晚,现阶段采用基于开发过程控制的设计保证方法相对而言更易于把握和实施,也更具有可行性。

对于机载电子硬件而言,由于 DO-254 是局方通过咨询通告公开接受的基于过程控制的设计保证方法,绝大部分供应商会采用该指南作为设计保证方法表明符合性。本书后续章节将重点讨论机载电子硬件设计保证指南 DO-254 的应用,为机载电子硬件开发人员提供实践指导。

参考文献

[1] 张效祥.计算机科学技术百科全书[M].2 版.北京:清华大学出版社,2005.

[2] 金德琨,敬忠良,王国庆,等.民用飞机航空电子系统[M].上海:上海交通大学出版社,2011.

[3] SAE. ARP 4754A Guidelines for development of civil aircraft and systems [S]. SAE,2010.

[4] SAE. ARP 4761 Guidelines and methods for conducting the safety assessment process [S]. SAE,1996.

[5] RTCA. DO-178C Software considerations in airborne systems and equipment certification [S]. RTCA,2012.

[6] RTCA. DO-254 Design assurance guidance for airborne electronic hardware [S]. RTCA,2000.

[7] RTCA. DO-297 Integrated modular avionics(IMA) development guidance and

certification consideration [S]. RTCA，2005.

[8] SAE. ARP 5150 Safety assessment of transport airplanes in comercial service [S]. SAE，2013.

[9] SAE. ARP 5151 Safety assessment of general aviation airplanes and rotorcraft in comercial service [S]. SAE，2006.

[10] FAA. AC 20 – 115C Advisory circular on DO – 178C [S]. FAA，2013.

[11] FAA. AC 20 – 152 Advisory circular on DO – 254 [S]. FAA，2005.

[12] FAA. AC 20 – 170 Advisory circular on DO – 297 [S]. FAA，2010.

[13] FAA. AC 20 – 174 Advisory circular on ARP 4754A [S]. FAA，2011.

2

DO－254 指南简介

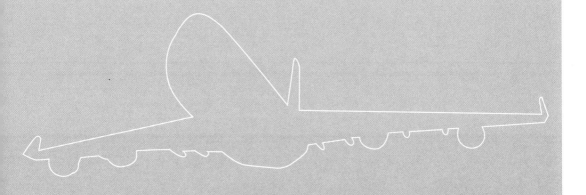

本章首先对 DO‐254 指南产生的背景、指南与适航要求的关系、指南适用范围等进行说明，在此基础上对 DO‐254 指南的内容以及局方关注的与机载电子硬件相关的事项及相关文件进行简要介绍。

2.1 DO‐254 指南产生背景

早期的机载产品设计简单，可以通过对产品的穷举测试保证产品的设计质量。20 世纪 70 年代以后，随着软件规模及复杂度的不断提高，因软件设计错误导致的各种失效迅速增长，出现了所谓的"软件危机"。通过对各种失效原因的分析，人们意识到对于软件这类高度抽象、复杂的产品，其质量特性难以定量度量且无法进行穷举测试，仅依靠对最终产品的测试很难完全保证产品质量。需要通过早期介入，规范开发过程，减少产品内在的设计缺陷，并通过测试进一步剔除设计缺陷，从而保证产品设计质量。之后陆续推出的各种软件工程方法、能力成熟度模型(CMM)以及专门针对机载软件的 DO‐178 指南(机载设备及软件合格审查考虑，简称 DO‐178)等，都期望通过规范软件开发过程提高软件产品质量，这些方法都在实践中取得了很好的成效。

相比于软件，硬件包括电子硬件则普遍被认为是一种看得见、摸得着的实体，不像软件那么抽象、复杂，其设计错误也易于发现和更正，因此在对软件提出设计保证要求之后很长一段时间内，机载电子硬件仍可以随系统和设备一起通过对最终结果的验证表明其适航符合性。对于早期的以机械产品为主的硬件而言，这种看法是正确的。对于后期在机载领域广泛使用的电子硬件而言，这种观点则是不客观的。随着电子工业的不断发展，电子产品功能日趋复杂，集成度不断提高，设计的难度也随之不断加大，尤其是 FPGA 等可编程器件的大量使用，使得许多电子硬件产品越来越表现出与软件相似的特性。

一方面，随着机载电子硬件复杂性的增加，通过最终测试完全剔除产品潜在设计缺陷变得非常困难。另一方面,复杂性增加也导致硬件设计错误越来越难以发现。因此设计错误导致的硬件失效越来越多。如果管理不善,设计错误的更改又有可能引入新的设计错误。在过去十几年中,电子硬件的复杂性及设计能力大幅增长,但相应的验证能力却没有得到提升,无法充分表明产品的适航性,这一矛盾导致了复杂电子硬件在机载领域的应用受到限制。

然而为了满足飞机不断提高的性能和功能要求,越来越多的机载电子设备包括影响安全的电子设备中都包含了复杂电子硬件。复杂电子硬件在机载领域的大量使用已成为不可回避的事实。此外,由于 FPGA 技术的发展,软/硬件之间的界限越来越模糊,许多功能既可以用软件实现也可以用硬件实现,因此供应商会考虑将越来越多的功能用硬件实现,以规避软件的严格审查。这种趋势引起了航空界尤其是民用航空界的高度重视,局方和工业界都意识到需要采取必要的手段保证复杂机载电子硬件的安全性。

为了解决复杂电子硬件在机载领域应用面临的问题,RTCA 和 EUROCAE 组成了联合工作组,共同制定了 DO‐254 指南(机载电子硬件设计保证指南,简称 DO‐254)。该指南借鉴 DO‐178 的思想,期望通过对复杂电子硬件开发过程的规范和约束,尽早发现并剔除设计缺陷,保证机载复杂电子硬件达到相应的安全等级要求。同时专家们也意识到,虽然复杂电子硬件开发过程与软件开发过程具有一定的相似性,但硬件又有其自身的特点,例如硬件的时序特性、信号干扰等特性等都是软件设计过程没有涉及的内容。因此硬件设计保证方法并不能完全照搬 DO‐178,需要为机载电子硬件设计开发过程制定新的标准或指南,DO‐254 就是在这种背景下应运而生的。

2000 年 RTCA 发布了针对复杂机载电子硬件的设计保证指南 DO‐254,要求机载电子硬件除了进行必需的设计、验证及状态控制外,还需要关注开发过程的规划、过程的监控和检查等,通过对开发过程的控制最大限度地发现并剔除设计缺陷。2005 年 FAA 针对该指南发布了咨询通告 AC 20‐152,明确 ASIC、FPGA 以及 PLD 等复杂电子硬件可以采用 DO‐254 作为其设计保证方法,表明适航符合性,确定了 DO-254 在 FAA 适航审查过程中的合法地位。随后 EASA 等多国局方也接受其作为机载电子硬件的符合性方法。这意味着申请人如果不能提出更为有效的被局方接受的符合性方法,就必须通过满足 DO-254 定义的开发过程目标表明其符合安全性要求。

2.2 DO-254 指南与适航要求的关系

严格地说,DO-254 本身并不是适航要求,它是表明复杂机载电子硬件满足 CCAR/FAR 25/23 等适航规章 1309 条款的符合性方法之一。该方法由工业界提出并得到各国局方的广泛认同。

1309 条款(设备、系统和安装)是一条特殊的适航条款,它定义了机载产品及其安装的通用安全性要求,所有机载产品除满足其特定功能相关的适航条款外,都必须满足该条款的要求。下面以 25.1309 为例具体说明 DO-254 与适航条款的关系。

首先了解一下 25.1309"设备、系统及安装"条款的基本内容。

(1)飞机级功能所必需的机载设备、系统以及安装物的设计应保证它们在所有可预见的使用条件下执行预期的功能。

(2)飞机系统及相关组件的设计应保证其满足或与其他相关系统协同满足以下要求:

a. 出现导致飞机不能继续安全飞行和降落的失效状况是极不可能的。

b. 出现其他降低飞机能力或机组处理不利情况的能力的失效状况是不可能的。

该条款对飞机系统及其相关组件导致的不同等级失效情况发生的概率提出了定性要求,之后 FAA 发布的咨询通告 AC 25.1309 中对其中的"极不可能"和"不可能"给出了定量说明,即"极不可能"等同于发生概率小于 10^{-9}/飞行小时,"不可能"等同于发生概率小于 10^{-7}/飞行小时,等等。申请人应提供证据说明产品设计符合上述适航要求。

导致机载产品失效的原因包括设计错误及硬件失效。早期的机载产品主要由机械设备、液压设备和简单的电子设备组成,其状态和功能相对简单,局方认为这类产品的设计缺陷可以通过对最终产品的测试完全发现并剔除,因此最终投入运营的产品可以认为不存在设计缺陷,产品失效等同于硬件失效。硬件失效是一种随机失效,其失效概率可以通过可靠性预计方法获得,并通过试验进行进一步确认,计算及试验的结果满足预期目标就可以表明产品符合该条款要求。因此对于简单机载产品,该条款的符合性可以通过可靠性预计及相关试验数据(MOC0~MOC9)表明。

复杂产品高度集成且交联关系复杂,一个产品可能与飞机的多项功能相关,一项飞机功能又可能与多个产品相关。产品复杂度的提高一方面使得开发过程引入设计错误的可能性增加,另一方面又很难用有限状态对其行为进行描述,从而无法对其进行穷举测试,因此设计错误不能通过后期测试完全剔除。在这种情况下,最终产品失效的原因既可能是潜在的设计错误也可能是硬件失效。虽然硬件失效仍可以通过可靠性预计等方法进行评估,但由于设计错误无法进行定量评估,仅依靠对设计结果的检查(MOC0~MOC9)已无法充分表明复杂产品对该条款的符合性,需要进一步采取设计保证措施对设计错误进行控制以满足适航要求。DO-254 指南就是由工业界提出的针对机载复杂电子硬件的设计保证指南。

DO-254 的基本思想是将定量要求转换为等级化的开发过程控制要求,按照复杂电子硬件对安全性的影响,将开发过程控制对应地划分为 A~E 五个等级。通过实施相应等级的开发过程控制,将设计缺陷控制在可接受的范围内,等同于满足 25.1309 中相应等级的安全性要求。目前这种方法已得到各国局方的广泛认同。

2.3　DO-254指南内容简介

　　DO-254为机载电子硬件设计保证提供指南,它主要讨论与设计生命周期相关的内容,同时也关注与设计相关的生产准备环节的内容,如定义批生产基线,定义用于生产检验的验收测试程序(acceptance test procedure,ATP)等,但对生产及后期维护等方面的内容没有专门讨论。

　　目前DO-254不仅在机载领域获得了广泛的应用,而且在其他安全关键领域如医疗、运输、能源等也逐步得到应用。美国和欧洲的军方项目也采纳DO-254作为对机载电子硬件的开发控制要求。

　　DO-254共包含11个章节和2个附录。其中第1章为总体介绍,第2～10章介绍通用开发过程,第11章介绍除开发过程外适航需关注的其他内容。附录A对硬件开发生命数据要求进行说明,附录B对A级和B级硬件的特殊要求进行说明。第2～10章通用开发过程之间的关系如图2-1所示。从图中可以看出,系统开发过程和制造过程不属于DO-254范畴,但它们与硬件开发过程密切相关。系统过程为硬件过程提供设计输入,而硬件开发过程则为制造过程提供完整的硬件制造数据。

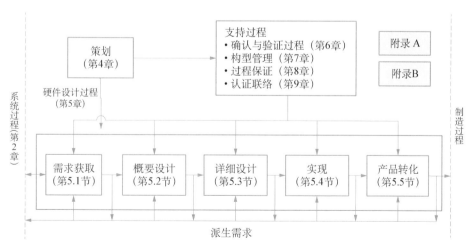

图2-1　DO-254基本结构

DO‑254 定义的正向开发过程包括策划过程、开发过程(含需求捕获、概要设计、详细设计、实现、生产移交)和支持过程(含需求确认、设计验证、构型管理、过程保证、认证联络)。本节对这些过程进行简要说明,后续各章节将会对相关内容进行详细介绍。

2.3.1　策划过程

策划过程为与机载电子硬件定义协调一致的满足 DO‑254 要求的硬件开发过程和支持过程活动。

策划过程的目标包括如下几方面:

(1) 定义硬件设计生命周期过程(开展的活动、里程碑、输入、输出以及组织机构职责等应包含在计划中)。

(2) 选择或定义适用的标准。

(3) 选择或定义硬件开发和验证环境。

(4) 向局方建议满足硬件设计保证目标的符合性方法。

策划过程的具体活动包括如下几方面:

(1) 定义硬件设计生命周期过程(含过程转换准则)及过程之间的交互关系(如顺序及反馈机制等)。

(2) 定义并说明拟采用的设计方法,包括硬件设计的考虑和所提出的验证方法的合理性。

(3) 明确硬件设计标准以及可接受的偏差,标准包括通用的质量标准、企业标准或项目专用标准等。

(4) 明确硬件设计过程与支持过程之间的协调机制和方法,尤其应关注与系统、软件和飞机审查相关的活动。

(5) 定义各硬件设计过程及相关的支持过程活动,并保证硬件设计过程及相关的支持过程受控。

(6) 选择设计环境,包括用来开发、验证和控制硬件及其生命周期数据的工具、程序、软件和硬件。

(7) 定义计划偏离的处理过程,以备对必要的且对审查有影响的偏离进行处理。

(8) 描述标识、管理和控制硬件、相关的基线以及硬件设计生命周期数据的管理制度、程序、标准和方法。

(9) 如果拟通过外包完成硬件的全部或部分生命周期过程,在计划中应明确实现设计保证目标的方法。

(10) 描述实现硬件设计过程保证的管理制度和程序。

(11) 在硬件合格审定计划(PHAC)中描述验证过程独立性、过程保证独立性及相关组织的责任。

(12) 在 PHAC 中记录满足 DO-254 目标的方法,并在早期与局方沟通并达成一致。

有关如何实施硬件策划过程的详细内容在第 3 章"策划过程"中描述。

2.3.2 开发过程

开发过程按照策划过程的规划开展硬件设计活动,生成设计数据及最终的硬件产品。该过程包括硬件需求捕获、概要设计、详细设计、实现和生产移交 5 个子过程。每个过程以及过程之间是相互迭代的,在迭代过程中应考虑变更对每个过程的影响,并评估变更对以前迭代结果的影响。

1) 需求捕获过程

需求捕获过程识别和记录硬件需求。除系统分配的需求外,硬件需求还包括由硬件结构、工艺、功能、环境和性能需求而产生的派生需求以及安全性需求。

需求捕获过程的目标如下:

(1) 识别、定义并以文档形式记录需求,包括系统初步安全性评估过程(preliminary system safety assessment,PSSA)分配以及硬件设计过程派生的安全性需求。

（2）对反馈派生需求到相关的过程进行评估。

（3）对反馈需求遗漏和错误到相关的过程进行评估和纠正。

需求捕获过程的具体活动包括如下几方面：

（1）以文档形式记录分配给硬件的系统需求，包括识别功能和性能需求以及架构考虑（如隔离）、自测试（BIT）、可测试性、外部接口、环境、测试和维护考虑、功耗以及物理特性等方面的需求。

（2）识别初步系统安全性评估过程分配给硬件的安全性需求。

（3）识别由生产过程、标准、程序、工艺、设计环境和设计指南带来的设计约束。

（4）确定硬件设计过程所产生的必要的派生需求，对基于硬件安全性评估活动产生的涉及安全的派生需求应进行单独标识。

（5）将派生需求反馈到系统安全性评估过程，评估其对系统需求的影响。

（6）将需求中涉及的数据应进行定量描述（如果可能应提供公差），通常不应包括设计或验证方法的描述。

（7）对反馈需求遗漏或错误到系统开发过程进行评估和纠正。

（8）建立硬件需求与上层需求的追踪关系。派生需求应单独标识并说明理由。

有关如何实施硬件需求捕获过程的详细内容在第 4 章"需求捕获过程"中描述。

2）概要设计过程

概要设计形成顶层设计思想，并通过对其进行评估确定最终构造的硬件满足需求的可能性。概要设计的形式可以是功能框图、设计和结构描述、电路板装配外形草图等。

概要设计过程的目标如下：

（1）根据需求完成硬件的顶层设计。

（2）对反馈派生需求到需求获取或其他相关的过程进行评估。

（3）对反馈需求遗漏和错误到相关的过程进行评估和纠正。

概要设计过程的具体活动包括如下几方面：

（1）生成硬件顶层设计描述。

（2）识别主要元件，确定其对硬件安全性是否有影响及其影响的方式，包括未使用功能对安全性的影响。

（3）对反馈派生需求包括接口定义到需求捕获过程进行评估。

（4）对反馈需求遗漏和错误到相关过程进行评估和纠正。

（5）识别可靠性以及维护、测试特性。

有关如何实施硬件概要设计过程的详细内容在第 5 章"硬件模块开发过程"和第 6 章"可编程逻辑开发过程"中描述。

3）详细设计过程

详细设计过程在硬件需求和概要设计基础上形成详细设计数据。详细设计过程的目标包括如下几方面：

（1）根据硬件需求和概要设计完成详细设计。

（2）反馈派生需求到概要设计或其他相关的过程。

（3）对反馈需求遗漏和错误到相关过程进行评估和纠正。

详细设计过程的具体活动包括如下几方面：

（1）基于需求和概要设计数据产生硬件组件的详细设计数据。详细设计数据包括装配和互连数据、元器件数据、HDL 编码、测试方法和硬/软件接口数据等。

（2）在设计过程中应采用必要的架构设计技术，如安全监控机制、功能实现与安全监控的非相似性设计、防止设计错误影响安全的机制和容错机制等。

（3）设计必要的测试特性，为安全性需求验证提供条件。

（4）对设计中未使用的功能进行评估，确定其对安全性的潜在影响并对可能的不利影响进行处理。

（5）确定必须遵守的可能影响安全的硬件设计、安装或操作约束。

（6）反馈派生需求到概要设计或其他相关过程。

（7）对反馈需求遗漏和错误到相关过程进行评估和纠正。

有关如何实施硬件详细设计过程的详细内容在第5章"硬件模块开发过程"和第6章"可编程逻辑开发过程"中描述。

4）实现过程

实现过程使用详细设计数据构造硬件实体，该硬件实体将作为测试活动的输入。实现过程的目标如下：

（1）使用详细设计数据并采用典型的制造工艺生成硬件实体。

（2）形成完整的硬件实现、组装以及安装数据。

（3）反馈派生需求到详细设计过程或其他相关的过程。

（4）对反馈需求遗漏或错误到相关过程进行评估和纠正。

实现过程的具体活动包括如下几方面：

（1）使用设计数据制造硬件，尽可能使用最终产品生产的各种资源，包括采购、工装、建造、检查和测试等。

（2）反馈派生需求到详细设计过程或其他相关的过程。

（3）对反馈需求遗漏或错误到相关过程进行评估和纠正。

有关如何实施硬件实现过程的详细内容在第5章"硬件模块开发过程"和第6章"可编程逻辑开发过程"中描述。

5）生产移交过程

生产移交过程检查制造数据、测试设备以及整体制造能力，保证制造过程的可行性和适宜性。

生产移交过程的目标如下：

（1）建立包含支持硬件一致性复制所需的全部设计和制造数据的基线。

（2）识别并以文档形式记录与安全性相关的制造需求，并建立制造工艺过程控制。

（3）反馈派生需求到实现过程或其他相关的过程。

（4）对反馈需求错误和遗漏到相关过程进行评估和纠正。

生产移交过程的具体活动包括如下几方面：

（1）根据基于构型管理控制的设计数据准备制造数据。

（2）检查制造数据的完整性及与基于构型控制的设计数据的一致性。

（3）评估在生产移交过程中进行的任何变更或改进,确保其满足所有的产品需求尤其是安全性需求。对不符合顾客或审查要求的变更应通过相关方的批准。

（4）有关安全性的制造需求应明确定义并在生产过程中进行有效控制。

（5）确定开发验收测试准则所需要的数据。

（6）对反馈需求遗漏和错误到相关过程进行评估和纠正。

有关如何实施硬件生产移交过程的详细内容在第5章"硬件模块开发过程"和第6章"可编程逻辑开发过程"中描述。

此外,DO-254中还对批产验收测试程序以及批产过程中的变更控制（AC）提出了要求。

2.3.3　支持过程

支持过程按照策划过程规划的支持活动开展相关工作,保证机载电子硬件生命周期过程及其输出的正确性及控制力度与机载电子硬件设计保证等级相匹配。该过程包括硬件需求确认、设计验证、构型管理、过程保证和认证联络五个子过程,它们贯穿整个硬件开发生命周期并与硬件开发过程并行进行。

1）需求确认过程

DO-254中定义的需求确认过程特指对派生需求的确认,保证派生需求是必要的且对系统安全性及其他系统功能无影响。系统分配需求的确认属于系统开发的范畴,在系统开发过程中进行确认。

需求确认过程的目标如下：

（1）保证硬件派生需求是正确和完整的。

（2）评估派生需求对安全性的影响。

（3）对反馈需求遗漏和错误到相关的过程进行评估和纠正。

需求确认过程的具体活动包括如下几方面：

（1）识别需要确认的硬件派生需求。

（2）对需要确认的需求采用合适的方法进行确认，并对有偏差的结果给出合理解释。

（3）评估硬件派生需求对安全的影响。

（4）评估硬件派生需求与系统分配硬件需求之间的完整性。

（5）评估硬件派生需求与系统分配硬件需求之间的正确性。

（6）建立硬件派生需求与确认活动和结果之间的追溯性。

（7）对反馈需求遗漏和错误到相关过程进行评估和纠正。

有关如何实施硬件需求确认过程的详细内容在第 4 章"需求捕获过程"、第 5 章"硬件模块开发过程"和第 6 章"可编程逻辑开发过程"中描述。

2）设计验证过程

DO‐254 中定义的设计验证过程保证硬件实现满足其需求。验证方法通常包括评审、分析和测试等。DO‐254 中的验证过程还包含对验证结果的评估。

DO‐254 中定义的验证过程不包括软件验证、软/硬件综合验证和系统综合验证，但通过这些过程对硬件进行验证是硬件验证的一种有效手段。

对已验证的硬件构型项的变更，可以通过类比、分析、变更部分测试或重复部分原有的验证等方法进行重新验证。

设计验证过程目标如下：

（1）提供硬件实现满足其需求的证据。

（2）在硬件需求、实现与验证过程和结果之间建立追溯关系。

（3）基于硬件设计保证等级确定验收测试准则并实施验证。

（4）对反馈设计遗漏和错误到相关的过程进行评估和纠正。

设计验证过程的具体活动包括如下几方面：

（1）识别需要进行验证的需求。需求不要求在每个层级都进行验证，在较高层级进行的验证可以覆盖低层级验证。

（2）选择验证方法，如测试、仿真、建模、分析和评审，并执行验证过程。

（3）在需求、实现、验证过程与结果之间建立可追溯性。可追溯性应与硬件所完成的功能的设计保证级别一致。除非出于特殊的安全性考虑，否则不需要追溯到元件级，如电阻、电容或门电路。

（4）进行验证覆盖分析，以确定验证过程是否可以结束。

（5）以文件形式记录验证活动的结果。

（6）对反馈设计遗漏和错误到相关过程进行评估和纠正。

有关如何实施硬件设计验证过程的详细内容在第 5 章"硬件模块开发过程"和第 6 章"可编程逻辑开发过程"中描述。

3）构型管理过程

构型管理过程的目的在于提供构型项复制的一致性、重新生成构型项（需要时）以及以可控的方式对构型项进行变更（需要时）的能力。

构型管理过程的目标如下：

（1）唯一地标识并记录构型项。

（2）保证构型项复制的一致性和正确性。

（3）提供标识和跟踪构型项变更的控制方法。

构型管理过程的具体活动包括如下几方面：

（1）唯一地标识、记录并控制构型项，构型项包括硬件实物、描述硬件设计的各类文档、工具或其他用于获取局方信任的数据项和基线。

（2）建立基线。

（3）唯一地标识、跟踪和报告问题。

（4）维护变更控制和变更的可追溯性，为此计划中所确定的生命周期数据应是可靠的和可恢复的。

（5）定义构型项的数据归档、数据检索以及数据发放管理方法。

有关如何实施硬件构型管理过程的详细内容在第 7 章"构型管理过程"中描述。

4) 过程保证过程

过程保证过程确保生命周期过程满足计划中确定的目标,完成相应的计划活动或者对与计划的偏离进行恰当的处理。过程保证活动应独立完成,以保证生命周期过程评价、偏差识别以及纠正措施的客观性。

过程保证过程的目标包括如下几方面:

(1) 保证生命周期过程符合已批准的各项计划。

(2) 保证硬件设计生命周期数据符合已批准的计划。

(3) 保证用于符合性评估的硬件实体按照受控的生命周期数据构建。

过程保证过程的具体活动包括如下几方面:

(1) 保证硬件计划的可用性。硬件计划按照 DO - 254"策划过程"制订并与硬件合格审查计划(PHAC)保持一致。

(2) 保证按照已批准的计划进行评审,并跟踪纠正措施的实施直至关闭。

(3) 保证实施过程与硬件计划和标准之间的偏离能够及时发现、记录、评估、批准、跟踪直至解决。

(4) 保证按照硬件生命周期过程转换准则进行过程转换。

(5) 保证对硬件制造与设计数据的一致性进行检查。

(6) 建立过程保证活动的记录,包括评估设计活动完成状态的证据。

(7) 开发过程中有转包活动时,电子硬件供应商应保证下级分包商使用的过程与硬件计划的一致性。

有关如何实施硬件过程保证过程的详细内容在第 8 章"过程保证过程"中描述。

5) 认证联络

认证联络过程的目的是在整个硬件设计生命周期中,建立申请人与局方之间的沟通与理解,为认证过程提供帮助。

认证联络应按照 PHAC 定义的方式进行。DO-254 附录 A 中给出了认证联络过程所需数据的汇总。除提供必要的审查数据外,认证联络还包括为获得及时批准而准备设计方案介绍、就审定基础及符合性方法与局方进行磋商、协调设计方案、设计数据的批准方式以及需要局方参与的评审和目击试验等相关问题。具体工作内容如下:

(1) 确定符合性方法并制订 PHAC。申请人提出硬件符合性方法并在 PHAC 中定义,具体活动包括如下几方面:

a. 在设计方案基本稳定时,将 PHAC、硬件验证计划和其他需要的数据及时提交认证机构评审。

b. 处理并解决局方提出的与硬件认证策划相关的问题。

c. PHAC 应与局方达成一致。

d. 在设计和认证过程中,应按计划与认证机构保持联络,并及时解决局方提出的问题。

在许多情况下,认证联络的工作不是由机载电子硬件供应商承担,而是由适航证件申请人承担,电子硬件供应商只扮演支持角色。这种关系应在 PHAC 中说明,由申请人与局方联系,通过申请人向局方提供必要的数据。

如果机载电子硬件中的部分工作是通过外包完成的,在认证计划(CP)中应明确哪些数据是由分包商提供,哪些数据是由机载电子硬件供应商提供。

申请人可以将 PHAC 和验证计划及其他相关计划包含在顶层认证计划中。

(2) 符合性举证。申请人负责向局方提供硬件设计生命周期过程已满足硬件计划的证据。局方评审可以在申请人所在地进行,也可在申请人的供应商所在地进行。申请人负责安排相关评审,并且按照要求提供硬件设计生命周期数据。具体活动包括如下几方面:

a. 解决局方评审所提出的问题。

b. 向局方提交《硬件完成总结》和《硬件构型索引》。

c. 向局方提交或向局方提供获取所需数据或符合性证据的方式。

在上述活动中，机载电子硬件供应商应为申请人提供支持。有关如何实施硬件认证联络过程的详细内容在第 10 章"适航审查过程"中描述。

2.3.4　硬件与软件、系统之间的信息交互

虽然硬件与软件、系统的开发过程遵循不同的指南，但各开发过程之间不是孤立的，需要充分共享相关的信息，保证最终产品满足适航要求。

在通常情况下机载电子硬件开发团队至少应从系统团队获取如下信息：

（1）分配给硬件的设计和安全性需求。

（2）硬件所在系统每个功能的设计保证等级以及相关的需求和失效状态（failure condition）。

（3）分配给硬件功能的失效概率及风险暴露时间。

（4）系统基本信息包括软/硬件接口描述。

（5）设计约束，包括功能隔离、物理隔离、外部接口数据、分区要求以及设计独立性要求。

（6）需要在硬件层级进行的系统验证和确认活动。

（7）分配给硬件的安装、人机工效以及环境适应性需求。

（8）可能影响需求的集成问题报告。

在通常情况下机载电子硬件开发团队至少应向系统团队反馈如下信息：

（1）须在系统层面进行评估的派生需求。

（2）硬件实现架构的描述，包括具备的独立性以及容错能力。

（3）开发过程符合性证据，包括针对工具开展的保证活动。

（4）在硬件层面进行的系统验证与确认活动证据。

（5）在硬件层面进行的系统验证活动证据。

（6）硬件失效率、故障检测覆盖率、共模故障分析以及故障潜伏期。

（7）可能影响系统需求的硬件问题及其变更。

（8）硬件使用限制、构型标识/状态约束、性能/定时/精度特性等。

（9）用于将硬件集成到系统中的设计数据(安装图、部件清单等)。

（10）需要在系统验证过程中进行验证和确认的硬件需求和假设。

机载电子硬件开发团队和软件团队之间也应密切配合,通常情况下至少应交互如下信息:

（1）用于软件及硬件集成的派生需求,如接口协议、定时约束以及寻址方式等。

（2）需要协调的软件及硬件验证活动。

（3）在开发过程中发现软件、硬件设计之间的不一致。

（4）安全性评估数据。

综上所述,机载电子硬件开发团队除了按照 DO-254 要求进行硬件开发外,还需要与系统、软件团队建立有效的沟通机制,并通过这种机制及时交互信息,保证最终实现的机载产品满足适航的要求并获得局方的批准。

2.4　DO-254 指南应用范围说明

DO-254 是针对复杂机载电子硬件的设计保证指南,该指南编写的初衷是将各层级电子硬件均作为复杂电子硬件进行管理,应用范围包括设备(LRU)、模块(SRU)、可编程逻辑以及 COTS 器件等各层级硬件。但 FAA 和 EASA 等各国局方对该指南的使用范围与指南本身略有不同,因此有必要对 DO-254 应用范围进行澄清。

FAA 主张如果没有其他局方接受的更合适的符合性方法,机载电子硬件供应商应通过执行 DO-254 表明可编程逻辑组件的适航符合性。其他层级电子硬件当然也可以应用 DO-254,但这些硬件的开发通常很难完全符合 DO-254 的要求,因此可以采用其他更加适合的符合性方法,如 LRU 层级的硬件可以通过执行 ARP 4754 表明符合性,COTS 可以采用供应商管理以及产品使用历史等表明符合性。EASA 在 FAA 的基础上将应用范围扩展到 SRU 及 LRU,但对 SRU 及 LRU 层级的硬件,无论其安全性影响如何,设计保证等级符合 DO-254D 级要求即可。DO-254D 级与高等级要求的本质差别在于验证要求不同,D 级只要求进行基于需求的黑盒测试,高等级尤其是 A 级和 B 级则要求通过进一步的分析和测试表明其符合性(详见 DO-254 附录 B)。虽然 FAA 和 EASA 对 DO-254 使用范围的表述不同,但其实质是一致的,除一些细微差别外(如文档要求等),从电子硬件的过程控制角度看,ARP 4754 中对 LRU 硬件相关的要求基本等同于 DO-254D 级要求。

　　FAA 和 EASA 的策略充分考虑了基于 DO-254 的符合性方法实施的可行性。在现阶段的工程实践中,除了可编程硬件组件外,SRU 及 LRU 硬件很难满足 DO-254A/B 级的要求(DO-254 附录 B Design Assurance Considerations for Level A and B Functions),如果要求完成 A/B 级功能的 SRU 或 LRU 级硬件也符合 DO-254A 级或 B 级要求,申请人和局方很难就此达成一致。FAA 和 EASA 的做法则很好地规避了这一问题,即只要求可编程逻辑严格符合 DO-254,其他层级电子硬件的开发过程只需符合基本的工程活动要求(ARP 4754 或 DO-254D 级要求),不同安全等级的要求则在系统活动中体现,如高安全等级的硬件需要进行更多更严格的系统级测试等。

　　综上所述,在实际的工程项目中,可以将 DO-254 应用于电子硬件模块(SRU)和可编程逻辑(含 PLD、ASIC 和 FPGA 等)开发中,这样既可以满足不同局方的要求又使得机载电子硬件和系统之间能够很好地衔接。设计保证指南应用范围如图 2-2 所示。

　　需要说明的是,CPU(含微处理器)是电子硬件的重要组成部分,同时又是软件的执行部件。除了按照 COTS 器件对 CPU 进行管理外,目前业界还普遍将其与软件作为一个整体看待,通过基于 DO-178 的一系列测试保证软件执行结果符合相关安全性要求,同时也间接保证了 CPU 的正确性。

　　综合模块化航电(IMA)是目前广泛采用的航空电子系统架构。DO-297

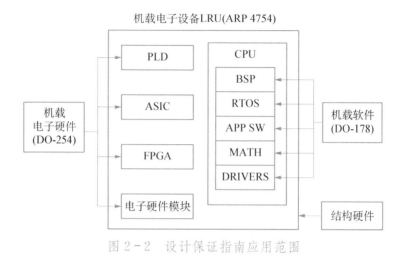

图 2-2 设计保证指南应用范围

（IMA 系统开发及认证考虑）中将综合模块化航电系统的认证分为模块级认证、驻留应用级认证、IMA 系统级认证、飞机级认证、变更控制、模块或应用复用等六项任务。DO-254 在 IMA 架构下的应用范围如图 2-3 所示。

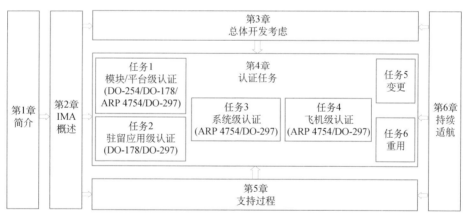

图 2-3 DO-254 在 IMA 架构下的应用范围

从图 2-3 中可以看出，在 IMA 架构下，DO-254 主要用于指导硬件模块开发及任务 1 模块级认证的相关活动。有关 IMA 模块开发及任务 1 模块级认证的详细内容在本书第 9 章"IMA 硬件模块开发过程"中描述。

2.5 其他相关事项说明

采用 DO‑254 作为机载电子硬件适航符合性方法，其开发过程应符合 DO‑254 的基本过程要求。除此之外还需要关注其他一些相关事项，包括替代方法(等价方法)、A/B 级特殊要求、工具评估与鉴定、单粒子效应(single event effect，SEE)等。这些事项有些在 DO‑254 中进行了说明，有些则未在 DO‑254 中提及。本节对这些内容进行简要介绍，详细内容在第 10 章"适航审查过程"中描述。

2.5.1 替代方法

DO‑254 的基本过程是按照正向开发的思路编制的，新开发的机载电子硬件通常可以按照这种正向开发过程进行。但在工程实践中，许多项目并不是完全重新开发的，如由于需求变更、发现错误、硬件或工艺改进，或采购困难而引起的对于之前已完成的硬件设计进行变更；在新的飞机中复用之前开发的硬件；设计基线升级等。即使新项目也可能包含复用的设计、商用货架产品等多种形式。在这些情况下，完全符合 DO‑254 的过程要求是不现实的，因此需要采用其他方法评估并保证这些产品或部件能够满足相应等级的安全要求。

1) 设计复用

(1) 分析新项目的设计环境及应用环境差异，确定设计复用的可行性。

(2) 确定将复用设计集成到新应用环境中应开展的集成及验证活动。

(3) 定义设计复用的构型管理策略。

……

2) COTS 产品/部件管理

对于硬件开发过程中使用到的 COTS 器件，可以通过对采购、筛选、与其他产品集成、使用监控等全周期的管理手段，确保器件本身的高质量、器件的使用符合要求。

3）使用历史

可以通过提供 COTS 产品或复用设计广泛和成功的使用历史（service history），表明产品及设计的成熟度以及产品的制造质量。

需要说明的是，这些替代方法需要获得局方批准才能成为有效的符合性替代方法。

2.5.2　A/B 级特殊要求

根据硬件可能导致的安全性影响，DO-254 将机载电子硬件设计保证分成 A～E 五个等级。

A：硬件安全性评估表明，硬件功能的失效或异常行为引起的系统功能失效可能导致飞机处于灾难性的失效状态。

B：硬件安全性评估表明，硬件功能的失效或异常行为引起的系统功能失效可能导致飞机处于危险的失效状态。

C：硬件安全性评估表明，硬件功能失效或异常行为引起的系统功能失效可能导致飞机处于较严重的失效状态。

D：硬件安全性评估表明，硬件功能失效或异常行为引起的系统功能失效可能导致飞机处于轻微的失效状态。

E：硬件安全性评估表明，硬件功能失效或异常行为引起的系统功能失效对飞机的安全性无影响。

DO-254 定义了 A～D 级四类控制级别，对 E 级控制没有提出明确的要求。对于 E 级硬件，目前业界普遍按照 D 级要求执行。A～D 级的开发过程基本要求一致，但对 A/B 级硬件需要提供更详尽的设计数据、更多的安全性设计及验证。

2.5.3　工具评估与鉴定

DO-254 要求对硬件开发、验证等过程中所采用的工具进行评估，对于影响最终产品以及验证结果的工具需要开展进一步的工具鉴定工作,以确保这些工具提供的结果达到相应安全等级要求。

2.5.4 单粒子效应

DO‑254 中并未提及单粒子效应(SEE)。近几年随着工业界对单粒子效应认识的提高,机载电子硬件的单粒子效应已引起工业界和局方的广泛关注。

SEE 是指一个部件由于受到单粒子(如宇宙射线、太阳高能粒子、高能中子以及质子等)的撞击而产生的反应。单粒子效应可能是非破坏性的,也可能是破坏性的。单粒子效应能够导致电子硬件的失效。机载电子设备因为所处的高度环境而特别容易受到影响。对 SEE 影响进行分析并采取相应的应对措施已成为机载电子硬件设计的新要求。

2.6 DO‑254 指南相关的局方文件

在适航审查过程中,机载电子硬件开发商需要提供一系列证据表明开发过程与 DO‑254 要求的符合性。局方在适航审查过程中对这些证据的合理性、有效性进行判断,并给出相关的符合性意见。以下是局方发布的基于 DO‑254 针对机载电子硬件审查的相关文件。

AC 20‑152:该文件是美国联邦航空局(FAA)针对 DO‑254 发布的一份咨询通告,认可 DO‑254 为适航审查部门接受的符合性方法,并讨论了如何将该文件应用于 FAA 的技术标准规定(TSO)审查、型号合格证(TC)审查或补充型号合格证(STC)审查。文件指出,对任何使用数字计算机技术的电子设备或系统,TSOA 和 TC 或 STC 的申请人可考虑采用符合 RTCA DO‑254 作为机载电子设备硬件得到 FAA 批准的方法,但该指南不是唯一的方法,申请人也可以选择其他局方接受的方法表明符合性。AC 20‑152 还对 DO‑254 的适用范围进行了限定,主要应用于可编程逻辑的设计和批准。

FAA 8110.105:简单和复杂电子硬件批准的指导意见。该文件是 FAA 用于机载电子硬件适航审查批准的指导性文件。AC 20 - 152 接受 DO - 254 作为符合性方法,FAA 8110.105 给出批准机载电子硬件与 DO - 254 符合性的指导意见。这个指南适用于机载系统和设备中的电子硬件,包括申请型号合格证审查、补充型号合格证审查、技术标准规定(TSO)批准的系统和设备中的电子硬件。该文件包括如下基本内容:

(1)电子硬件审查过程。

(2)FAA 对电子硬件审查的参与方式及程度。

(3)基于 DO - 254 的电子硬件审查通用要求。

(4)基于 DO - 254 的简单电子硬件审查要求。

(5)基于 DO - 254 的复杂电子硬件审查要求。

FAA 8110.105 规定了局方参与的硬件审查阶段(stage of involvement, SOI)、各阶段审查所需要审查的数据、各阶段审查的评价准则等。

电子硬件评审工作指导(Job Aid):为了帮助适航审查部门、DER 以及申请人更好地使用 FAA 8110.105(简单和复杂电子硬件批准指南),开展规定的硬件审查活动,FAA 制定该文件对如何评价电子硬件是否符合 DO - 254 相关目标进行指导。

Job Aid 定义了四个常规的审查阶段 SOI♯1~SOI♯4,并提供了 SOI♯1、SOI♯2、SOI♯3 和 SOI♯4 各阶段详细的检查单,给出了每阶段审查的目的、进行审查的时机、所要评审的内容、审查日程安排、审查活动和问题。这个检查单虽然是提供给局方审查人员使用的,但同样也可以帮助机载电子硬件开发商指导和检查项目工作使用,是制定相关计划和标准的重要参考。

(1)SOI♯1:计划审查。

(2)SOI♯2:需求审查。

(3)SOI♯3:设计和验证审查。

（4）SOI♯4：最终批准审查。

SOI♯1～SOI♯4 是适航审查部门定义的标准的硬件审查过程，上述过程可以根据项目的复杂程度、申请人的成熟程度进行调整，Job Aid 也对如何调整给出了指导意见。

局方软件团队（certification authorities software team，CAST）立场报告：局方软件团队是由来自南美、北美和欧洲的认证当局的代表组成的团队，其宗旨是寻求针对软件和复杂电子硬件安全性的共识。CAST 将他们的观点以立场报告的形式公开发表，表明局方的立场。CAST 报告虽然不是官方法律文件，但在世界范围内，特别是在欧美适航审查中被广泛执行。由于该团队初期发表的立场报告都是针对软件的，该团队称为局方软件团队。后来 CAST 报告的内容扩展到机载电子硬件，但仍沿用了以前的团队名称。至 2018 年 12 月底为止，共有正式的 CAST 报告 35 篇，其中与软件相关的 CAST 报告 30 篇，与复杂电子硬件相关的 CAST 报告 5 篇。

EASA 相关文件：EASA 针对机载电子硬件设计保证指南也发布了一系列文件，表明其立场并为相关的适航审查提供指导。其中认证备忘录（CM）是针对某些专题提出如何满足标准要求的补充说明。如 EASA CM‐SWCEH‐001 和 EASA CM‐SWCEH‐002 是分别针对机载软件审查和机载电子硬件审查的指导性文件，作用与 FAA 8110.49、Order 8110.105 相同。

了解上述文件有助于了解局方对机载电子硬件的适航审查的观点和立场，从而在机载电子硬件开发过程中予以关注，并帮助开发方在适航审查过程中更好地和局方进行沟通达成共识。

参考文献

［1］RTCA. DO‐254 Design assurance guidance for airborne electronic hardware［S］. RTCA，2000.

［2］ RTCA. DO – 297 Integrated modular avionics(IMA) development guidance and certification consideration ［S］. RTCA，2005.

［3］ FAA. AC 20 – 152 Advisory circular on DO – 254 ［S］. FAA，2004.

［4］ FAA. Order 8110. 105 Simple and complex electronic hardware approval guidelines ［S］. FAA，2004.

［5］ FAA. Conducting airborne electronic hardware reviews Job Aid ［S］. FAA，2008.

3

策划过程

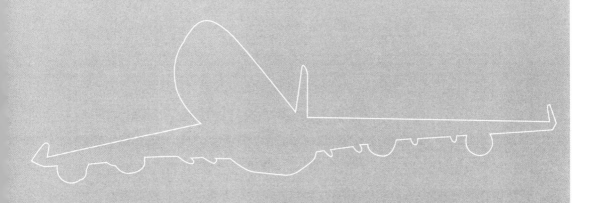

通过机载电子硬件策划过程,定义和确定硬件项目在开发过程中的各项活动要求(即各项计划和标准要求),在计划和标准被相关方认可后,所有硬件开发活动均按照计划和标准要求执行,所以硬件策划过程的工作结果是影响项目成败的关键因素。策划过程定义的活动应符合规章和相关标准要求,并应尽早获得适航审查机构(局方)的认可,使开发方和适航审查机构(局方)就硬件开发活动达成一致意见。

3.1 策划过程简介

本章对 DO‐254 要求的计划和标准进行了说明,在 DO‐254 中规划了 6个计划和 4 个标准,其中计划涵盖了对合格审定、设计、验证、确认、构型管理、过程保证各领域的工作要求;标准对需求、设计、验证与确认、档案管理提出了要求。在硬件计划和标准中要求明确定义硬件开发过程和支持过程的活动要求及准则,用以指导硬件开发工作。项目需要的其他标准和计划需要项目团队根据企业的管理模式和项目技术内容进行考虑。

硬件策划过程的目标包括如下几方面:

(1) 定义硬件设计生命周期的过程。

(2) 选择和定义硬件设计遵循的标准。

(3) 选择或定义硬件开发和验证环境。

(4) 向审定方提供符合硬件设计保证目标的方法。

硬件策划过程的输入通常包括如下几方面:

(1) 硬件研制的要求,包括适航要求、系统分配的需求、硬件开发保证等级(DAL)、与硬件相关的 SOW、系统架构、系统初步设计方案等。

(2) 与硬件相关的技术标准。

硬件策划过程活动包括如下几方面:

（1）定义硬件合格审定的计划。

（2）定义硬件项目的计划，包括开发计划、确认计划、验证计划、构型管理计划、过程保证计划，必要时还需要制定工具鉴定计划等。

（3）定义或选择硬件设计的标准。

（4）硬件计划的评审。

（5）硬件计划的更新和维护。

硬件策划过程的输出通常包括如下几方面：

（1）受控的硬件合格审定计划。

（2）受控的硬件项目计划。

（3）适用于项目的硬件标准。

（4）计划评审记录。

3.2　策划过程实施

策划过程定义硬件开发需要的计划和标准，用于指导硬件开发活动。硬件计划中的目的、参考和引用文件、组织机构、人员职责等内容是各计划文件的必要内容，在此进行统一说明，在各计划的描述中不再单独进行说明。

（1）目的：说明编制该计划的作用。

（2）参考和引用文件：与本计划内容相关的文件，引用和参考的文件信息应该明确，包括文件名称、编号、版本等。

（3）组织机构：说明硬件研制过程的组织机构和人员，重点说明各类人员在计划中的工作分工和职责，定义的各类人员职责在不同的硬件计划中应保持一致。

3.2.1　定义硬件合格审定计划

硬件合格审定计划（PHAC）是描述硬件合格审定、设计、确认、验证、过程保证和构型管理过程采用的程序、方法和标准的综述性文件，主要提取项目计划中审定方所关注内容。硬件合格审定计划模板可参见本书第 3.3.1 节。

　　PHAC 是电子硬件适航审查过程中一份非常重要的文件，它是硬件开发方与适航审定方之间沟通的基础，通过这份文件双方就审定要求及符合性方法等要求达成一致。这份计划可以在电子硬件设计架构基本确定后再提交审查人员正式批准，但前期应就硬件的基本功能（尤其是与安全性相关的功能）、硬件架构以及符合性方法等与审定方进行充分的沟通。项目结束前，应对照 PHAC 及实际执行情况形成《硬件完成总结》（HAS）提交审定方，作为审定方进行电子硬件符合性批准的重要依据。

　　由于 PHAC 要提供给审定方，PHAC 最好独立成文以方便审定方进行审查、批准。PHAC 提供了一个硬件项目的整体描述，说明 DO‐254 目标的符合性方法。在 PHAC 中可以不必对开发、验证、确认、构型管理、过程保证计划中的每项活动进行详细描述，相关内容可指向对应的计划，但在 PHAC 中需要对各领域计划定义的过程活动有准确一致的概述，与单独编制的计划定义相一致，不是简单地仅仅将这些过程活动指向其他计划。如果在 PHAC 中缺乏对其他计划的概括描述或者将其过程活动直接指向其他计划时，审定方可能需要申请人同时提交其他计划，才能完全理解这些过程，从而对过程符合性做出判断。

　　DO‐254 中明确了 PHAC 的基本要求，下面结合工程实践经验对相关要点进行说明，并给出编制建议。

　　1）系统概述

　　系统概述主要介绍硬件所隶属的系统，包括系统功能描述；系统失效状态、系统结构、软件和硬件功能分配的描述；对现有系统文档的引用；硬件在系统中的构成地位等；帮助利益相关方了解硬件使用背景。在系统概述中建议多采用图和表格的方式进行描述，简洁、明了，便于各方人员理解。

　　在系统概述中通常可以包含一些子章节，通过这些子章节对系统进行更加清晰的描述。

（1）系统功能定义：确定系统实现的功能以及存在的失效模式。

（2）系统外部接口：确定系统外部电气接口。

（3）系统物理架构：根据系统功能定义，确定系统组成及系统物理架构。

（4）硬件功能分配：定义硬件模块实现的系统功能。

（5）系统安全性考虑：根据系统功能的安全性要求，说明系统为保证安全性进行的工作考虑，例如功能隔离、故障检测等。

2）硬件概述

硬件概述可以从硬件模块实现的功能和可编程逻辑实现的功能两方面进行说明，便于利益相关方对硬件有更全面的了解。首先，描述硬件模块实现的功能（如数据处理功能、接口功能、控制功能等）以及采取的实现方法，包括硬件模块的电路组成（如CPU、存储器、时钟、桥接电路、看门狗电路等），对主要电路的功能及实现进行简要说明，便于利益相关方理解；其次，描述硬件模块中包含的可编程逻辑构型项，包括申请审定的可编程逻辑构型项信息、可编程逻辑设计架构、可编程逻辑实现采用的新技术，以及可编程逻辑将要采用的所有失效/安全、容错、余度措施等。

在硬件概述中通常可以包含一些子章节，通过这些子章节对硬件模块和硬件可编程逻辑的关系进行更加清晰的描述。

（1）硬件功能定义：说明系统分配的硬件模块功能。

（2）硬件模块实现说明：为实现硬件功能采取的模块架构、功能电路、硬件模块外部接口、硬件可编程逻辑接口、可编程逻辑功能模块等。

（3）硬件可编程逻辑说明：说明可编程逻辑构型项组成、代号、采用的器件型号等。

（4）硬件可编程逻辑功能定义：明确说明可编程逻辑实现的功能，例如复位、译码、中断控制、逻辑控制、接口电路、寄存器功能、看门狗功能、离散量处理等。

（5）硬件可编程逻辑架构：说明硬件可编程逻辑的设计架构、内部功能定义、可编程逻辑输出等。

（6）硬件安全性考虑：根据系统分配给硬件模块（含可编程逻辑）的安全性要求，说明硬件为保证安全性进行的工作考虑，如测试电路、存储器物理分区、看门狗电路等。

3）认证考虑

认证考虑主要是确定审定基础，确定每个硬件模块的设计开发保证级别，提出拟采用的符合性验证方法。

审定基础主要包括如下内容。

（1）适航规章：适用的适航规章，如 CCAR 25 部 F 章设备的 1301（a）和 1309（a）（b）等条款。

（2）适用的咨询通告：如参考 FAA 的 AC 20－152 和 8110.105 CHG1 等。

（3）TSO 相关标准和附加要求。

（4）问题纪要：审定方提出的针对该特定项目的审查要求，如审定方以问题纪要形式，确定产品应符合环境试验的要求。

（5）符合性方法：保证硬件满足相关适航的要求拟采用的方法和要求，如确定采用 DO－254 作为硬件的符合性方法。

4）硬件生命周期

（1）如果采用 DO－254 作为符合性方法，则按照 DO－254 要求定义硬件生命周期，包括策划过程、硬件设计过程（需求捕获、概要设计、详细设计、实现、生产移交）和硬件支持过程（确认、验证、构型管理、过程保证、适航联络）。在 DO－254 中定义了基本的生命周期活动，实际项目可在此基础上对过程活动进行裁减或合并，必要时也可以增加生命周期活动。对过程活动的裁减或合并的原则是能够证明其符合 DO－254 目标要求。

（2）硬件设计过程活动和其他支持过程活动可以通过硬件开发计划（HDP）、硬件确认和验证计划（HVVP）、硬件过程保证计划（HPAP）、硬件构型管理计划(HCMP)进行详细定义和描述。

（3）应详细规定适航联络相关的要求,包括符合性方法与认证原则、认可的设计方法、数据批准的方式以及需要审定方评审和现场测试的活动。

对于在PHAC中是否要详细描述硬件生命周期活动,通常有两种观点,一种是在PHAC中详细说明硬件生命周期过程活动;另一种是在PHAC中概括性描述硬件设计过程和支持过程活动。这两种方法各有利弊,具体采取何种方法,还需要与审定方协商达成共识。如果对硬件生命周期进行较为详细的描述,那么要保证PHAC与硬件其他计划的一致性。如果对硬件生命周期采用概括性描述的方法,那么对于在PHAC中概述的各过程活动,需要在PHAC审查时准备好提供支持的硬件项目计划,以备审定方的检查。

5）硬件生命周期数据

在硬件设计生命周期数据章节中须列出硬件全过程需要产生的生命周期资料,即文件清单。在一般情况下通过文件清单表格方式进行描述,表格中还应标识出需要提交审定方批准的文件,以及各文件资料的控制类别即HC(硬件控制类别)1或HC2。

6）计划进度

确定硬件开发和审定的预计进度表,作为申请人和审定方的约定,便于审定方协调资源开展审查活动。计划进度主要是确定硬件开发活动的里程碑,以及与审定方约定的硬件设计生命周期内的阶段审核时间。审定方对DO-254标准符合性的审查通常分为四个阶段,分别是计划评审(SOI♯1)、设计评审(SOI♯2)、确认与验证评审(SOI♯3)和最终评审(SOI♯4),审定方可以根据申请人的成熟度以及产品的复杂度进行必要的增删。

7）适航附加考虑

在PHAC中除了上述各项内容外,以下内容也是审定方应重点关注的。主要是确定在硬件生命周期中未明确或容易产生分歧的事项,申请人和审定方达成一致后,可以减少硬件项目的风险。这些事项通常包括如下几方面。

（1）硬件的复用：如果存在硬件项复用，应声明硬件项使用意向，硬件改进过程中需要关注的内容，包括硬件变更分析和构型管理方面的考虑等。

（2）工具鉴定：可以简要描述判定需要进行工具鉴定的原因，并给出需要进行鉴定的工具名称以及工具用途等。

（3）商用货架产品（COTS）：本书的 COTS 是指采购的、实现特定功能的板级电子功能模块，其设计和构型是由供应商或工业规范控制。简要描述需要 COTS 产品的原因，形成 COTS 产品清单，包括产品名称、产品标识、产品版本和产品供应商等信息。由于 COTS 产品的特殊性，在项目中不可能按照 DO-254 标准进行符合性检查，通常通过对供应商和采购渠道的控制管理，保证 COTS 产品满足质量要求。

（4）产品服务经历：说明（已完成审定的）该类产品的服务经历。

（5）替代方法：如果不采用 DO-254 标准作为符合性方法，在此处需要说明拟采用的、替代 DO-254 标准的符合性方法。

3.2.2　定义硬件设计计划

硬件设计计划（HDP）描述硬件模块及可编程逻辑开发过程要采用的程序、方法和标准，以及开发过程的划分和需要开展的活动。HDP 的主要使用者是硬件设计开发团队，指导团队人员按照计划实施，在活动的描述、人员职责定义、遵循的过程、转换准则、输入/输出产品等方面要尽可能明确。硬件设计计划模板可参见本书第 3.3.2 节。

在 DO-254 中确定了 HDP 的基本要求，下面结合工程实践经验对相关要点进行说明，并给出编制建议。

1）硬件产品描述

描述硬件产品所隶属的系统信息，有助于理解硬件产品的应用背景。

硬件产品描述应包含硬件模块和硬件可编程逻辑两方面内容，便于对硬件产品进行更加清晰的认识和了解。

（1）硬件产品描述：介绍系统产品功能和硬件产品实现的功能。

（2）硬件产品架构：描述硬件产品的功能划分，以及实现硬件功能采取的硬件架构。

（3）硬件模块描述：描述组成硬件产品的各主要硬件模块，包括模块实现的主要功能、采取的功能电路、模块接口电路、复杂逻辑电路等。

（4）硬件可编程逻辑：简述硬件可编程逻辑器件选型和可编程逻辑设计，为便于理解可以简要介绍可编程逻辑的功能项。

（5）开发保证等级（DAL）：说明系统分配到硬件产品的开发保证等级要求，以及硬件产品分配到硬件模块和可编程逻辑的开发保证等级要求。

2）硬件设计标准和准则

描述硬件产品在设计过程中应遵循的设计标准和设计准则。

（1）描述硬件设计的基本原则，如降额设计要求、采用成熟技术的要求、测试性设计（BITE）要求等。

（2）根据硬件模块及可编程逻辑的 DAL，说明在硬件设计过程中需遵循的各项标准，如需求标准、设计标准、编码标准。

3）硬件设计生命周期

硬件生命周期描述了硬件开发过程拟采用的程序、方法和标准，确定硬件开发过程和活动要求，即定义硬件生命周期模型。在 DO - 254 中定义的硬件生命周期包括策划过程、硬件设计过程（需求捕获、概要设计、详细设计、实现、生产移交）和硬件支持过程（确认、验证、构型管理、过程保证）。在 HDP 中应确定采用的硬件开发过程模型，并对开发过程活动进行定义。建议通过图示方式描述硬件生命周期的过程和活动。

在硬件设计生命周期中要详细描述每个硬件开发过程的活动要求，包括如下几方面。

（1）过程目标：说明过程活动应实现的目标。

（2）输入要素：说明过程需要的信息及数据。

（3）进入准则：说明进入过程应具备的条件。

（4）过程活动：说明什么人开展什么样的活动。

（5）工具：说明开展过程活动使用的工具。

（6）输出要求：说明过程活动的输出结果。

（7）退出准则：说明过程结束应具备的条件。

4）硬件设计方法

描述硬件（含可编程逻辑）设计实现的途径和方法，如需求获取方法、硬件设计方法、硬件综合技术、可编程逻辑设计和实现以及生产移交方法等。除此之外，在硬件设计中一般还需要考虑如下内容：

（1）硬件产品寿命考虑。

（2）产品升级考虑：产品存在升级的可能性及解决方法，如用户要求的升级，元器件的停产等。

（3）替代方案：硬件产品是否存在替代的标准及设计。

在 DO-254 中要求 DAL 为 A 级和 B 级的硬件产品有架构缓解策略、方法以及形成的数据等方面的描述，但目前业界通常采用的方法是在系统/设备层面考虑架构缓解方面的要求，不在硬件层面考虑。

5）硬件设计和验证环境

硬件设计和验证环境主要是描述设计开发及验证环境，可以采用设计开发环境清单的方式进行汇总和说明，包括工具名称、工具开发商、工具用途。对于设计和验证工具应分析确定是否需要进行工具鉴定。

6）硬件生命周期数据

在硬件生命周期数据章节中需要列出硬件开发全过程形成的生命周期资料，即文件清单。在一般情况下通过表格方式进行描述，在表格中还会标识需要提交审定方批准的文件以及各文件资料的控制类别（HC1 或 HC2）。

7）计划进度

计划进度是确定开发阶段主要工程活动的进度时间，主要目的是确定硬件开发的里程碑和主要开发活动的进度要求,如硬件需求分析评审、硬件设计评审、硬件验证评审等。开发阶段计划进度影响审定计划进度,是审定计划进度的基础。

8)其他考虑

在硬件设计计划中可以根据硬件产品的特点,从开发和实现的角度出发考虑如下内容:

(1)如果硬件产品中采用 COTS 产品,应描述 COTS 产品的基本信息、验证活动要求等,同时对 COTS 产品控制提出要求,如 COTS 产品采购控制要求和 COTS 产品供应商管理要求等。

(2)如果硬件产品在实现中涉及新工艺,那么还应提出新工艺的控制要求。

(3)如果硬件产品的使用和装配有特殊要求,那么应明确硬件产品在装配过程中的控制要求以及硬件产品使用要求。

(4)如果硬件产品存在需要现场加载的可编程逻辑,那么应明确说明可编程逻辑加载的控制要求,包括加载过程说明、版本管理和变更控制要求等。

3.2.3　定义硬件确认计划

制订硬件确认计划是为了保证需求的正确性和完整性,及早发现需求错误或遗漏,尽量避免后续发生返工或缺陷的可能性。硬件确认计划描述了为保证硬件需求达到确认目标而采用的程序、方法和标准以及要进行的过程和活动。硬件确认计划模板可参见本书第 3.3.3 节。

在硬件确认计划中,可以按照硬件设计计划定义的阶段(或过程)描述需求确认活动,对应硬件设计计划的每个阶段,说明确认活动、需要的信息数据、确认输出的数据、需求追溯性的要求、采用的确认工具等。在 DO - 254 中明确了硬件确认计划的基本要求,下面结合工程实践经验对相关要点进行说明,并给出编制建议。

1）确定需求确认目标

在硬件需求确认活动中，要定义硬件模块和可编程逻辑的需求确认目标，一般包括如下几方面：

（1）确认硬件模块/可编程逻辑需求的完整性和正确性。

（2）派生需求对安全性的影响。

（3）遗漏或错误的需求反馈过程等。

2）需求确认策略

在确认计划中定义需求确认的策略，是需求确认的行动路线及实施要求；可以从硬件模块和可编程逻辑两个层面定义需求确认的策略，针对硬件开发各阶段活动特点，确定硬件模块或可编程逻辑产生的派生需求确认方法和需求完整性的确认方法。

3）需求确认方法

在计划中描述通常采用的需求确认方法，包括如下几方面。

（1）分析：对硬件需求进行分析确认，如利用三维数模获得硬件产品重量分析结论，确认需求分配的合理性，对硬件重量需求进行确认。

（2）样机制造：必要时，承制方通过完成样机研制，确认硬件产品需求。

（3）评审：评审是确认中常用的方法，DO-254 的很多目标可以通过评审方式得到满足。通过邀请与硬件相关的同行技术专家（包括系统专业、安全性专业、软件专业等），对硬件需求的完整性和正确性进行评判。检查单是同行评审中经常采用的方法和手段。

（4）测试：通过对硬件产品的功能测试和性能指标测试，对硬件产品应满足的需求进行确认。如硬件产品某项电流输出指标，可以通过模拟测试平台或专用测试设备，对输出的电流技术指标要求进行确认。

上述方法在硬件确认活动中可能都会采用，需要在确认计划中明确定义开展分析、样机制造、评审、测试活动的时机及要求。确认方法选择是综合考虑的结果，要考虑硬件产品自身的特点、硬件开发要求、进度要求、成本控制以及可能存在的风险等因素。

4）需求确认数据

在确认计划中要说明需求确认的数据和确认输出的结果，以及需求追溯性要求；如在需求捕获阶段评审硬件需求规范，形成硬件需求规范评审意见，形成需求追踪矩阵等。

5）需求确认环境

在确认计划中要说明实施需求确认活动所采用的分析、测试工具和设备，如同行评审工具、需求追踪工具等。需求确认环境清单可以采取在硬件设计计划中统一说明的方式，在需求确认环境描述中引用设计计划的相关章节内容。

3.2.4 定义硬件验证计划

制订硬件验证计划是为了从不同层级评估硬件设计和实现是否满足需求，证明硬件实现了预期的功能。通过验证活动确定设计正确理解了需求，以及设计满足了需求。硬件验证计划描述了为证明硬件产品达到了预期目标而采用的程序、方法和标准以及要进行的过程和活动。硬件验证计划模板可参见本书第 3.3.3 节。

在硬件验证计划中，可以按照硬件设计计划中的阶段描述验证活动，对应硬件设计计划的每个阶段，说明验证活动、验证需要的信息数据、验证输出的数据、采用的验证工具等。在 DO－254 中明确了硬件验证计划的基本要求，下面结合工程实践经验对相关要点进行说明，并给出编制建议。

1）确定验证目标

通常情况下在硬件验证活动中，硬件验证活动的目标如下：

（1）提供硬件模块和可编程逻辑满足需求的证据。

（2）在硬件需求、实现以及验证结果之间建立可追溯性关系。

（3）发现的遗漏和错误需求的反馈管理。

（4）确保测试验证活动满足硬件设计保证级别的要求，即测试覆盖率应满足设计保证级别的要求。

2）验证策略

在验证计划中定义硬件模块和可编程逻辑的验证策略，可以认为是验证活动的行动路线，包括硬件模块和可编程逻辑两个方面的验证方法，如硬件可编程逻辑测试验证、硬件模块的功能/性能测试、软/硬件集成、系统集成测试等；通过策划的各项验证活动，保证测试验证的覆盖率要求。

3）验证方法

通常采用的验证方法包括分析、评审和测试。

（1）分析：在验证过程中的分析应该是可重复的，分析的结论有工程活动的数据支持，如覆盖率指标、测试性指标都可以通过分析得到结论。

（2）评审：评审是对硬件设计和实物满足预期功能的正确性和符合性的评估，如通过评审硬件产品设计与硬件需求的符合性，评估硬件设计是否正确理解了需求，并将需求逐条落实到硬件设计。

（3）测试：测试是验证活动最为重要和有效的方法。通过基于需求的硬件产品功能与性能测试，验证硬件实物满足产品要求。如硬件实物的外形尺寸、重量、输出参数指标等，通过测试获得的数据，表明其与需求的符合性和正确性。

上述方法在验证活动中都会采用，需要在验证计划中明确定义何时开展分析、评审和测试活动，以及各项活动的要求。在验证方法的选择上，要考虑硬件产品自身的特点、硬件开发要求、进度要求、成本控制以及可能存在的风险因素等，是一个综合考虑的结果，对于在本层次无法进行的验证，应说明随上级系统开展验证活动。

4）验证数据

在验证计划中要说明验证的数据、验证输出的结果，以及验证测试数据的追溯性要求，如进行硬件可编程逻辑测试，形成测试报告。

5）验证环境

在验证计划中要说明采用分析、评审、测试方法时使用的工具和设备，如测试设备、环境试验设备等。可以采取在硬件设计计划中统一说明的方式，在验证环境描述中引用设计计划的相关章节内容。

3.2.5　定义硬件构型管理计划

硬件构型管理计划（HCMP）是确定硬件构型技术和管理层面的控制要求，即构型管理采用的策略、程序、标准和方法。在 HCMP 中定义构型数据标识要求，基线管理、问题报告管理、构型数据变更控制要求，要求构型数据的档案管理要求。HCMP 计划的制订需要由项目团队和构型管理（CM）工程师共同完成。硬件构型管理计划模板可参见本书第 3.3.4 节。

在 DO‐254 中明确了硬件构型管理计划的基本要求，下面结合工程实践经验对相关要点进行说明，并给出编制建议。

1）硬件构型管理目标及符合性方法

对照 DO‐254 构型管理过程目标，在 HCMP 明确硬件生命周期中构型管理采用何种方法和证据，表明构型管理活动符合 DO‐254 要求；如"唯一的确定和文档化构型项"，可以通过硬件构型索引或文件清单的方法表示。

2）构型管理工具

说明硬件构型管理过程中采用的工具，包括构型库工具、构型管理工具、构型纪实工具等。可以采用列表方式，对工具名称、版本、开发商、工具用途进行说明。

在计划中应说明工具使用的要求和策略，如果工具之间存在数据流管理的相关性，简要说明数据管理流向。

3）构型项标识

构型项标识要遵循唯一性要求。在 HCMP 中定义构型项标识要求，说明每个构型项标识原则（如代码、文件、COTS 器件）。在通常情况下，构型项可以通过标识和版本被唯一标识。

4）基线管理

在 HCMP 中必须说明基线建立的时机、用途和基线标识方法，以及在基线中必须包含的硬件构型项的内容。建立基线的时间以及建立何种基线，需要硬件产品与系统进行协调确定，如硬件需求基线、硬件设计基线、硬件产品基线等。

5）问题报告管理

在 HCMP 中必须明确说明问题报告的管理流程，包括问题报告（PR）、问题跟踪和问题纠正措施。在 HCMP 中要说明在何种情况下启动一个问题管理过程，问题报告要求的内容，问题处理过程要求，以及验证和关闭问题的要求。问题报告管理至关重要，它可能涉及后续的变更控制。在 HCMP 中可以给出问题报告表单模版，在该表单中至少包含问题描述、问题分类、问题报告状态（已验证、已关闭、推迟等）、问题分析、问题验证结果。

如果除了问题报告，还有其他过程用于收集和处理问题，那么在 HCMP 中也要进行说明。

6）变更控制

在 HCMP 中必须明确说明变更控制的管理流程，包括如何启动变更、变更影响分析和评估、变更实施及验证、变更批准。在 HCMP 中可以给出变更控制表单模版，在该表单中至少包含变更原因描述、变更分类、变更影响分析、变更实施验证。

7）发布及档案管理

在 HCMP 中对于硬件构型项数据的发布及档案管理要求应有描述和说明。在该章节中还要对存储硬件构型项的库房管理进行说明。

（1）发布：在 HCMP 中说明构型项资料的正式发布过程及存储管理要求，对于未发布（处于受控状态）的构型项资料也要给出管理要求和存储要求。

（2）档案管理：在 HCMP 中说明硬件构型项档案管理的过程要求，包括数据资料的归档管理要求和档案资料的使用获取要求。

8）硬件生命周期环境控制

在 HCMP 中要说明硬件开发设计和确认验证使用工具的管理方法，确保工具能够正确、重复使用。对于硬件环境控制，最终可以通过硬件环境构型索引（HECI）进行完整的说明。

9）硬件生命周期数据控制

（1）在 HCMP 中要说明硬件开发过程产生的硬件生命周期数据，以及 DO-254 要求的最低数据的控制类别（HC1 或 HC2）。对于 HC1 和 HC2 的控制要求在 HCMP 中也要说明，可以结合变更控制进行说明。

（2）对于硬件生命周期数据，最终可以通过硬件构型索引（HCI）进行完整的说明。

10）供应商管理

如果硬件设计在开发过程中存在外部供应商，在 HCMP 中要说明对供应商的构型管理要求及方法。如果供应商编制单独的 HCMP，在本计划中要引用供应商的 HCMP；供应商的构型管理要求应与本计划没有冲突。如果供应商遵循本计划，则应将本计划及时传递至供应商，并监督供应商按照本计划的要求执行。无论采取何种方式，供应商的构型识别、问题报告、变更控制、基线管理等关键要素都须描述清楚。

3.2.6　定义硬件过程保证计划

硬件过程保证计划（HPAP）是通过定义过程保证活动的策略和程序要求，保证硬件开发过程符合批准的计划和标准。在 HPAP 计划中要明确并强调质量保证工程师（QAE）的独立性。硬件过程保证计划一般由 QAE 负责编制，硬件过程保证计划模板可参见本书第 3.3.5 节。

在 DO-254 中明确了硬件过程保证计划的基本要求，下面结合工程实践经验对相关要点进行说明，并给出编制建议。

1）硬件过程保证目标及符合性方法

在 HPAP 中说明 DO‑254 过程保证目标，以及拟采取的符合性方法。如"生命周期与已批准的计划一致"的要求，通过采用过程审计和形成过程转换评审记录的方法，说明与目标的符合性；"产生的硬件设计生命周期数据符合经批准的计划"，通过采用产品审计报告的方法，进行符合性说明。

2）硬件过程保证工具

在 HPAP 中要描述过程保证活动使用的工具，如同行评审工具、构型库管理工具、文件签署工具等。

3）硬件过程保证方法

在 HPAP 中说明 QAE 是采用何种方法完成工作的，包括工作产品审计、过程审计、评审（评审计划和标准、参加同行评审、过程转换评审、符合性评审）等。

4）工作产品审计

在 HPAP 中要说明需要审计的工作产品，如硬件计划、设计文档、代码等。对硬件产品形成产品审计计划表，在表中列出硬件开发过程需要审计的工作产品、审计时机、评价形式（同行评审、审核签署等）、审计准则（如检查单等）。

5）开发过程审计

（1）根据 HDP 计划中的过程定义，在 HPAP 中制订 QAE 的过程审计活动。对硬件产品形成每个过程审计计划表，在表中列出硬件开发每个过程的审计活动、审计时机、评价形式（同行评审、过程审计、过程转换评审、符合性评审）、审计准则（如检查单）。

（2）在 HPAP 中要给出过程审计检查单，QAE 按照检查单的内容进行过程审计，过程审计记录应包括检查单编号、项目名称、时间/人员、审计过程、检查项、检查结果，存在的不符合项描述、行动项列表（包括归零情况及验证人等）。

6）评审

在 HPAP 中要描述 QAE 参加的评审活动及要求：

（1）同行评审：明确 QAE 需要参加的硬件产品同行评审，以保证同行评审活动按计划正确实施。

（2）阶段评审：在硬件开发活动转阶段时，由 QAE 组织开展转阶段评审，评估当前阶段硬件开发活动的完成情况，以及是否具备进入下一个开发阶段的条件；阶段评审按照硬件设计计划中的本阶段退出准则和下阶段的进入准则要求进行检查。

（3）符合性评审：在硬件产品提交审定方前，QAE 应组织进行内部评估，检查硬件产品的研制过程、形成的信息资料是否满足 DO-254 标准要求。

7）硬件过程保证记录

在硬件过程保证记录中如实地记录 QAE 的工作活动，是提供给审定方检查的证据，通常包括产品审计检查单、过程审计检查单、过程转换评审检查单、符合性评审报告和评审工作记录等。

在 HPAP 中要规定过程保证记录按照 HCMP 要求进行管理，包括记录收集、维护和保存以及保存期限。

3.2.7　定义/选用硬件标准

DO-254 要求的硬件标准包括硬件需求、设计、确认、验证及档案管理标准，这些标准定义相关活动的规则和程序，指导硬件开发团队正确开展工作，避免对安全性和功能产生不利影响。在多数标准中包括强制性和建议性内容，强制性内容为规则，建议性内容为指南；在有些标准中也会注明"本条要求适用于 A 级和 B 级，C 级和 D 级可参考使用"（DO-254 对于 C 级和 D 级硬件没有强制性要求标准），硬件产品在研制过程中确定建立或选用的标准，就是硬件产品审定要求的内容，在硬件产品开发过程中是强制性的要求。

如果硬件产品在开发过程中遵循的标准选择业界通用标准或企业内部通用标准，在选择使用标准时要考虑标准的范围和硬件产品的适用性。如果标准中存在不适用内容，那么应在策划过程中说明遵循标准的限制或要求。

通过分析和评估后,如果硬件产品需要单独编制标准,那么标准编制完成后,要注重标准的培训和宣贯,保证在硬件产品开发过程中遵守和实施标准。

1) 硬件需求标准

硬件需求标准为硬件需求开发定义方法、工具、准则和约束,用于指导项目团队编写可实现的需求、使用管理工具和建立需求的追溯性。完整的需求标准包括定义需求的方法、确认需求的方法、需求识别的要求、需求开发工具的指南等。在硬件需求标准中建议包含但不限于以下要素。

(1) 需求来源定义。定义需求来源的种类,如系统分配的需求、其他渠道,包括分析产生、设计准则要求的需求等。

(2) 需求结构。明确需求以条目化、结构化方式进行描述。

a. 需求标识的准则:每条需求要求有唯一标识。

b. 需求正文描述的要求:在需求描述中应考虑需求产生的原因、需求的定义、需求之间的关系、需求的主体等;需求的描述应达到可验证、一致性、无二义性要求。

c. 需求类型:对需求类型进行分类,如功能需求、性能需求、接口需求、安全性需求等。

d. 需求来源:直接需求或派生需求。

e. 需求验证方法:通常的需求验证方法包括评审、分析、测试、仿真和演示等。

f. 需求注释:需求注释用来描述该条需求的补充信息,需求注释不属于需求本身的内容,其作用是便于设计和验证人员更好地理解该条需求,通常需求注释可选。

g. 追踪性:需求追踪性的方法和要求,如向上追踪性的要求以及向下追踪性的要求。

h. 使用需求管理工具的约束和限制。

i. 需求安全性影响。

(3) 需求描述的要求。规定需求描述的要求,如采取"必须""应该/应""可以"的需求描述方法,不允许使用"可能""或许"等存在不确定性或二义性的语法描述。

（4）需求定义原则。

a. 每条需求都是必需的。如果去掉该条需求仍能满足要求,该条需求就不是必需的;如果该条需求在其他需求条目中已经描述了,该需求就不是必需的。

b. 每条需求应该有利益相关方;如果该条需求无法为任何相关方带来利益,该条需求不是必需的。

c. 需求与实现无关,在需求中不要描述实现方法。

d. 需求不能有二义性,需求只能有一种解释;必须保证需求开发人员、设计人员和验证人员按照同一种方式理解需求。

e. 每条需求应完整地描述需求本身的内容,不需要参考其他需求内容。

f. 每条需求应该只表达单一的观点。

g. 需求描述的内容在设计、验证上是可实现或者实现的代价是可接受的。

h. 需求应该可以验证,即通过分析、评审、测试等方法判断是否得到满足。

i. 需求是对利益相关者期望的正确表达;需求描述的功能、性能等特性必须是正确的,关系到利益相关者的期望。

j. 需求要符合相关组织所选择的适用标准。

（5）需求示例。为了便于需求标准的使用,在标准中可以给出编写的需求示例,帮助使用者对需求标准的理解。

2）硬件设计标准

由于硬件设计可以采用不同的方法实现,因此硬件设计标准通常是以指南的形式出现。企业内部的通用性指南经常会不满足有些硬件产品特定的要求,因此在标准的选用时会提出一些限定和裁减要求;也需要补充硬件产品的特定要求。

不论选用通用设计标准还是项目定制的设计标准,建议包含但不限于以下要素：

（1）硬件设计描述方法。

（2）硬件设计方法指南。

（3）电子元器件选用指南。

（4）设计方案评估指南。

（5）鲁棒性设计指南。

（6）测试性设计指南。

（7）硬件设计工具使用指南。

3）硬件验证和确认标准

硬件确认标准是定义采取什么样的方法、过程和工具，确定硬件派生需求的正确性、完整性，以及硬件派生需求需要进行的安全性影响分析。

硬件验证标准是定义采取什么样的方法、过程和工具，确定实现的硬件功能已经满足硬件需求（包括硬件派生需求）。

除了在DO-254中列出确认和验证的方法（测试、分析和评审）外，也可以在标准中定义其他将要采取的方法，方法的有效性需要经过评估，并与利益相关方达成共识。

验证和确认标准建议包含但不限于以下要素：

（1）验证与确认方法。

（2）验证和确认过程要求。

（3）验证和确认工具指南。

（4）验证和确认结果记录。

在大多数工程实践经验中，硬件产品将验证和确认标准合并到硬件验证和确认计划中，在硬件验证和确认计划中列出单独章节，明确验证和确认的实施方法和要求。

4）硬件档案管理标准

硬件档案管理标准是用来定义产品数据保持、存档和调用的程序、方法和标准。硬件档案管理标准包括档案内容、格式以及介质标准、规定、方法和条件。

作为硬件产品的研制企业,在通常情况下会有组织级的档案管理要求,因此建议在硬件计划中(如构型管理计划)引用相关档案管理要求即可。除非现有的档案管理无法满足硬件产品档案管理的要求,则需要编制项目档案管理标准,对组织级管理要求进行补充。

3.2.8 定义工具鉴定计划

如果硬件产品在研制过程中涉及工具鉴定,为了保证工具鉴定工作的开展,需要制订工具鉴定计划。工具鉴定的目的是保证硬件设计开发过程使用工具(设计工具和验证工具等)的可信度。

在工具鉴定计划中确定工具在硬件设计开发中的作用,并根据使用工具的硬件开发保证等级,确定工具鉴定级别(TQL)和工具鉴定活动,即识别工具鉴定过程。在工具鉴定计划中需要识别工具构型信息、定义工具开发过程及活动、工具输出的评估方法、工具类型及级别、工具构型管理要求、工具鉴定活动、工具鉴定数据等。工具鉴定可能涉及一份或多份计划,具体可根据工具级别或鉴定要求确定。

工具鉴定的相关内容参考本书第 10.2.1 节。

3.2.9 定义其他计划

除定义 DO-254 要求的基本计划外,在实际的硬件开发过程中通常还需要定义其他计划对项目进行管理。这些计划与待开发的硬件产品以及承研企业的管理模式都有很大关系,通常包括硬件产品项目管理计划、风险管理计划和电子元器件管理计划等。

硬件产品的项目管理计划是硬件项目开发活动的顶层计划,计划内容包括项目管理要求、项目里程碑节点、任务分解(WBS)、沟通管理、培训管理、设备管理等,这些计划可以合并到设备或系统的项目管理计划中。

风险管理计划定义了硬件项目在开发过程中的风险管理要求,内容包括风险源的识别、风险控制措施和风险监控要求等,这些计划可以合并到设备或系统风险管理计划中。

电子元器件管理计划定义了硬件项目研制过程中涉及的电子元器件管理要求,内容包括电子元器件控制选用要求、电子元器件应用要求、电子元器件供应商管理要求、电子元器件防护管理要求、电子元器件质量控制要求、电子元器件过时管理要求,电子元器件数据收集、电子元器件替代管理等。

3.2.10 评审硬件计划

在硬件计划和标准编制完成后,应对硬件计划进行评审。利益相关方(系统人员、硬件产品人员、测试验证人员、QAE 等)都应该参加硬件计划评审。计划评审的目的是确保硬件计划符合 DO‐254 标准和其他相关的硬件产品开发要求,并保证硬件计划之间的一致性,同时通过硬件计划评审也促使项目利益相关方达成共识。硬件计划的评审应保留相关评审证据。

硬件计划评审可以采取检查单方式,利用检查单将评审检查要求条目化,将评审结果逐条记录在检查单中,相关评审的检查单参见本书第 3.3 节"模板及检查单示例"。

开发方内部项目计划评审完成后,可以与审定方联系开展 SOI♯1 审查。

3.2.11 更新和维护硬件计划

在硬件产品研制过程中,由于诸多原因可能导致对批准的硬件计划进行更新和维护。硬件计划更新通常应遵循硬件构型管理计划(HCMP)要求,按照问题报告和变更控制规定,对批准发布的硬件计划进行变更及重新批准;如果对计划的变更采用特殊的变更管理方式,需要在构型管理计划中进行特别说明。

重新批准的计划应及时替代原计划,下发到项目团队。

3.2.12 策划过程实践体会

为确保策划过程的顺利完成,在策划过程有以下几点建议:

1) 硬件计划覆盖所有适用的 DO-254 目标

为保证编制的硬件计划能够指导项目团队开发工作,并符合 DO-254 目标,建议在硬件计划中建立 DO-254 目标与硬件计划的一致性映射关系,便于说明硬件计划的工作活动与目标的符合性;同时有助于在硬件产品审定过程中,审定方与项目团队就活动实施与标准的符合性达成一致意见。

2) 硬件计划及标准应能够指导项目团队开展工作

作为最终使用硬件计划和标准,依照硬件计划和标准执行的项目团队,团队成员应该能完全理解编制完成的硬件计划和标准,硬件计划和标准应具有指导性和可操作性。对于缺乏项目开发经验的团队,建议计划编制得详细一些,工作活动定义要清晰,便于团队成员理解和实施。在每个项目计划中,应能够从做什么(what)、怎样做(how)、何时(when)以及谁来做(who)方面进行定义说明。项目团队以硬件计划为共同依据,在硬件开发过程中按照计划的定义,各司其职,开展工作。

3) 保证每个计划内容的一致性及计划之间的一致性

一般情况下,计划由多个人分别完成,难免会出现不同计划编制人员对活动要求理解不同,对活动要求的定义不一致,导致项目团队成员在开发过程中不能按照统一要求执行。建议在计划编制前,项目团队召集编写人员共同确定产品生命周期、开发过程活动、进入准则、退出准则以及过程输入输出要求,就计划要求达成共识。协调一致的硬件计划是保证项目顺利实施的基础。

4) 确定的计划应纳入构型管理控制并下发到项目团队

编制硬件计划的目的是定义硬件产品开发活动,指导硬件产品开发活动实施。如果项目计划确定得较晚,在没有计划指导的时间段,硬件产品开发活动是无序的,有可能事倍功半,对硬件产品的进度和质量造成影响。硬件计划确定后应纳入构型管理控制,如果计划发生变更,应及时告知并下发至项目团队,保证项目团队及时更新计划并按照计划实施工作活动。

5）获得各方专家的帮助和指导

策划过程中应尽可能地得到相关领域专家的帮助，有利于硬件计划获得相关利益方的认可。

在计划编制过程中应尽早引入相关专家（审定方代表和行业专家等），获取帮助，加深对项目的共同认识，从而能够帮助项目计划顺利地取得利益相关方（包括项目管理者、审定方、用户等）的认可。

6）硬件计划及标准的合并

DO-254 没有强制要求必须单独形成硬件计划和标准，因此策划过程可以考虑如何根据工程经验和硬件产品特点（如 DAL 要求），确定硬件计划和标准的编制策略（即计划数量和计划内容等）。对于硬件产品可以从硬件产品规模、复杂程度、团队人员经验、管理要求等方面因素进行考虑。如考虑在硬件设计计划中可以合并确认、验证内容，确认和验证计划合并，或是将验证和确认标准的内容合并到验证和确认计划中，采用企业级的相关标准，等等。但是不论是几个硬件计划或标准，都应满足 DO-254 标准的相应等级目标要求，涵盖 DO-254 标准要求的全部内容。

需要说明的是，策划工作的难度和工作量与企业的成熟度密切相关。对比较成熟的企业而言，由于企业层面已定义了成熟的开发流程和标准，计划阶段只需要说明采用相关流程和标准，没有必要每个项目都重新进行定义。这种情况下计划中应主要说明企业层面的流程到具体项目的映射，根据项目特点进行的必要的删减和补充，以及与具体项目相关的一些考虑，如开发环境选择、工具鉴定、复用先前的开发设计等。如果企业层面没有相关的支撑基础，计划阶段就要花费较多的时间和精力，定义完整的开发流程，通过实践不断完善后，并逐步落实到企业的管理体系中，提升企业的成熟度。DO-254 标准只是概要地给出了通用的要求，并没有给出具体如何实现这些要求的方法。由于每个企业都有自身长期积累形成的流程（包括文化），这些方法是照搬不来的，也是

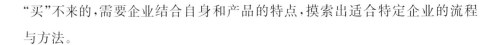

"买"不来的,需要企业结合自身和产品的特点,摸索出适合特定企业的流程与方法。

3.3 模板及检查单示例

3.3.1 硬件合格审定计划

硬件合格审定计划模板示例如表 3-1 所示,硬件合格审定计划评审检查单示例如表 3-2 所示。

表 3-1 硬件合格审定计划模板示例

---

1 概述
1) 目的
  PHAC 计划适用于项目硬件适航审定全过程,阐述项目硬件生存周期过程符合 DO-254 要求的符合性计划。
  示例:
  本文档描述了某项目硬件适航审定过程,用于表明项目硬件生命周期过程符合 RTCA DO-254 要求的符合性。某硬件的开发保证等级包括 D 级和 E 级,其中 D 级硬件在项目某模块中,E 级硬件在其他模块中。本文将重点描述项目中 D 级硬件的合格审定考虑,对于 E 级硬件将不做详述。
2) 术语和缩略语
  本计划涉及的术语及定义。
2 引用文件
  本计划涉及的引用文件,可以分类说明。
3 系统概述
  描述硬件产品隶属的系统产品的功能、架构、接口、功能分配等内容,目的是使审定方或用户了解该产品或系统的基本信息。
4 硬件概述
  描述硬件产品的工作模式、硬件架构、硬件安全性考虑等内容,目的是使审定方或用户了解该硬件产品的基本信息。如果本计划中涉及复杂电子硬件,还需要对复杂电子硬件进行较为详细的说明,而不仅仅是系统或硬件模块。
5 适航要求
  主要说明以下内容。
1) 审定基础
  主要描述系统产品及硬件产品的审定基础,如 1301 和 1309 条。需要注意的是所采用的规章应根据装机目标进行修改。此外如果型号有专用的问题纪要等文件作为审定基础,也需要增加到本部分。

（续表）

示例：

某硬件的审定基础主要是 CCAR 25 部 F 章设备的 1301(a) 和 1309(a)(b)条,其中 1309 条已被等效安全 IP‐M‐6 替代。某硬件审定基础如下：

(1) CCAR 25 1301(a)。

(2) IP‐M‐6。

2) 符合性方法

硬件产品的符合性方法采用 RTCA DO‐254。硬件产品的开发过程通过第 6 章和第 7 章定义的硬件生命周期和生命周期数据保证 DO‐254 相应 DAL 等级的目标的符合性。

示例：

硬件的符合性方法采用 RTCA DO‐254 和 IP‐SW‐3。硬件的开发过程通过第 6 章和第 7 章定义的硬件生命周期和生命周期数据保证 DO‐254 相应 DAL 等级的目标的符合性。向审定方提交至少 PHAC、HVVP、HCI(含 HECI) 和 HAS 四份文档以获得硬件符合性的批准。

3) 硬件开发保证等级

描述硬件项目开发保证等级。

示例：

按照《系统初步系统安全性评估(PSSA)报告》要求,硬件开发保证等级已确定(可以列表方式描述各硬件模块开发保证等级)。

6　硬件生命周期

1) 项目组织

确定项目管理组织结构以及人员职责。

2) 生命周期过程和活动

确定硬件生命周期的设计开发活动和综合过程活动,可以以图示的方式展示生命周期过程和活动,然后对过程活动逐项描述,通常包括如下要素。

(1) 目标：描述过程活动的目标。

(2) 进入准则：进入硬件各过程的要求和启动条件。

(3) 输入数据：本过程活动需要的数据、资料。

(4) 过程活动：过程活动的定义及要求。

(5) 人员职责：各项活动的实施人员及职责。

(6) 输出数据：过程活动的输出结果。

(7) 退出准则：过程活动结束及退出要求。

(8) 使用工具：过程活动实施所需的工具清单。

7　硬件生命周期数据

描述硬件项生命周期的数据,应符合 DO‐254 第 10 章的要求,对于需要提交给审定方的数据,应确定提交时间。

8　硬件开发及适航审定进度表

描述硬件开发及适航审查的里程碑节点,主要说明 SOI♯1、SOI♯2、SOI♯3 和 SOI♯4 的时间。

9　适航审定其他考虑

本部分是 PHAC 中最重要的章节之一,用于向审定方表达所有特殊的问题,以保证在这些方面的审查能够尽早与审定方达成一致。

示例：

需要如实描述硬件开发的其他考虑，包括如下内容：

(1) 本产品无相关服务经验。

(2) COTS 产品：在硬件开发过程中，模块中 PLD 元器件的 HDL 代码为自主研发，不存在商用货架知识产权(COTS IP)产品。

(3) 硬件中不存在用户可变更、可选择的可编程逻辑器件。

(4) 工具鉴定：根据 DO - 254 第 11.4 节中对工具鉴定的要求，由于硬件开发保证等级定义为 D 级或以下，并且设计工具的输出将通过评审等方式进行独立验证，因此设计和验证工具不需要额外进行鉴定。

表 3 - 2 硬件合格审定计划评审检查单示例

	检 查 内 容	是否适用	结论	支撑材料
1	描述了系统功能、系统物理架构、功能分配以及系统安全性考虑			
2	描述了硬件模块实现的功能以及硬件外部接口			
3	确定了硬件构型项(含复杂电子硬件)以及其在安全性方面的要求			
4	确定了硬件项适航审定基础、问题纪要、硬件设计开发保证等级及符合性方法			
5	如果 DAL 为 A 级或 B 级，描述了功能失效路径分析(其他开发保证等级不适用)			
6	定义了硬件开发生命周期及各过程活动			
7	定义了硬件生命周期数据			
8	明确了适航审定进度表			
9	明确了产品服务经验(可选项)			
10	明确了 COTS 产品管理要求(可选项)			
11	明确了现场可加载逻辑的管理要求(可选项)			
12	明确了工具鉴定要求(可选项)			
	……			

3.3.2 硬件设计计划

硬件设计计划模板示例如表 3 - 3 所示,硬件设计计划评审检查单示例如表 3 - 4 所示。

表 3 - 3　硬件设计计划模板示例

1　概述 1）目的 　　　描述本计划的目标和作用。 　　　示例: 　　　硬件设计计划是硬件产品设计开发的指导性文件。定义了硬件产品设计的组织结构、设计生命周期、设计方法和设计环境,描述了硬件产品组成和设计生命周期数据。其中重点对硬件项目设计生命周期的各个过程进行了描述,定义了各个过程的目标、输入、输出、活动、工具、使用方法,以及过程转换准则和支持过程。 　　　硬件设计计划适用于硬件产品的整个生命周期,用来指导硬件产品的开发活动。 2）术语和缩略语 　　　本计划涉及的术语及定义。 2　引用文件 　　　本计划涉及的引用文件,可以分类说明。 3　组织责任 　　　描述硬件产品的组织结构形式、成员的责任,以及项目对组织的特殊要求等。 4　产品描述 　　　描述的信息重点是硬件模块(部件)和可编程逻辑,因此系统级和设备级的内容描述只需达到简练、清晰即可。 　　　产品描述按层级进行,包括系统级、设备级、硬件模块(部件)和可编程逻辑。 5　产品生命周期 　　　产品生命周期按阶段进行划分,每个阶段按照相同的框架进行描述,包括目标、进入准则、输入数据、过程活动、人员职责、输出数据、退出准则以及使用工具。 　　　可以按照定义的硬件生命周期过程,分子章节逐个过程进行描述。 6　硬件开发环境 　　　对项目硬件开发过程中使用到的工具和环境进行简要说明,包括外购和自研的设备/工具等。对硬件开发使用的工具可以列表说明,并简要描述其用途、是否需要进行工具鉴定以及相关理由。 　　　工具按过程的不同,可以区分为开发工具和验证工具。 7　生命周期数据 　　　描述硬件在研制过程中应形成的必要数据项(不是所有的数据项),所提供的数据项应与 DO - 254 规定的开发保证等级要求相一致。 8　计划进度 　　　列出在开发过程中主要的工程活动里程碑节点。 9　其他考虑 　　　主要是对硬件复用、COTS 产品以及关心的重要元器件(包括采购的定制元器件 ASIC 和 IP 核等)的管理等进行说明。

表 3－4　硬件设计计划评审检查单示例

	检 查 内 容	是否适用	结论	支撑材料
1	完整定义了硬件生命周期过程			
2	确定了硬件设计的标准和原则			
3	对硬件产品进行了完整描述,包括硬件模块和可编程逻辑等			
4	描述了硬件需求定义过程及活动			
5	描述了概要设计过程及活动			
6	描述了详细设计过程及活动			
7	描述了实现过程及活动			
8	描述了制造转换过程及活动			
9	确定了硬件研制工具清单			
10	确定了硬件研制的输出数据(文件、图纸和生产数据等)			
	……			

3.3.3　硬件确认与验证计划

硬件确认与验证计划模板示例如表 3－5 所示,硬件确认与验证计划评审检查单示例如表 3－6 所示。

表 3－5　硬件确认与验证计划模板示例

1　概述
1) 目的
　　硬件确认与验证计划描述硬件产品的确认和验证方法,定义硬件确认和验证所采用的策略,硬件确认与验证的方法和活动以及确认与验证的数据。硬件确认与验证活动贯穿整个硬件设计实现过程。
　　示例:
　　本计划是某硬件开发的指导性文件,用于指导硬件确认和验证过程的工作。本计划依据《硬件设计计划》编制,对硬件确认和验证活动进行了描述,定义了相应的目标、输入、输出、活动、工具、使用方法以及退出准则。
　　本计划中提到的硬件包含硬件模块和可编程逻辑两部分,其中可编程逻辑是指可编程门阵列(FPGA)或可编程逻辑芯片(CPLD),硬件模块包含多种模块。本计划中开展的确认和验证活动主要针对可编程逻辑。

2) 术语和缩略语

　　本计划涉及的术语及定义。

2　引用文件

　　本计划涉及的引用文件,可以分类说明。

3　组织责任

　　描述硬件产品,确认和验证工作的组织结构形式、成员责任,以及项目对组织的特殊要求等,如确认与验证的独立性要求。

4　产品描述

1) 系统概述

　　描述系统产品的用途、架构、接口和硬件组成等。

2) 硬件项说明

　　描述产品中的各硬件项,硬件项实现的功能、接口和硬件项的架构等。

3) 开发保证等级

　　确定的硬件项开发保证等级。

5　确认和验证的策略

1) 确认和验证目标

　　定义硬件,确认和验证活动的目标。

(1) 验证和确认目标。

　　确定本项目,确认和验证活动的目标。应符合 DO‐254 标准要求。

(2) 覆盖率目标。

　　需求确认的覆盖率应达到 $x\%$,通过检查硬件派生需求追踪矩阵确定是否满足目标。

　　验证对于需求的覆盖率应达到 $x\%$,应在需求、验证程序、验证结果建立追踪关系,验证的覆盖率应在 FPGA 测试报告中进行分析。

2) 确认策略

　　进行需求确认活动的实施路线。

　　示例:

　　需求的确认按照以下过程进行。

(1) 与安全性及合格审定相关需求的确认。

(2) 对派生需求的确认。

(3) 其他需求的确认。

3) 验证策略

　　进行需求验证活动的实施路线。

　　示例:

　　验证策略包括变更后回归验证的策略、变更后追踪的策略和工具规范化策略。

(1) 回归验证策略:验证是个需要回归的过程,当验证发现问题或不完善时,修改后需要重新回归验证。

(2) 追踪变化策略:当需求或设计发生变更时,应根据需求、设计、实现等追踪矩阵,判断变更影响的范围,并确定需要重新验证的范围和内容,重新进行验证。

(3) 工具规范化策略:验证活动采用的工具应有效、规范和可行。

4) 变更策略

　　当需求发生变更时,需要进行确认及验证活动要求。

示例：

当硬件需求、设计和实现数据发生变更时，应当执行变更控制流程。在变更前，需要对以下内容进行评估：

（1）根据变更以及需求与实现的追踪矩阵，判断变更影响的范围。

（2）根据变更的影响分析，确定只对变更的需求进行验证，进行部分回归测试还是重新进行验证工作。

6　硬件产品生命周期

此处与在硬件设计计划中定义的硬件生命周期过程和活动相一致，简述生命周期活动。

7　确认和验证活动

定义硬件开发过程中的确认和验证活动，包括输入数据、过程活动、输出数据以及退出准则等，分阶段描述。

1）需求确认

定义需求确认过程活动。

示例：

在硬件需求定义过程中，需求确认活动用于确保派生的需求相对于分配给硬件项的顶层需求是正确的和完整的，确保派生需求并不会引入影响系统级的安全性问题。派生需求应根据分配给硬件项的系统需求进行确认。不能追溯到高一级需求的派生需求，应根据派生出这些需求的设计决策进行确认。

需求确认通过评审与分析活动进行。评审与分析活动应在硬件需求定义过程及其他设计过程（当发现需求错误或出现派生需求时）开展。

需求确认过程中发现系统需求规范出现需求遗漏和错误时，应通过问题报告的方式反馈给系统工程师。

（1）进入准则。

需求确认活动的进入准则如下：

a. 完成了硬件概要设计，并形成了硬件需求规范和 FPGA 需求规范，需求规范已达到评审状态。

b. 硬件需求变更中引入新的派生需求。

（2）输入数据。

硬件需求确认过程输入包括如下内容：

a. 模块硬件需求规范。

b. 可编程逻辑需求规范。

（3）过程活动

硬件需求确认活动将通过评审的方法进行。在评审过程中，采用需求检查单对需求进行评审，其中包含对派生需求的确认内容。

硬件需求确认评审应至少包含系统工程师、安全性工程师、硬件团队成员、硬件测试负责人和软件团队成员。

对于评审过程中无法确认的派生需求，可通过分析的方法，确认硬件需求规范（派生需求）。

硬件需求确认评审和分析活动结束后，需要建立派生需求与确认活动结果之间的追踪关系；记录需求确认结果。

在需求评审过程中如果发现系统开发过程的问题（遗漏和错误），将问题反馈至系统负责人。如果发现硬件开发过程的问题（遗漏和错误），将问题反馈至硬件负责人。

(4) 输出数据。

硬件需求确认过程输出数据包括如下内容：

a. 硬件需求评审记录。

b. 硬件需求确认矩阵。

c. 问题报告（如果发现需求中存在问题）。

(5) 退出准则。

硬件需求确认过程的退出准则如下：

a. 完成硬件需求评审。

b. 完成可编程逻辑需求评审。

c. 评审产生的行动项都已经关闭。

d. 评审输出数据已受控。

2）编制可编程逻辑测试计划

可编程逻辑测试计划的编制及评审要求。

可参考"确认和验证活动"的示例编写，包括进入准则、输入数据、过程活动和输出数据。

3）设计验证

设计阶段的确认和验证活动包括需求确认和设计验证，通过对硬件概要设计和详细设计数据进行评审和分析，判定设计是否可以正确地实现硬件要求。设计过程中开展确认和验证活动可以逐条展开描述，如文档评审、静态分析和代码审查等。

可参考"确认和验证活动"的示例编写，包括进入准则、输入数据、过程活动和输出数据。

4）硬件测试

根据硬件开发保证等级要求，定义开展硬件测试活动要求。

可参考"确认和验证活动"的示例编写，包括进入准则、输入数据、过程活动和输出数据。

示例：

基于需求的硬件测试可以分为配置项测试和系统测试两部分，测试活动包括编写测试用例、编写测试说明、配置项测试、系统测试和测试总结等。

5）硬件验收测试

可编程逻辑的目标码将固化在硬件模块中，因此无法单独对复杂电子硬件进行验收测试。硬件的验收测试将在硬件模块级进行。

可参考"确认和验证活动"的示例编写，包括进入准则、输入数据、过程活动和输出数据。

8 工具和测试环境

1）工具

描述确认和验证活动所使用的工具及用途。

2）测试环境

描述在确认和验证活动中的测试环境，如实验室测试和环境实验测试等。可以分项描述每种测试环境所涉及的设备等。

表 3 - 6　硬件确认与验证计划评审检查单示例

	检 查 内 容	是否适用	结论	支撑材料
1	确定了硬件产品及可编程逻辑项			
2	确定了硬件项的开发保证等级			
3	确定了硬件生命周期过程			
4	确定了硬件项的确认和验证策略			
5	确定了硬件项的确认和验证方法			
6	定义了每个过程的硬件确认及验证活动要求以及数据要求			
7	定义了确认和验证活动工具			
8	定义了确认和验证的环境要求			
	……			

3.3.4　硬件构型管理计划

硬件构型管理计划模板示例如表 3 - 7 所示,硬件构型管理计划评审检查单示例如表 3 - 8 所示。

表 3 - 7　硬件构型管理计划模板示例

1 概述
1) 目的
　　本计划目标及适用范围。
　　示例:
　　硬件构型管理计划通过对项目开发实施硬件构型管理控制,构建一个稳定的、可控的、可靠的、可复用的项目开发过程,提高项目开发质量,规避项目风险,降低项目开发成本。
　　本计划中定义硬件项将开展的构型管理活动,规定了硬件产品实施构型管理的组织机构及职责、遵循的方法、使用的工具以及硬件构型管理活动的策划安排,确定构型标识、构型控制以及构型审核等过程要求。
2) 术语和缩略语
　　本计划涉及的术语及定义,可以分类说明。
2　引用文件
　　本计划涉及的引用文件,可以分类说明。
3　组织责任
　　定义硬件构型管理的组织机构,变更控制委员会(CCB)以及构型管理组织成员的职责、权限和工作要求。

（续表）

4	构型管理目标及符合性方法 　说明硬件构型管理实施的目标，以及与 DO - 254 标准的符合性方法。
5	构型管理工具 　开展构型管理活动使用的工具信息，以及使用策略和要求。
6	构型库管理 　确定构型库管理机制及管理要求，以及构型库访问权限的规定。
7	构型标识 　确定硬件构型标识要求。构型项标识应具有唯一性，便于跟踪管理。
8	基线 　基线是产品开发过程中冻结的阶段性产品数据，用于产品的后续设计或制造。产品开发过程中可建立多条基线，在通常情况下至少应在里程碑点建立基线，如需求基线、初步设计基线、详细设计基线和实现基线等。定义硬件基线的内容及建立基线的时机。 　示例： 　在明确硬件产品要求，完成硬件产品需求分析，评审并确定硬件模块及可编程逻辑需求规范，确认其可以作为下一步硬件设计依据时，应建立硬件产品需求基线。
9	问题报告和变更控制 　说明硬件构型项的问题报告和变更控制流程。 　对于不同类型的数据（HC1 和 HC2）的控制要求和方法。
10	构型索引和构型纪实 　说明形成硬件构型索引和构型纪实的要求。
11	构型审核 　确定硬件构型审核要求、时机以及实现形式。
12	档案管理 　硬件构型项的数据归档、保管流程和要求以及数据获取的途径和方法。
13	供应商管理 　硬件项在开发过程中涉及的供应商的管理和控制要求。

表 3 - 8　硬件构型管理计划评审检查单示例

	检 查 内 容	是否适用	结论	支撑材料
1	确定了硬件构型管理过程目标			
2	确定了硬件构型管理过程工具及要求			
3	确定了硬件构型管理过程人员职责			
4	确定了硬件构型库管理要求			
5	确定了硬件构型项标识要求			
6	确定了硬件基线及基线建立时机			

	检 查 内 容	是否适用	结论	支撑材料
7	确定了问题报告流程和变更控制流程及要求			
8	确定了硬件数据分类及管理要求			
9	确定了硬件构型索引和构型纪实要求			
10	确定了硬件构型审核要求			
11	确定了硬件构型数据的归档及获取要求和方法			
12	确定了外购件的供应商管理要求			
	……			

3.3.5 硬件过程保证计划

硬件过程保证计划模板示例如表 3-9 所示，硬件过程保证计划检查单示例如表 3-10 所示。

表 3-9 硬件过程保证计划模板示例

1　概述
　　本计划目标及适用范围。
　　示例：
　　硬件过程保证计划用于指导硬件产品在开发过程中的过程保证活动，确保项目硬件生命周期过程和产品符合硬件相关计划和标准。本计划适用于硬件产品开发全过程，依照 RTCA/DO-254 第 8 章内容进行编写。
2　术语和缩略语
　　本计划涉及的术语及定义。
3　引用文件
　　本计划涉及的引用文件。
4　组织责任
　　定义硬件过程保证活动的组织责任。责任团队包括项目管理团队、硬件开发团队、验证确认团队、构型管理团队和过程保证团队，必要时适航联络人员也将承担支持工作。
5　过程保证目标、标准及工具
　　概述 RTCA/DO-254 标准的目标和符合性方法，遵循的相关标准和使用的工具。可以列出 DO-254 过程保证活动目标及拟采取的符合性方法；明确硬件设计开发过程拟遵循的标准和所使用的工具。
6　过程保证方法
　　定义质量保证工程师的过程保证方法和要求。

（续表）

示例：

依据 DO - 254 过程目标，说明硬件产品在研制过程中计划采取的过程保证方法，以及质量保证工程师将开展的过程监控活动。包括如下内容：

(1) 产品审计。

(2) 过程审计。

(3) 阶段转换评审。

(4) 符合性评审。

上述活动应描述过程保证方法的目的、进入准则、活动、结果及参与人员等。

7 过程保证活动

根据项目开发计划的各项活动进行编制，包括计划进行的产品审计的方法、审计时机、审计形式以及采用的审计检查单。

8 记录的收集、维护和保存

描述硬件过程保证活动形成的记录、保存方法以及控制要求。

表 3 - 10 硬件过程保证计划检查单示例

	检 查 内 容	是否适用	结论	支撑材料
1	确定了硬件过程保证过程的人员职责			
2	确定了硬件过程保证过程的目标、标准和工具			
3	确定了硬件过程保证过程的方法			
4	定义了产品审计活动			
5	定义了过程审计活动			
6	定义了阶段转换评审活动			
7	定义了符合性评审活动			
8	定义了过程保证过程记录的收集、维护和保存方法			
	……			

参考文献

王青.浅谈产品的风险管理[R].军用航空器适航学术交流会.2014.

4

需求捕获过程

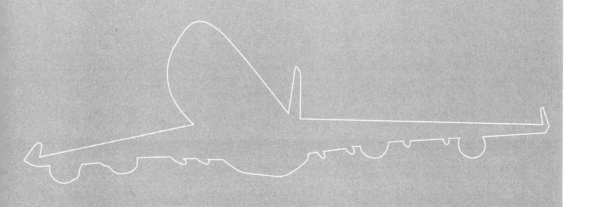

硬件需求是机载电子硬件的开发输入,完整和正确的需求是机载电子硬件设计和验证的基础。需求捕获过程识别并记录机载电子硬件的需求。本章简要地介绍了需求捕获过程的目标、输入、活动以及输出,结合工程实践经验,详细地描述了需求捕获过程的具体活动,并给出了一些文档模板及检查单的示例。

4.1 需求捕获过程简介

机载电子硬件需求除系统分配给硬件的需求外,还包括因硬件架构、工艺的选择、基本/可选的功能、环境或性能要求以及系统安全性评估等所产生的派生需求。由于在开发过程中,会不断识别新的需求或对初始需求进行补充和完善,需求捕获在开发过程中是不断迭代的。

在通常情况下,硬件模块工程师通过参与系统设计以捕获系统对硬件的要求,对系统提供的硬件研制要求进行分析、细化并识别必要的派生需求,在此基础上形成硬件需求规范,同时确定硬件需求的确认及验证方法。如果在硬件模块中包含有可编程逻辑设计,那么可编程逻辑工程师通过参与硬件模块的概要设计,捕获对可编程逻辑的需求,进行可编程逻辑需求定义,形成可编程逻辑需求规范,并确定可编程逻辑需求的确认及验证方法。

可编程逻辑与硬件模块的需求捕获过程只是实施的时间和需求的具体对象不同,两者的主要活动基本类似。因此本节虽然从硬件模块的角度对需求捕获进行描述,但除特殊声明外,相关内容同样适用于可编程逻辑。

需求捕获过程的目标如下:

(1) 识别和定义需求,并形成相应的需求文档。在识别和定义需求时,除功能性需求外,还应特别关注系统安全性评估过程提出的安全性需求。

(2) 需求经过所有相关方确认。

需求捕获过程的输入包括如下几方面:

（1）硬件研制要求（或系统分配给硬件的需求）。

（2）硬件接口及系统架构。

（3）硬件开发计划。

（4）所选用的相关标准，包括需求标准等。

需求捕获过程的主要活动具体包括如下几方面：

（1）参与系统需求定义。

（2）分析硬件研制要求。

（3）定义硬件需求。

（4）建立需求追踪。

（5）需求确认。

（6）需求管理。

需求捕获过程的输出包括如下几方面：

（1）硬件需求规范。

（2）初步的硬件验证测试计划。

（3）硬件需求与上层需求（硬件研制要求）的追踪矩阵。

（4）过程记录（含需求确认记录和评审记录等）。

4.2　需求捕获过程实施

本节结合工程实际经验，详细描述了实施需求捕获过程的各项活动。

4.2.1　参与系统需求定义

从理论上讲，硬件研制要求应该是系统团队下发给硬件研制团队的。但在工程实践中，完全自顶向下地确定硬件研制要求是不现实的。硬件工程师需要参与系统需求定义、系统架构定义、软/硬件功能分配活动，对这些系统开发过程提供技术支持,和系统工程师一起完成硬件研制要求定义。

硬件研制要求一般应包括如下内容:

(1) 系统架构。

(2) 硬件功能/性能要求。

(3) 硬件电气及物理接口要求。

(4) 硬件安全性要求。

(5) 硬件功耗及外形要求。

(6) 硬件使用环境要求。

(7) 硬件可靠性、测试性和维修性要求。

(8) 其他要求。

4.2.2　分析硬件研制要求

硬件工程师负责分析硬件研制要求,讨论系统分配给硬件的需求是否完整、明确,发现可能缺少或定义不明确的研制要求应反馈给系统工程师/用户。这项活动可以与硬件工程师参与系统需求定义的活动同时进行。

4.2.3　定义硬件需求

根据需求来源,一般将需求分为直接需求和派生需求。直接需求是通过分析用户要求或上层需求时直接产生,可以追踪到至少一条用户要求或上层需求。派生需求是由于设计方案选择、经验、鲁棒性考虑、行业标准等方面原因产生的需求,不能直接追踪到某条用户要求或上层需求。派生需求应具有合理的产生原因,并进行说明。

在分析硬件研制要求及识别派生需求的基础上,硬件工程师应按照需求标准形成硬件需求规范,明确需求的属性及来源等相关信息,确定每条需求的确认/验证方法。确认/验证方法包括分析、仿真、测试或多个方法的组合。

1) 识别派生需求

硬件工程师根据硬件研制要求、适航要求、法律法规、工业标准和技术标准等,细化硬件需求,并识别派生需求。

对于硬件模块设计,派生需求一般包括如下几方面:

(1) 软/硬件接口定义。

(2) 元器件选用及可获得性限制。

(3) 加工工艺限制。

(4) 上电启动时间。

(5) 电源电压和电流要求。

(6) 使用环境限制。

(7) 在通常和最坏条件下,信号时序关系或电气条件。

(8) 信号噪声和串扰。

(9) 控制未使用功能的专门约束。

(10) 安全性要求。

(11) 可靠性、可测试性、可制造性和保障性等要求。

对于可编程逻辑设计,派生需求一般包括如下几方面:

(1) 硬件接口信号的宽度、有效状态、电气特性及时序要求。

(2) 软件接口的地址分配及寄存器定义。

(3) 电源、复位和时钟等要求。

(4) 逻辑组件实现所需要的外接存储资源。

(5) 逻辑组件实现所需的内部存储器和寄存器资源大小。

(6) 可编程逻辑芯片型号、等级约束及封装形式等要求。

(7) IP 核使用及设计复用等需求。

(8) 单粒子翻转(SEU)等安全性和可靠性需求。

(9) 测试和调试方面所需要的测试逻辑功能。

2) 需求内容要求

需求所描述的内容是后续设计与验证活动的出发点和基础,所以需求内容务必准确和严谨,避免不同开发人员对需求内容理解不一致,导致设计错误和不必要的返工。需求内容要求如下：

（1）正确性。每条需求应正确描述对硬件的要求。

（2）无二义性。每条需求描述清晰、准确，确保只有一种可能的解释。需求不能采用"可能""也许"等含糊的词汇表述。需求规范应定义所有使用到的术语、缩略语。如果需求描述中使用的术语在不同的环境中有不同的含义，应在合适的位置做出准确定义和说明。需求描述中应明确度量单位。

（3）完整性。所有需求构成的集合应当完整地描述对硬件的要求。需求应包括功能、性能、接口、电气特性、加载方式、安全性、鲁棒性（容错）及设计约束等方面的内容。

在需求规范中应明确描述"隐含"的需求。"隐含"的需求是指需求编制者认为非常明显的要求或约束。如下面的需求描述：

"IOM 模块的工作电源电压为$+5$ V"。

在这个需求描述中，需求编制者认为根据 IOM 模块的使用环境，IOM 模块显然应在电源电压为$+5$ V±0.5 V 的范围内正常工作，所以没有给出电源电压的变化范围要求。正确的需求描述应当是：

"IOM 模块的工作电源电压为$+5$ V±0.5 V"。

需求规范中的所有图和表都应当编号且被引用。

需求规范中不应包括硬件本身以外的要求和约束。

每条需求应是必不可少的，既不能从其他需求中推出，也不能由其他需求组合得出。

如果多个需求表达了相同的要求，那么应合并；如果一个需求表达了多个要求或场景，那么应分成多个需求。

除了必需的设计约束外，需求不应描述设计与实现的细节。

（4）一致性。任意需求之间应不存在相互矛盾的描述。应避免以下可能存在的矛盾：

a. 使用不同的术语描述同一个对象。

b. 对同一个对象定义不同的要求。

c. 需求之间不应存在不合逻辑或不可能的相互关系。

（5）可验证性。每条需求是否得到满足应能够通过人工或机器以一种有限的方法进行验证。

（6）可追踪性。每条直接需求应能追踪到用户要求/上层需求，每条派生需求应有相应的产生原因说明。每条需求应便于在设计和验证数据中进行追踪。

（7）唯一性。每条需求应具有唯一的需求标识。

3）需求格式要求

一个组织应该制定需求标准，对需求格式进行统一的要求。一条完整的需求描述一般应包括需求标识定义、需求正文、需求属性、验证方法、需求追踪、需求原因、需求注释等要素。需求应以条目化方式描述。下面给出一个需求格式的示例，并对其要求进行说明。

需求标识：需求标签
需求正文
需求属性：直接/派生
验证方法：评审/分析/功能仿真/时序仿真/物理测试
需求追踪：所覆盖的需求或需求列项
需求原因：×××××
需求注释：××××××

（1）需求标识。每条需求应是唯一的、确定的标识，用于在所有开发阶段进行需求的识别和跟踪。

需求标识可以采用以下的格式：

REQ－＜项目英文缩写＞-＜ID＞

其中：

项目英文缩写可以用"_"提高易读性。

ID代表了需求的编号，编号应该是唯一的，由数字组成。可以使用ID的高位区分不同的功能需求,如 0××××表示处理器的要求,1××××表示接口要求等。

如果需求规范已经发布,在增加/修改需求时,必须保证原有需求的标识不变;当要删除一条需求时,不能直接删除相应文字,而应对该条需求以某种属性表示该条需求被删除,如在需求标识后增加[Deleted@需求规格说明版本]表示,而其 ID 不应再被使用。

(2)需求标签。需求标签用来给本条需求起一个名称,有助于更直观地理解需求。需求标签与需求标识之间以":"分隔。需求标签通常用自然语言描述,尽可能言简意赅,如"时钟频率要求"等。需求标签是可选的。

(3)需求正文。需求正文定义本条需求的具体内容,具体要求见本书第4.2.3节。

(4)需求属性。需求属性用来表明该条需求是直接需求还是派生需求,其值只能是"直接"或"派生"。

(5)确认/验证方法。确认方法是指保证需求正确性和完整性的方法;验证方法是指为验证需求得到满足所要使用的方法。需求确认/验证方法包括以下所列方法之一或多种方法的组合。在确定需求确认/验证方法时,应按照下面的优先顺序选择。

a. 测试:采用仪器或其他方法直接对硬件实物进行测试的方法。

b. 仿真:通过电子设计自动化(EDA)工具或其他方法,对硬件设计的功能进行模拟,如功能仿真、信号完整性仿真等。

c. 分析:通过具体的、可重复的、解析的方法,评估硬件的特性,证明某一特定需求正确或得到满足,如代码分析、失效模式与影响分析(FMEA)等。

d. 评审:通过定性的方法评估需求正确或得到满足。

e. 使用经历:通过相同设计在其他项目中的使用经历,证明需求正确或得到满足的方法。

当一条需求需要多种方法的组合进行确认和验证时,多种方法之间以"、"

分隔,如验证方法:仿真、测试。

(6) 需求追踪。需求追踪用来描述该条需求对上层需求的覆盖情况。需求追踪采用下面描述格式。

需求追踪: < 覆盖的需求标识或需求标识列表 >

当覆盖多个需求时,需求列表中需求标识之间以","分隔。当本条需求为派生需求,与上层需求没有追踪关系时,覆盖的需求标识为空。

(7) 需求原因。对于派生需求,应在"需求原因"中给出其合理的产生原因。

(8) 需求注释。需求注释用来描述有关该条需求的补充信息,以利于设计、验证人员更好地理解该条需求,但并不是需求正文。需求注释是可选的。

在本书第 4.3.1 节给出了 FPGA 需求规范的模板及检查单示例,第 4.3.2 节给出了硬件模块需求规范的模板及检查单示例。这些模板和检查单用于规范编制 FPGA 和硬件需求规范,以及对相应的需求规范进行内部评审。

4.2.4　建立需求追踪矩阵

需求追踪矩阵是用来检查需求覆盖情况,并进行需求变更影响分析的工具。通过建立需求追踪矩阵,可以实现如下功能:

(1) 可以检查上层需求是否被全部覆盖,避免遗漏需求。

(2) 可以检查下层需求是否都可以追溯到上层需求,派生需求是否都有合理的产生原因,避免多余的需求。

(3) 当需求变更时,可以向上/向下分析到受影响的需求、设计或验证。

在整个硬件开发生命周期中,应建立如下追踪矩阵:

(1) 硬件需求与硬件研制要求(或用户要求)之间的追踪矩阵。

(2) 硬件需求与硬件设计之间的追踪矩阵。

(3) 硬件需求与硬件验证测试程序之间的追踪矩阵。

(4) 硬件验证测试程序与验证测试结果之间的追踪矩阵。

追踪矩阵示例如表 4－1 所示。

表 4－1 追踪矩阵示例

上层需求 ID	上层需求内容	下层需求 ID	下层需求内容
REQ－SYS－00001	处理器频率不低于 200 MHz	REQ－HRD－00005	处理器选用 PPC750
REQ－SYS－00001	处理器频率不低于 200 MHz	REQ－HRD－00005	处理器的输入时钟为 ×× MHz，PLL 应配置为××
……	……	……	……

一个上层需求可能对应多个下层需求，同样，一个下层需求也可以对应不同的上层需求。

需求追踪关系可以通过 Excel 表格等形式人工进行管理。但当项目的需求条目较多或者变更比较频繁时，这种管理方式效率较低，而且容易出错。当一个项目的需求条目超过 30 条时，建议采用需求追踪工具进行管理。

ReqTracer 是 Mentor Graphics 的需求追踪工具，主要功能如下：

（1）在项目数据之间建立图形化的追踪关系。

（2）通过定制类型，可以导入多种类型的数据。

（3）通过图形、覆盖分析和影响分析等视图，对数据之间的追踪关系进行显性化和分析。

（4）通过定制模板，产生相关报告。

如果使用 ReqTracer 工具进行需求追踪管理，为了便于工具识别相关信息，在使用 Microsoft Word 编写需求规格说明时，建议对以下需求要素分别建立相应的样式，并在整个文档中，每个要素均使用相应的样式。样式名统一如下。

（1）需求标识/标签：Requirement_Tag。

（2）需求正文：Requirement_Text。

（3）需求追踪：Requirement_Cover。

ReqTracer 在项目数据之间建立追踪关系的原理如下：设计者在相关数据中，显式地加入"覆盖标签"，ReqTracer 通过这些"覆盖标签"获得各个数据之间的追踪关系。图 4-1 给出了 ReqTracer 建立追踪关系的原理示意图。

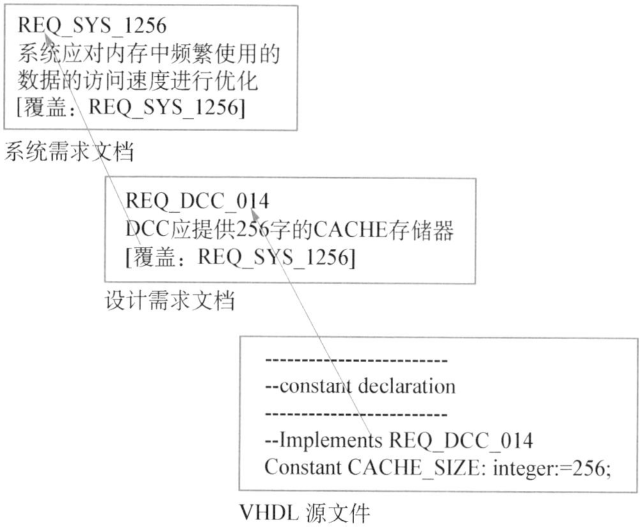

REQ_SYS_1256
系统应对内存中频繁使用的
数据的访问速度进行优化
[覆盖：REQ_SYS_1256]

系统需求文档

REQ_DCC_014
DCC应提供256字的CACHE存储器
[覆盖：REQ_SYS_1256]

设计需求文档

--constant declaration

--Implements REQ_DCC_014
Constant CACHE_SIZE: integer:=256;

VHDL 源文件

图 4-1　ReqTracer 追踪关系原理

图 4-2 给出了在硬件需求规范与硬件研制要求的追踪原理。在图 4-2 中，REQ-FPGA-30003 为硬件需求，通过覆盖标签"需求覆盖：REQ-ASM-165"与硬件研制要求 REQ-ASM-165 建立追踪关系。

CCRD-FPGA-30003：保持原始 CRC
ASM FPGA 不应该修改从交换端口接收到的帧的帧校验序列（FCS）
需求属性：直接
需求覆盖：REQ-ASM-165

图 4-2　硬件需求规范与硬件研制要求的追踪原理

图 4-3 给出了 ReqTracer 工具图形化显示追踪关系的一个例子。通过图形化显示，可以方便地在需求与各个追踪对象数据之间浏览，并进行影响分析。

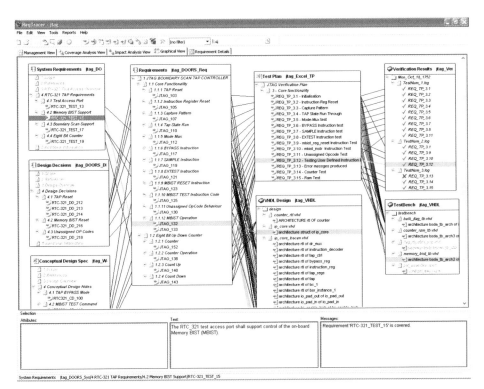

图 4 - 3　ReqTracer 图形化显示追踪关系

图 4 - 4 给出了项目数据之间的追踪关系图示例，这个图需要设计者输入 ReqTracer 工具中。

图 4 - 4　项目数据追踪关系示例

表 4-2 给出了追踪性分析结果示例,这个表直接由 ReqTracer 工具生成。

表 4-2　需求追踪性分析结果示例

文档名称	文档标识	文档类型	需求数据
ASM System Specification	XXX2.154.042SS.doc	System Requirement	46
	is covered by	ASM FPGA Requirements	100%
ASM FPGA Requirements	XXX2.154.044hrd.doc	FPGA requirement	296
	Covers	ASM System Specification	100%
	is covered by	ASM FPGA Design Description	100%
	is covered by	HDL Code	97%
	is covered by	Scripts	6%
	is covered by	ASM FPGA Test Procedures	100%
	head cover		100%
ASM FPGA Design Description	XXX2.154.044hdd.doc	HDD	57
	Covers	ASM FPGA Requirements	100%
	is covered by	HDL Code	100%
HDL Code	Src	ASM verilog	0
	Covers	ASM FPGA Requirements	97%
	Covers	ASM FPGA Design Description	100%
Scripts	Script	Scripts	0
	Covers	ASM FPGA Requirements	6%
ASM FPGA Test Procedures	XXX2.154.044hstp.doc	Test Procedure	178
	Covers	ASM FPGA Requirements	100%

表 4-3 和表 4-4 分别给出了硬件研制要求向下追踪硬件需求和硬件需求向上追踪硬件研制要求的追踪矩阵。这些表格均由 ReqTracer 工具自动产生,而且输出的格式及文件类型(.rtf,.xls,.pdf 等)可以根据实际需要进行定制。

表 4-3　硬件研制要求与硬件需求的追踪矩阵示例(向下)

需求 ID	需 求 内 容	下层需求追踪
ASM-PR-88	交换机应该具有 24 个端口,每个端口的速率应该根据配置表配置固定为 10 MB/s 或者 100 MB/s,全双工 需求来源:文件[1]中§4.11.2 要求 是否需求:是 需求属性:直接 实现方法:硬件、FPGA 和软件	CCRD - FPGA - 00020 - PHY 接口数
……	……	……

表 4-4　硬件研制要求与硬件需求的追踪矩阵示例(向上)

需求 ID	需 求 内 容	上层需求追踪
CCRD-FPGA-00020-PHY 接口数	PHY 接口数(Number of PHY Interfaces) ASM FPGA 应具有 25 个 PHY 接口,其中 24 个用于 AFDX 交换端口,1 个用于 AFDX 捕获端口	ASM-PR-88
……	……	……

4.2.5　需求确认

需求确认用来保证硬件需求相对于系统给予硬件的需求,以及设计方案选择、经验、鲁棒性考虑、行业标准等方面,是正确和完整的。经验证明,注重需求的开发与确认可以在开发早期发现一些不十分明显的错误或遗漏,降低后续重新设计或硬件性能不足的风险。在通常情况下在开发过程中需求可能会发生变更,所以在整个生命周期过程中都需要进行需求确认活动。

对系统分配给硬件的需求的确认活动属于系统过程的一部分,不在本书讨论的确认过程的范围之内。

硬件需求确认目标如下:

(1) 硬件需求是正确和完整的。

(2) 硬件需求对安全性的影响得到评估。

(3) 需求遗漏和错误反馈给了相应的过程进行纠正。

硬件需求确认活动包括如下内容：

（1）硬件需求定义中产生的派生需求应该反馈给系统工程师/用户进行安全性评估，并根据分析结论对派生需求进行确认或者变更。

（2）至少应通过同行评审的方式，必要时应通过仿真、模型或原理样机、分析、服务经历、工程评估、测试等确认硬件需求规范（含派生需求）的完整性、正确性、可验证性，以及与硬件研制要求的一致性。

（3）记录需求确认结果。在需求确认活动中，如果涉及硬件研制要求的变更，那么应反馈给系统工程师/用户，对硬件研制要求进行更新。

硬件需求确认常用的方法一般包括如下几种：

（1）同行评审：组织同行专家对硬件需求规范进行评审。参加评审者应包括来自系统、硬件、软件、安全性、维护性等不同领域的专家。

（2）建模或原理样机：可以通过一些特定的硬件模型或原理样机对需求进行确认。

（3）分析对比：通过与先前开发的硬件做相似性对比进行需求确认。

在大多数情况下，需求确认是通过同行评审完成的。在进行需求确认评审时，应制订相应的评审检查单，对评审活动进行指导。需求确认评审检查单示例见本书第4.3.3节。

4.2.6 需求管理

需求管理过程从需求获取开始贯穿于整个项目的生命周期，是一个动态、迭代的过程，用来保证最终实现产品满足用户的要求。需求管理主要包括四个方面：需求状态管理、需求追踪、需求版本管理和需求变更管理。

状态管理：需求除了自身的主题内容描述之外，还具有相应的状态属性。这些属性标识了需求在整个系统研发的生命周期中的状态。基于不同的业务需求，对需求需要不同的状态进行描述。从工程师角色维度分析，作为测试工程师，可能关注需求的验证状态（验证结果：测试通过、测试未通过或未测试等）。而作为开发人员,可能关注哪些需求是由自己负责的,当前需求的实现状态是什么。作为项目负责人,可能关注需求的满足状态是什么,又或者是需求的成本,等等。同样的,我们还可能关注需求是不是被评审通过了、需求的变更状态等。

需求追踪:需求追踪是需求管理中非常关键且极为重要的方面之一。需求追踪体现在两个层面:需求层级内部的追踪以及跨领域的追踪。需求层级内部的追踪是指在分层的需求间建立的关联关系,例如从用户需求到系统需求间的追踪,从系统需求到子系统需求间的追踪,以及子系统需求到组件需求间的追踪,等等。跨领域的需求追踪是指关联不仅发生在需求之间,而且需求还应该和测试、设计、实现相关的组件建立关联,以实现在系统研发整个生命周期的可追踪性。

版本管理:对需求的版本进行管理,记录需求数据的历史记录,方便历史数据的追溯。需求的版本管理可以与构型管理过程中构型项的版本管理采用同样的管理方法。

需求变更管理:变更管理是需求管理至关重要的一环,也是需求管理中最为常见的活动。变更管理要记录变更的原因、时间、变更内容、变更历史等内容。需求变更管理可以与构型管理过程中构型项的变更控制采用同样的管理方法。

对小的项目,需求管理可以用 Excel 等简单工具进行管理;但对大型项目或组织级的需求管理,则应购买或自行开发专门的需求管理工具。需求管理工具可以与构型管理工具同时考虑,即综合设计成一个管理系统。常用的需求管理工具有 Rational RequisitePro、DOORS、CaliberRM 和 oBridge 等。下面简要介绍一下笔者使用的 DOORS 工具。

DOORS 是 Telelogic 的需求管理工具,被国际商用机器公司(IBM)收购后更名为 IBM Rational DOORS,用来帮助进行捕获、追踪和管理需求。IBM Rational DOORS 工具的主要特性介绍如下:

(1) 项目开发可扩展性。DOORS 是企业级的产品,一个 DOORS 数据库能够同时支持许多个不同的项目开发,从而使得新的项目能够复用和共享过去的文件和信息。不同项目(文件)之间的追踪关系可以跨项目建立。

（2）对需求变更的管理。DOORS本身支持变更管理系统，即变更的提交、评审、实施，并因此可以给指定的用户分配不同的角色。

（3）对需求基线的管理。本身具备对需求的基线管理功能，可比较不同基线的需求差异，实现需求基线管理。

（4）多个需求项及追踪关系的显示。提供拖放功能，可将需求连接至设计项目、测试案例或其他需求；能够在屏幕上给用户一次显示一个文件中的多个或所有需求项和相互之间的追踪关系（即支持横向和纵向的需求追踪），从而支持用户同时观看所有相互依赖的需求项。

（5）权限控制。具有灵活的权限控制，包括只读、修改、创建、删除、管理等五种级别。权限控制可以针对每一个用户在每一个数据库、项目目录、文件、需求项、属性上实施等。

（6）可疑link（需求变更）的通知。当link的一方产生变更时，DOORS可以自动产生提示符通知另一方，而不需要在link的矩阵上查找。

（7）数据备份和恢复。DOORS在恢复备份的数据时能够保证数据库中已有的文件不会被覆盖。当数据库中已有同名的文件时，数据库系统会自动地给被恢复的文件另外的名字；由于DOORS把所有数据均存放在数据库中，因此数据的备份和恢复过程既安全又简单。

（8）与其他工具的集成。DOORS不但可与IBM自身的其他软件工具集成，还可与Microsoft和Mercury等厂商的工具集成。

（9）异地需求管理。DOORS提供灵活的方式实现需求异地管理的方式；DOORS强大的性能优势也保障了大型项目异地需求开发/管理的可能。

（10）文件的导入导出。DOORS从Word导入文件时，会把Word文件中的表格、图形和OLE对象原封不动地导入，并可以在DOORS中对导入的表格和OLE对象（如MS Visio图形）进行编辑。

4.2.7　需求定义经验分享

以下举例说明在描述需求时应注意的方面。

（1）在编写需求时，一定要注意需求应清晰地描述一个功能或要求，并且可验证。

如下面的需求描述：

上电后所有输出的电平稳、定时间应尽可能短。

在这个描述中，"尽可能短"没有具体的量化值，没有办法进行验证。可更改描述如下：

上电后所有输出的电平稳、定时间应不大于 2 ms。

（2）在需求描述时，应避免"二义性"。

如下面的需求描述：

IOM 模块在正常工作模式和低功耗模式下功耗应不大于以下值：11W 和 3W。

这个需求描述不准确，具有"二义性"，可能被错误理解为如下：正常工作模式下功耗应不大于 3W。可更改描述为"IOM 正常工作模式下功耗不大于 11W，低功耗模式下功耗不大于 3W"。

（3）需求描述应完整。

如下面的需求描述：

看门狗定时器逻辑超时应产生看门狗中断。

这个需求描述应增加所产生中断的类型（沿中断还是电平中断）和极性进行描述。

（4）需求应描述"要求是什么"而不是"如何做"。

如下面的需求描述：

离散量消抖处理电路用于消除输入离散量的干扰、抖动，防止出现误触发或误操作。消抖的原则：在消抖电路中，通过设置不同的采样次数和采样周期控制信号的灵敏度。小于信号灵敏度的信号变化将被视为信号抖动而被滤除。

在这个描述中，第一句话不是要求，可以作为需求的产生来源，而不应作为需求内容。而后一部分描述，只是给出了采用什么方法实现消抖，并没有给出消抖具体的要求是什么。这个需求可以简单地描述为如下：

离散量消抖电路应滤除宽度小于 20 ns 的离散量信号变化。

（5）在需求描述中，最好不要直接引用标准。

如下面的需求描述：

接口应符合 PCI 2.0 标准。

PCI 2.0 标准有几百页，这条需求怎么验证才能证明硬件符合 PCI 2.0 标准？好的做法是将标准中有用的部分截取下来，或者至少应引用到标准具体段落或图表，更改为如下：

PCI 接口的写周期应符合 PCI 2.0 标准第 85 页图 8 的要求。

（6）在描述需求时，一定要定量描述，并在适用时给出公差，如工作电压为 5 V±0.5 V。而不是只描述成：工作电压为 5 V。

（7）在描述接口时，除描述功能外，还应描述完整、准确的时序信息。

图 4-5 给出一个接口读操作时序的需求描述示例。

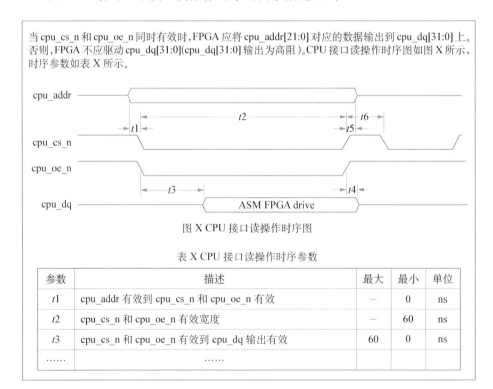

当 cpu_cs_n 和 cpu_oe_n 同时有效时，FPGA 应将 cpu_addr[21:0] 对应的数据输出到 cpu_dq[31:0] 上。否则，FPGA 不应驱动 cpu_dq[31:0]（cpu_dq[31:0] 输出为高阻）。CPU 接口读操作时序图如图 X 所示，时序参数如表 X 所示。

图 X CPU 接口读操作时序图

表 X CPU 接口读操作时序参数

参数	描述	最大	最小	单位
t1	cpu_addr 有效到 cpu_cs_n 和 cpu_oe_n 有效	—	0	ns
t2	cpu_cs_n 和 cpu_oe_n 有效宽度	—	60	ns
t3	cpu_cs_n 和 cpu_oe_n 有效到 cpu_dq 输出有效	60	0	ns
……	……			

图 4-5 接口读操作时序需求描述示例

4.3 模板和检查单示例

4.3.1 FPGA 需求规范

FPGA 需求规范模板示例如表 4 − 5 所示，FPGA 需求规范检查单示例如表 4 − 6 所示。

表 4 − 5 FPGA 需求规范模板示例

1　概述
1）编制目的
　　要求：应描述本文档的编制依据、主要内容、用途及适用范围等。
2）和其他文件的关系
　　要求：应描述本文档与其他相关文件的关系。
2　引用文件
　　要求：应列出引用文件的编号、名称等。必要时可以列出版本及修订日期。
　　建议：在文档的内容中，如果涉及有关器件，应将相关器件的器件手册列入引用文件中，并且标明版本或日期信息。
3　缩略语和术语
1）缩略语
　　要求：列出文档中使用到的所有缩略语。缩略语应按照首字母升序顺序排列。
2）术语
　　要求：应对文档中使用到的专业术语进行解释。
4　系统概述
　　要求：应简述 FPGA 逻辑所适用的产品（系统或硬件模块）的用途及组成，概述 FPGA 逻辑在产品（系统或硬件模块）中的作用和主要功能。
　　建议：给出 FPGA 逻辑所适用的产品（系统或硬件模块）的结构框图。
5　XXFGPA 需求
　　要求：按需要可分成若干小节标识 FPGA 逻辑必须满足所有的需求。需求应以条目化方式描述。一条完整的需求描述应包括需求标识定义、需求正文、需求属性、验证方法、需求追踪、需求原因、需求注释等要素。
1）硬件接口需求
　　要求：描述各接口功能要求，可根据需要分小节描述。可引用其他文档（如通信协议、用户接口等）代替此处所描述的信息。需求应包括如下内容：
（1）对要实现的接口类型的需求，如总线接口（独立/复用）、输入接口、输出接口等。
（2）给出接口管脚定义说明，应包含信号名称、信号传输方向、信号数据宽度、有效电平、电气特性、引脚分配及信号描述等。
（3）给出各种接口信号关系，接口信号的时序特性及时序余量要求。
2）软件接口需求
　　要求：应描述 FPGA 逻辑所有可编程寄存器的名称、格式、大小、读写要求、地址分配及所有寄存器位的功能要求。

3）功能需求

　　要求：从第 5.2.1 节开始编号。用名字标识该 FPGA 逻辑的功能，并详细说明与该功能有关的需求。如果该功能可以更清晰地分解为若干子功能，则应分条对子功能的需求进行描述。需求应详细说明所需的 FPGA 逻辑的功能，适当时还应包括在异常条件、非许可条件或超限条件下所需的行为。

4）适应性需求

　　要求：应描述 FPGA 逻辑应适应现场具体条件和系统环境改变的各种要求，可包括如下内容。

（1）选用的 FPGA 器件的型号、速度等级、器件质量等级。

（2）FPGA 逻辑的工作环境要求，包括工作环境的温度、工作电压、功耗等。

（3）FPGA 逻辑的加载方式及加载速度。

5）安全性需求

　　要求：应描述关于防止或尽可能降低对人员、财产和物理环境产生意外危险的需求（若有）。包括如下内容。

（1）FPGA 逻辑设计保证级别。

（2）可编程逻辑器件接口和功能的安全性要求，如余度要求、隔离要求、非相似性设计要求、监控要求、保护和重构要求、干扰预防要求等。

（3）上电复位和其他复位要求。

（4）与时间相关的特殊性能。

（5）信号噪声和串扰的处理。

（6）异步逻辑电路中的信号毛刺处理。

（7）对不使用功能控制的专门约束。

6）设计和实现约束

　　要求：应描述可编程逻辑器件设计和实现方面的需求，一般包括如下几个方面。

（1）设计指导原则。

（2）设计开发工具环境及版本。

（3）设计和实现标准要求。

（4）设计的语言约束。

（5）设计方法的约束，如 IP 核使用要求。

7）其他需求

　　要求：应描述上述各条未能覆盖的其他 FPGA 逻辑需求（若有）。

6　需求确认与验证的方法

　　要求：应描述所定义的需求确认方法。需求确认一般通过评审来进行，需求评审应邀请系统团队参加。

　　应描述所定义的需求验证方法。可用表格形式表述该信息，或在"FGPA 需求"的每个需求中注明所使用的方法。

　　验证方法包括以下所列方法之一或多种方法的组合。在确定验证方法时，应按照下面的优先顺序选择验证方法。

（1）物理测试：将可编程器件逻辑电路下载到目标硬件或类似的硬件环境中，对可编程器件逻辑电路进行测试的方法。

（续表）

（2）仿真：包括功能仿真和时序仿真。功能仿真是通过 HDL 仿真工具,验证可编程器件逻辑电路 HDL 代码对一个激励或一系列激励正确响应的方法;时序仿真是通过 HDL 仿真工具,验证综合或布局布线后逻辑电路满足时序要求的方法。 （3）分析：通过具体的、可重复的、解析的方法,评估可编程器件逻辑电路的特性,证明某一特定需求得到满足,包括但不限于代码分析、设计约束分析、静态时序分析等。 （4）评审：通过定性的方法评估需求得到满足。 （5）使用经历：通过相同设计在其他项目中的使用经历,证明需求得到满足的方法。 （6）特殊的合格性方法：任何针对 FPGA 逻辑的特殊合格性方法,如专用工具、技术、规程、设施、验收限制。

表 4-6　FPGA 需求规范检查单示例

	检 查 内 容	是否适用	结论	支撑材料
1	文档格式（包括标识和排版等）符合要求			
2	文档语句通顺、描述清楚、没有语法错误			
3	明确标识了 FPGA 逻辑及适用的系统			
4	描述了 FPGA 逻辑任务的来源、目的和用途等;简述了 FPGA 逻辑所适用的产品（系统或硬件模块）的用途及组成,概述了 FPGA 逻辑在产品（系统或硬件模块）中的作用和主要功能			
5	需求规范中的每条需求格式符合需求标准的要求			
6	清晰、正确、完整地描述了 FPGA 逻辑的功能需求			
7	清晰、正确、完整地描述了 FPGA 逻辑的接口需求			
8	清晰、正确、完整地描述了 FPGA 逻辑的适应性需求、安全性需求、设计和实现约束等			
9	所有需求之间不存在矛盾、冲突和不一致			
10	给出了所有需求的确认与验证方法			
11	覆盖了 FPGA 逻辑研制要求中的所有要求			

4.3.2　硬件模块需求规范

硬件模块需求规范模板示例如表 4-7 所示,硬件模块需求规范检查单示例如表 4-8 所示。

表 4-7 硬件模块需求规范模板示例

---

1 概述
1)编制目的
　　要求:应描述本文档的编制依据、主要内容、用途及适用范围等。
2)和其他文件的关系
　　要求:应描述本文档与其他相关文件的关系。
2 引用文件
　　要求:应列出引用文件的编号、名称等。必要时可以列出版本及修订日期。
3 缩略语和术语
1)缩略语
　　要求:列出文档中使用的所有缩略语。缩略语应按照首字母升序顺序排列。
2)术语
　　要求:应对文档中使用到的专业术语进行解释。
4 系统概述
　　要求:对模块从如下几个方面进行描述。
(1)功能简述。
(2)交联系统/设备。
(3)物理/电气接口。
(4)工作模式。
(5)操作场景/操作概念(包含人机交互、系统/设备交互)。
5 模块需求
　　要求:按需要可分成若干小节标识模块必须满足的所有需求。需求应以条目化方式描述。一条完整的需求描述应包括需求标识定义、需求正文、需求属性、验证方法、需求追踪、需求原因、需求注释等要素。
1)功能需求
　　要求:功能需求是模块的行为特征,包括与外界的交互、模块自身的状态及其活动。
2)性能需求
　　要求:性能需求是指模块的时间特性、容量特性等可测量的指标,如传输的平均速率、响应时间、存储空间的大小等。
3)接口需求
　　要求:接口应包含物理接口需求、电气接口需求、逻辑(功能)接口需求以及人机接口需求。
(1)物理接口需求
　　要求:物理接口包括结构、散热、安装、重量、外观、接地、标识、防呆设计等需求。其中,防呆设计主要是指设计中应考虑防止维护、操作人员的失误而导致的安装、使用错误,如防误装、安装位置唯一、安装后的识别或检查、设备多连接器防误装等。
(2)电气接口需求
　　要求:电气接口是模块对外采用的连接器、信号定义、信号电气特性要求。对于电气特性要求,如果采用了标准接口,在一般情况下直接指向标准文件,而互联网标准和 ARINC429 标准等并不需要一一列出所有的参数。

(续表)

（3）逻辑（功能）接口需求

　　要求：逻辑（功能）物理接口是指所有接口的交互要求，如通信协议、模拟量范围、离散量状态等。对于复杂的模块，逻辑（功能）接口的通信协议采用独立的 ICD 文件进行说明，此处只需要求指向该 ICD 文件即可。

（4）人机接口需求

　　要求：人机接口是指模块在使用过程中人机的交互过程。

4）安全性需求

　　要求：模块的安全性需求应依据用户的输入、安全性分析的结果进行描述。

5）环境适应性需求

　　要求：环境适应性需求是指模块应在预期的环境下达到某种状态，如低温（如－40℃）启动时间不大于 5 min（为系统预热预留时间），在环境温度超过 70℃时可以降频或停止工作等。

　　环境适应性一般均指向一个标准的环境试验程序如 DO－160 和 GJB 151 等，对于每个具体的型号，其顶层文件均有一些特殊要求。如果因技术条件欠缺等原因导致无法满足试验要求的系统、设备，可以通过与用户协商确定一个双方可以认可的环境条件，如低温工作只考核－20℃等。协商必须有一定的支撑数据，如对低温使用环境具体数值有大量的历史数据进行支持。

6）安保需求

　　要求：安保需求有两种含义。一种是大家熟知的网络安保，确保网络通信不受到恶意攻击；另一种是确保产品（主要是软件）的正确性，包括版本控制、传输控制、加载控制等，与维护过程相关。

7）专项需求

　　要求：专项需求是指用户或顶层文件对系统、设备要求的可靠性、测试性、维修性和保障性要求，需逐条展开进行描述。本节的内容可以简单描述，详细内容可以参见相关的工作计划。

8）材料、工艺需求

　　要求：描述用户、本地和产品使用地的法律法规（环保相关）的限制性要求，如不得使用含有毒性的材料、不得使用镀铬工艺等。一般在用户顶层文件中有材料、工艺使用的限制性条款，需要在需求规范中明确。

9）包装、运输需求

　　要求：最终产品的包装、运输要求，如是否需要防雨、防潮、防静电、防尘、搬运中的抗振要求，包装后的产品重量对人机工效的要求（是否需要拉杆、叉车）等。

10）其他需求

　　要求：对于无法归类到上述种类的需求，可以在此进行描述。如须在具有 NADCAP 资质的生产商完成产品的生产过程、产品标识、储存要求等。

6　需求确认与验证的方法

　　要求：应描述所定义的需求确认方法。需求确认一般通过评审进行，需求评审应邀请系统团队参加。

　　应描述所定义的需求验证方法。可用表格形式表述该信息，或在"模块需求"的每个需求中注明所使用的方法。

表 4-8 硬件模块需求规范检查单示例

	检 查 内 容	是否适用	结论	支撑材料
1	文档格式（包括标识、排版等）符合要求			
2	文档语句通顺、描述清楚、没有语法错误			
3	明确标识了硬件模块及适用的系统			
4	从功能简述、交联系统/设备、物理/电气接口、工作模式、操作场景/操作概念(包含人机交互、系统/设备交互)等方面对硬件模块进行了描述			
5	需求规范中的每条需求格式符合需求标准的要求			
6	清晰、正确、完整地描述了硬件模块的功能需求			
7	清晰、正确、完整地描述了硬件模块的性能需求			
8	清晰、正确、完整地描述了硬件模块的接口需求(包括物理接口、电气接口、逻辑接口、人机接口)			
9	清晰、正确、完整地描述了硬件模块的安全性需求			
10	清晰、正确、完整地描述了硬件模块的环境适应性需求			
11	清晰、正确、完整地描述了硬件模块的安保需求			
12	清晰、正确、完整地描述了硬件模块的材料、工艺需求			
13	清晰、正确、完整地描述了硬件模块的包装、运输需求			
14	清晰、正确、完整地描述了硬件模块的其他需求			
15	所有需求之间不存在矛盾、冲突和不一致			
16	给出了所有需求的确认与验证方法			
17	覆盖了硬件模块研制要求中的所有要求			

4.3.3 需求确认评审检查单

需求确认评审检查单示例如表 4-9 所示。

表 4-9　需求确认评审检查单示例

	检查内容	是否适用	结论	支撑材料
1	需求文档状态受控			
2	所有的需求都被标识并编号			
3	覆盖了硬件研制要求中的所有需求			
4	考虑了适用的标准和指南			
5	需求与硬件研制要求中的需求一致			
6	所有的需求都没有错误、没有二义性并且足够详细			
7	所有的需求相互都不矛盾			
8	在适用的情况下,所有的需求都定量并有公差地进行描述			
9	所有的需求都是可验证的			
10	所有的需求都是可实现的			
11	描述了所有的功能需求			
12	描述了所有的操作需求			
13	描述了分配给硬件的安全性需求			
14	描述了所有的工作模式			
15	描述了每个工作模式下的功能需求			
16	描述了所有的派生需求			
17	描述了时序要求			
18	描述了失效率相关要求			
19	描述了与设计约束相关的需求			
20	描述了维护性相关需求			
21	描述了维修性相关需求			
22	描述了可制造性需求			
23	描述了装配相关需求			
24	描述了可测性相关需求			

	检 查 内 容	是否适用	结论	支撑材料
25	描述了存储相关需求			
26	描述了运输相关需求			
27	描述了安装相关需求			
28	所有需求都能追溯到上层需求（硬件研制要求）或有充分的理由			

参考文献

［1］ RTCA. DO‐254 Design assurance guidance for airborne electronic hardware［S］. RTCA，2000.

［2］ 中华人民共和国国家质量监督检验检疫总局，中国国家标准化管理委员会.GB/T 9385—2008计算机软件需求规格说明规范［S］.北京：中国标准出版社,2008.

5

硬件模块开发过程

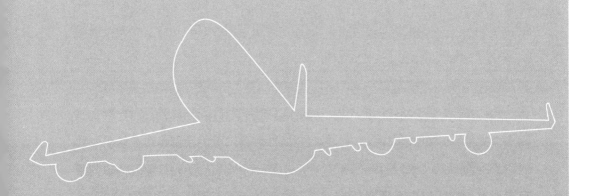

硬件模块开发过程涵盖了从硬件模块需求规范确定后，到最终产品进入批产状态的所有活动，包括设计、实现、确认与验证、生产移交过程以及与过程保证、构型管理、适航支持等工程管理过程。本章只描述硬件研制过程中的设计、实现、确认与验证以及生产移交过程，工程管理相关的过程在其他章节进行单独描述。

5.1 概要设计过程

5.1.1 概要设计过程简介

概要设计过程主要完成硬件模块架构设计，开展可靠性、维修性、测试性分析和评估活动。本节明确地提出了概要设计过程的目标、输入、活动和输出要求，同时结合工程的实际经验，详细描述实施概要设计过程的具体活动，并给出了相应的文档模板和检查单示例。

在需求定义阶段，通过对顶层的需求分析、模块架构设计等活动，确定了硬件模块需求规范，并给出了硬件模块初步功能架构（功能框图）。硬件概要设计将在此基础上，进一步确定和细化硬件架构中的每个功能块，给出初步的元器件清单、模块性能指标、电气参数、可靠性预计等数据，形成（概要）设计文档，并对在这一过程中产生的派生需求的正确性、完整性、安全性进行确认，同时将发现的需求遗漏或错误等信息反馈给硬件需求定义团队。

硬件模块概要设计过程的目标如下：

（1）按照硬件需求规范要求，完成硬件概要设计。

（2）概要设计过程中产生的派生需求反馈给硬件需求定义团队，并得到确认。

（3）概要设计过程中发现的需求遗漏或错误应反馈给需求定义团队并得到解决。

概要设计过程的输入数据一般包括如下内容：

（1）硬件模块需求规范。

（2）硬件设计计划。

（3）硬件设计标准(指南)。

（4）企业(管理)标准。

（5）硬件模块确认与验证计划。

（6）硬件模块物理结构图。

概要设计过程开展的活动包括如下内容：

（1）架构设计。

（2）元器件选型。

（3）确定调试/测试设备要求。

（4）可靠性、维修性、测试性设计分析。

（5）需求确认。

（6）概要设计验证。

概要设计活动输出数据一般包括如下内容：

（1）硬件模块(概要)设计文档。

（2）主要元器件清单。

（3）可编程逻辑设计要求。

（4）热设计数据。

（5）机械应力分析数据。

（6）结构设计数据。

（7）专项设计数据,包括可靠性、维修性、测试性数据。

（8）需求确认记录。

5.1.2　概要设计过程实施

DO-254中对概要设计目标和概要设计活动提出了基本要求,下面结合工程实践经验对相关要点进行说明。

1）架构设计

依据硬件模块需求规范,开展模块架构设计,形成模块功能框图,对各个功能块进行分析,形成概要设计文档。概要设计文档可以看作设计文档的初稿,在后续设计过程中不断完善和细化,详细设计完成后形成最终的设计文件。硬件模块架构设计具体活动包括如下几方面。

（1）确定模块功能框图。在模块架构设计中,将硬件分解为多个功能块,并确定模块中每个功能块的输入、输出。对每个功能块的性能指标进行详细描述,确保满足需求规范的要求。

在概要设计中,应尽可能给出多个可选的架构,进行比对,给出拟选择架构的原因及结果,描述所选架构的优势。例如模块中有多路外围接口,可以选用单路的元器件实现,也可选多路的元器件实现,还可以选择可编程逻辑实现。对于上述不同的方式,需要开展权衡分析,从重量、散热、成本等进行比对,选择一个适宜的架构。

（2）确定可编程逻辑设计要求,形成需求规范。如果在设计中采用的可编程逻辑器件,那么在概要设计阶段需要完成可编程逻辑研制要求（或需求规范）的定义工作。

（3）确定软和硬件接口。如果模块上驻留了软件,或者需要通过外部软件对模块上的资源进行访问时,那么在完成功能块设计说明的基础上,还需要定义软/硬件接口关系。

（4）BITE 设计。BITE 是模块上的测试支持电路,测试支持电路应实现各功能电路的测试要求,同时在设计中还应考虑如下原则：

a. 测试电路的故障率应比模块可靠性指标要求高一个数量级。

b. 测试电路的总体功耗不超过模块总体功耗的 10%。

c. 测试电路占用印刷电路板（PCB）面积不超过模块 PCB 面积的 10%。

d. 测试电路的重量不超过模块重量的 10%。

除非有特殊要求,上述原则应在设计中得到贯彻。

（5）物理结构设计。依据每个功能块对外形、重量、功耗等方面的要求，开展模块物理结构设计：

a. 外形设计。依据选用的元器件型号，整理各元器件的结构信息，与结构人员一起开展外形设计，确定硬件模块的最终外形尺寸需求。

b. 热设计分析。依据选用的元器件型号、预期工作方式，整理各元器件的初步功耗信息，给出需要通过结构件进行散热的元器件，并开展基于模型的分析工作，确定在预期的工作环境下，各元器件的温升不超过设计上限。同时计算整个硬件模块的预期功耗，应不大于需求规范的要求。

c. 重量预计。依据设计结果，收集元器件、结构件、印制板等信息，预计整个硬件模块的重量，应符合模块需求规范要求。

d. 机械应力分析。在完成模块外形设计、重量预计等工作后，须开展模块的机械应力分析，确定模块在结构上的薄弱点、最大形变等数据，在此基础上完善模块结构设计，并形成加固措施，如通过增加加强筋减少模块的形变，对体积较大的模块通过独立的结构件或点封胶进行加固等。

（6）电磁兼容性设计。在概要设计阶段，硬件模块电磁兼容性设计主要考虑如下几个要素以控制模块的电磁兼容效果：

a. 模块内部是否有特殊的频段要求。

b. 整机产品是否有特殊的频段抑制要求。

c. 内部是否有需要屏蔽的电路。

其目的是在设计初期选用晶体（晶振）时，其基频及奇次谐波尽量避开所有的敏感频段，或者采取必要措施，减少电磁干扰的影响。

（7）电应力分析设计。在架构设计中，针对元器件选型，除了在正常工作状态下的电应力降额设计外，还应考虑在模块需求规范中要求的静电防护、闪电效应的影响。

2）元器件选型

在模块设计中选用的元器件应依据项目制订的硬件设计标准（指南）、企业内部管理规定以及企业未来技术发展方向的要求,确定模块使用的元器件型号。除了符合上述基本要求之外,还需要考虑如下问题。

(1) 元器件功能性能指标。选用的元器件在性能指标上应不低于需求规范的要求,一些指标应尽可能优于需求规范的要求,如处理性能、存储容量、访问速度、接口通道、功耗、工作环境、可靠性等指标,以免在后续开发过程中,需求变更导致返工。同时,指标优于需求规范也可以为测试性设计提供必要的资源,如存储器测试、接口环路测试等。

(2) 功能集成度。在功能性能满足需求规范的前提下,尽量选用功能集成度高的元器件,以减少外围电路所需的元器件数量和种类,提高模块的可靠性。

使用高集成度元器件在提高模块可靠性的同时,也需要面对安全性问题,特别是对于实现高安全性等级的功能时,需要对元器件内未使用的功能进行安全性评估,具体要求见本节安全性分析。因此,高集成度的元器件选用需在工作量、成本等方面进行权衡分析。

(3) 环境指标。选用的元器件应满足需求规范中环境指标的要求,确实需要采用不满足环境指标的元器件时,应采用元器件筛选或辅助电路,确保元器件工作在其数据手册规定的环境指标内。例如需求规范中要求在低温下工作,元器件工作环境为 $0 \sim 70^\circ\text{C}$,此时可以通过增加温控加热电路,当环境温度低于 0°C 时,加热电路首先工作,当温度超过 0°C 时,整个模块开始加电工作。

(4) 功耗。在机载环境下,对产品的散热要求较高,因此,应尽量选择低功耗元器件。如果选用元器件功耗较大时,应增加相应的散热措施,如元器件布局时将功耗较大的元器件布局在模块的四周、散热良好的区域,或增加散热块,同时应开展模块热设计分析,确保元器件工作在数据手册规定的温度范围内。

(5) 元器件成本。硬件模块元器件采购成本是影响产品批产阶段成本的重要因素,因此需要在前期对模块的成本进行评估,尽可能选用满足性能指标要求、采购成本较低的元器件,以满足项目后期批产阶段的成本要求。

(6) 元器件采购渠道。按照民机产品开发要求,所选用的元器件应来自通畅的官方采购渠道,包括直接从元器件厂家或经授权的代理处采购。其目的是保证了元器件质量,避免采购到假冒伪劣器件,同时可以及时有效地得到厂家的技术支持,包括数据手册、元器件停产断档信息以及元器件技术问题通告等信息。

(7) 开发环境。如果选用的元器件需要专用的设计、调试、测试等环境要求时,应给出必需的理由,否则不建议选用此类元器件。由于一个新的开发环境除了采购审批、成本等因素外,还有相关的学习周期以及无法预料的开发问题,因此,若选用的元器件需要新的开发环境,则需谨慎评估其可行性。

(8) 设计工具、生产工艺约束。随着元器件集成度越来越高,对 PCB 设计、生产工艺的要求也提出了更高要求。因此,在选用元器件时,应对需要采用的设计、生产工艺要求进行评估,以确定为项目所配置的设计、生产资源是否可以满足元器件的要求。

(9) 元器件生命周期管理。如果硬件模块在设计过程中,选用的元器件出现停产、断档,将严重影响产品的生产,甚至需要重新进行设计。为了减缓此类事件的影响,应在项目前期,制订元器件管理计划,开展元器件生命周期管理活动,并且在选用元器件时,应尽量选用已成熟应用、后续生产周期较长的元器件,尽量降低此类事件的影响。

关于元器件的停产、断档信息,可以通过两种方式获得:一是通过专业咨询公司提供的服务,定期获得各种元器件的生产信息;二是与元器件厂家签署采购协议,及时获得相应的元器件停产、断档信息。

(10) 降额设计。为了提高模块可靠性,在选用元器件时,应开展降额设计工作,通过设计控制,使得元器件在使用中所承受的应力(电应力和温度应力)低于其设计的额定值,达到延缓其参数退化、增加工作寿命、提高使用可靠性的目的。

开展降额设计应依据模块需求规范中的可靠性要求、安全性要求,以及设计的成熟性、成本(包含后期的维修费用)、实现的难易程度、重量和尺寸的限制等因素,综合权衡确定其降额等级,作为机载产品,降额等级不应低于Ⅱ级降额。

(11) 安全性分析。对于已确定的主要元器件,需对其承担的功能进行安全性分析,同时,对于元器件中未使用到的功能,也需要进行安全性分析。如设计中采用了一个高集成度的嵌入式处理器,其内部集成了多种功能及接口,在实际的使用中,只使用了其中的部分功能。在安全性分析中,除了对使用的功能进行安全性分析外,还需对剩余未使用的功能进行安全性分析工作,包括未使用的功能在实际工作状态下对安全性有无影响、设计中采取哪些措施以保证模块满足安全性需求。

3) 确定调试/测试设备要求

在概要设计过程中,硬件工程师应与验证测试工程师共同整理模块在调试、测试、试验等方面以及后续批产阶段验收测试对地面支持设备的要求,支持相关地面支持设备的开发或采购。针对地面支持设备一般应考虑如下因素:

(1) 通用开发环境要求。对项目开发配置的资源进行梳理,确认是否能够满足硬件模块开发计划中要求的开发环境需求,如软件 license、硬件开发仿真器等。对于通用开发环境,一般应考虑如下环境需求:

a. 硬件设计工具,包括原理图设计、PCB 设计和 EDA 设计等。

b. 可编程逻辑开发工具,包括编译和调试工具。

c. 调试工具:示波器、逻辑分析仪、万用表和仿真器等。

如果在设计中采用了新的元器件或软件工具,需要配备相应的开发环境建设时,则应明确提出相关开发环境需求,并反馈给项目团队,确保在需要使用时,已具备相应的开发环境。

(2) 专用调试/测试环境要求。对于每一个研制项目,除非沿用已成熟的产品,一般都有一组特定的调试、测试要求,这些要求可能是硬件或者是软件,如模块调试台、测试软件等。在概要设计阶段,应明确模块的调试、测试环境要求,以便并行开展相关工具的研制,建立所需环境。

a. 调试/测试硬件环境要求。一般硬件模块调试和测试需要一台与模块接口适配的调试/测试台,实现模块供电和接口连接。在概要设计阶段应明确模块调试和测试需求,并与模块的调试内容和需求规范中的测试要求相一致。

模块的调试和测试应建立一套完整和可重复使用的调试/测试台,禁止采用临时搭建的调试/测试台。对于临时性的调试/测试台,每次搭建时并不能保证完全一致,这样将影响实现阶段对模块验证测试的可重复性要求。

b. 调试/测试软件要求。硬件模块在调试/测试过程中,需要开发相应的软件,以支持硬件调试/测试活动。在概要设计阶段,硬件设计人员与软件开发人员(包括调试软件和测试软件开发人员)共同制订硬件模块的调试软件和测试软件开发计划,明确调试和测试软件的研制要求。

(3) 工装夹具要求。工装夹具是指用于产品在生产、试验过程需要的专用结构件,如模块焊接中用于定位的结构件,或试验中用于固定产品的结构件(过渡板、托架)等。

4) 可靠性、维修性、测试性设计分析

在完成了硬件模块架构设计、元器件选型后,应开展初步的模块可靠性、维修性、测试性设计分析,评估架构和元器件选型是否满足模块的可靠性、维修性、测试性要求。

可靠性分析即按照可靠性模型及计算方法,基于已确定的元器件型号及假设,初步评估硬件模块的可靠性预计值。其中,假设条件包括印制板参数、元器件的种类及数量。初步预计结果应满足模块需求规范对可靠性的指标要求。

在模块一级开展的维修性分析主要是指在模块故障后是否具备多种测试方法以实现快速定位故障的能力,模块零部件是否可以快速拆装,模块维修后是否具备相应的合格判定方法等。在维修性分析中应考虑有寿件的更换要求,例如在设计中采用了电池组件,那么应考虑电池状态的监控、维护请求、更换、验证等保证措施是否快速、有效,并满足产品对维护时间的要求。

测试性设计是指在模块设计中应尽可能多地考虑模块调试、测试、验收的支持能力,以及地面支持设备的测试支持要求,增加测试电路,如测试点、BIT软件支持电路、指示灯等辅助电路,以满足模块在整个生命周期内的测试、维护要求。在测试性设计过程中,同时开展测试性分析工作,确保满足硬件模块需求在规范中的测试性需求。

5) 需求确认

在概要设计中产生的派生需求需要反馈给需求定义负责人进行确认,由负责人依据派生需求的属性(如安全性、功能、接口等)组织相关人员开展需求确认活动,确认的方式按照硬件确认和验证计划的要求实施,一般的确认方法包括分析、评审等,确认活动应至少包括如下内容:

(1) 派生需求的安全性分析。

(2) 对其他的模块的影响分析。

(3) 对软件的影响分析。

在概要设计中,派生需求一般包括如下几方面:

(1) 模块上电冲击电流,模块在上电过程中,一般会产生多次冲击电流,包括上电时刻、内部电路分批次上电时刻、复位结束等。

(2) 新增辅助电路,如测试电路、调试接口等。

(3) 结构调整,如元器件过高、过重或局部散热需求,需要增加结构加固、散热等。

(4) 软件和硬件接口定义。对于硬件模块在设计过程中产生的派生需求,在确认前需对派生需求进行分析,只有在影响其他部件、组件的功能需求、安全性需求时,才需要开展相关的需求确认活动,其他派生需求不需要开展确认活动。例如软件和硬件接口定义虽然影响了软件的需求,但是对其安全性、功能无影响,此类派生需求不需要开展派生需求确认。对于在概要设计中发现的需求错误或需求遗漏也需要进行确认,其确认方式与派生需求确认方式相同。

6）概要设计验证

概要设计过程输出的文件、图纸等设计数据通过同行评审的方式进行验证，评估概要设计与需求的符合性。

对于硬件模块中一些关键技术点或难以确定的设计，如结构强度、散热要求、电磁屏蔽、模拟电路等，可以采用计算机模型进行仿真，确保在详细设计完成前，对设计的结果有一个初步的预期。对于不满足要求的设计，应进行设计改进，然后再次进行仿真，直到满足硬件需求，并将更改内容落实到硬件模块设计中。

对于评审、仿真等无法验证的设计，可以采用原理样机或搭建局部电路的方式进行测试验证。采用此种方式，可以更真实地验证设计是否满足硬件模块的需求。

5.1.3　模板及检查单示例

概要设计文件模板示例如表 5-1 所示，概要设计文件检查单示例如表 5-2 所示。

表 5-1　概要设计文件模板示例

1　概述 1）目的 　　描述本文编制的目的。 2）术语和缩略语 　　罗列出本文使用的术语和缩略语。 2　引用文件 　　本文涉及的参考和引用文件。 3　产品概述 　　简要描述硬件模块的应用场景、基本功能及框图与其他模块的交联关系，以及可编程逻辑。 　　示例： 　　××××模块通过 AFD×接口、ARINC 429 接口，实现××××计算机与航电系统的通信功能。××××模块的硬件功能包括处理功能、存储功能、接口功能、电源变换功能和 BITE 功能。 　　××××模块功能框图如下图所示。

（续表）

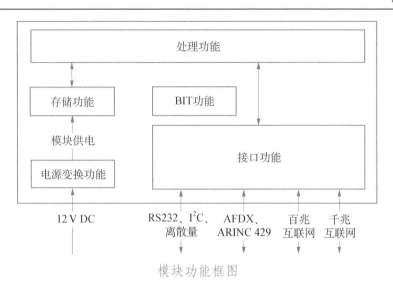

模块功能框图

4　硬件概要设计说明

描述硬件模块各子功能的初步电路设计、元器件选型、性能指标，并给出关键子功能电路的备用方案，详细描述硬件模块的外部接口关系。对每个子功能的性能指标进行说明。

示例：

1）处理器选型

中央处理器芯片主要完成数据处理和任务调度功能。××××模块接口均通过桥芯片扩展。根据硬件需求规范中要求数据处理能力应不小于 1 000 MIPS[①]，对目前主流的 CPU 进行性能对比和筛选，选择 PC7447AMGH1000NB 作为模块的处理器芯片。

该型号处理器芯片工作温度范围为−55～+125℃，功耗典型值为 8W，主频最高可达 1.3 GHz，使用 Dhrystone 2.1 基准测试程序测试的运算速率为 3 000 DMIPS，可满足模块的性能需求。处理器芯片主频可通过跳线根据手册配置，更改主频。在该设计中降频到 600 MHz 使用。

2）桥芯片选型

在硬件需求规范中要求动态存储器的访问带宽应不小于 800 MB/s；具有 3 路硬件中断处理掉电中断、看门狗超时和定时输出。

与 CPU 芯片 PC7447AMGH1000NB 搭配的桥芯片是 Tsi109，该芯片实现与外围接口的通信功能，包括存储器、PCI 等接口。同时在性能、工作环境和功耗等方面满足 ASIM 模块硬件需求规范的要求。桥芯片具体接口参数如下所示。

（1）存储器接口：64 位数据宽度，频率最高 200 MHz（设计实现 200 MHz），访问带宽理论可达 1 600 MB/s，支持 DDR2‑400 SDRAM，可满足动态存储器访问带宽要求。

---

① MIPS：million instructions per second，每秒百万条指令。

（2）处理器接口：处理器总线时钟可达 200 MHz；支持双处理器；支持存储器一致性；64 位数据宽度，32/26 位地址；支持 60X 总线和 MPX 总线。

（3）PCI/X 接口：32/64 位 PCI 接口，操作频率可达 66 MHz。如果配置为 32/64 位 PCI-X 接口，操作频率可达 133 MHz；3.3 V PCI 接口；提供多达 7 个 PCI 设备的仲裁电路，支持校验。

　　······

3）SDRAM 选型

　　······

5　可编程逻辑说明

　　描述可编程逻辑的元器件选型、实现功能、外部接口等信息。

　　示例：

1）可编程逻辑器件选型

　　可编程逻辑芯片将选择 Xilinx 公司的 XC3S400AN-4FGG400I，该芯片参数如下：

（1）311 个可用输入/输出（I/O）管脚。

（2）I/O 管脚数据传输速率可达 622 MB/s。

（3）系统时钟最高可达 208 MHz。

（4）可兼容 5 V、3.3 V、2.5 V、1.8 V、1.5 V 和 1.2 V 输入信号。

（5）3.3 V 或 2.5 V 输出信号。

（6）40 万个可用门电路。

（7）支持 IEEE 标准 1149.1 JTAG 接口。

　　初步预计××××模块可编程逻辑代码约为 500 行，需要逻辑 I/O 管脚预计不大于 150 个，占用率为 48%。I/O 管脚及内部资源使用均留有较大余量。

2）可编程逻辑器件功能

（1）看门狗功能。

　　······

（2）复位功能。

　　······

6　结构设计

　　描述硬件模块的结构设计，包括印制板、结构框架、特殊加固要求等信息。

　　示例：

　　模块包括印制板、散热板、起拔器、导向销等零件，其中散热板的结构形式可根据热分析结果进行适应性设计。

7　工程化设计

　　描述硬件模块的可靠性、测试性、维修性、电磁兼容性设计，以及预期的重量、功耗等内容。

8　软件和硬件接口

　　描述硬件模块中需要的软件配置以及软件可以使用的资源信息。

9　与需求的追溯关系

（1）本节描述硬件模块概要设计与模块需求规范的追溯矩阵。

（2）对无法体现或暂时无法判断的需求应给出详细的说明。

表 5 - 2 概要设计文件检查单示例

	检 查 内 容	是否适用	结论	支撑材料
1	描述了硬件模块的基本功能及架构			
2	对每个子功能电路进行了简述,并给出了初步的连接关系及性能指标			
3	对可编程逻辑的选项、功能进行了描述			
4	对硬件模块结构设计包括热仿真、强度仿真进行了描述			
5	完成了硬件模块的初步可靠性预计			
6	完成了硬件模块的初步测试性设计和分析			
7	完成了硬件模块的初步维修性设计和分析			
8	开展了硬件模块的电磁兼容性设计			
9	对硬件模块预期的重量进行了评估			
10	对硬件模块预期功耗进行了评估			
11	描述了软/硬件接口信息			
12	建立了概要设计与模块需求之间的追溯矩阵			
	……			

5.2 详细设计过程

详细设计过程主要完成硬件模块电路设计、结构设计,形成生产所需数据,并进一步开展可靠性、维修性、测试性分析和评估活动。本节明确地给出了详细设计过程的目标、输入、活动和输出要求,同时结合工程实际经验,详细描述了在实施详细设计过程中的具体活动,并给出了相应的文档模板和检查单示例。

5.2.1 详细设计过程简介

概要设计过程完成了硬件架构确认和关键元器件选型等初步的设计工作,详细设计过程是在上述工作的基础上,完成所有的设计活动,包括支持模块生产制造的所有图纸和文件,并对设计中产生的派生需求的正确性、完整性、安全性等进行确认,同时将设计过程中发现的需求遗漏或错误等信息反馈给硬件需求定义团队。

详细设计过程的目标如下：

（1）基于硬件模块需求规范和概要设计数据完成硬件模块的详细设计。

（2）详细设计过程产生的派生需求反馈到概要设计或硬件需求定义团队，并得到确认。

（3）详细设计过程发现的需求遗漏或错误应反馈给概要设计或需求定义团队并得到解决。

硬件模块详细设计过程的输入数据如下：

（1）硬件模块需求规范。

（2）硬件模块（概要）设计文档。

（3）可编程逻辑研制要求（必要时）。

（4）硬件设计计划。

（5）硬件设计标准（指南）。

（6）企业（管理）标准。

（7）硬件模块确认与验证计划。

硬件模块在详细设计过程中需开展的活动如下：

（1）详细设计定义。

（2）逻辑图设计。

（3）PCB设计。

（4）物理结构设计。

（5）物料清单（BOM）。

（6）电装/装配图纸设计。

（7）制订工艺规范（规程）。

（8）调试/测试设备设计。

（9）安全性评估。

（10）可靠性、测试性、维修性评估。

（11）详细设计评审。

详细设计过程输出数据如下：

（1）硬件模块（详细）设计文档。

（2）原理图。

（3）生产数据。

（4）BOM。

（5）结构零部件机加图纸。

（6）电装、机装图纸。

（7）工艺规范（规程）。

（8）PCB 数据。

（9）可编程逻辑数据，一般包括如下内容：

a. 设计文件。

b. 源代码。

c. 目标码。

d. 仿真数据等。

e. 可编程逻辑生成/加载规程（程序）。

（10）热设计数据。

（11）机械应力分析数据。

（12）专项设计数据，包括可靠性、维修性、测试性数据。

（13）确认验证记录。

5.2.2　详细设计活动实施

1）详细设计定义

详细设计的内容应体现在详细设计文件中，包括功能电路的实现方式、性能指标、可靠性设计、测试性设计、软/硬件接口、PCB 设计要求等内容，硬件模块的详细描述应包含如下内容：

（1）电气连接。描述功能电路的连接关系,应与模块逻辑图(原理图)相一致。详细设计文件的编制与原理图的设计、PCB设计等活动之间在时间上有先后顺序,并且相互之间有多次迭代过程,每次迭代应在每个环节中均有体现,确保设计活动的输出数据之间的一致性。

（2）时序设计。详细说明硬件模块各功能电路之间的时序关系,包括供电时序、复位时序、时钟时序以及内部接口之间的时序,确保满足元器件数据手册中对时序电路的要求。

（3）配置信息。随着IT技术的发展,元器件内部功能集成度越来越高,而且还存在功能之间相互排斥的现象(如元器件管脚复用),即启用一种功能,则另外的功能自动被禁止。因此,在实际应用中,一般只能使用其中的部分功能,其他功能均处于空闲状态。

元器件功能的启动一般通过两种方式,对于不同的元器件,两种方式可以单独使用,也可以共同使用:

a. 模块加电启动时,通过采样配置管脚的高低状态,确定元器件的工作模式。

b. 模块启动后,通过软件进行配置,如驱动程序等。

在设计文件中,应详细描述硬件模块的配置信息以及配置信息对应的功能。

（4）工作模式。硬件模块的工作模式一般包含调试模式、正常模式、测试模式。调试模式主要用于模块的调试,如boot调试、JTAG调试等;正常模式是指模块实现预期功能的工作模式;测试模式是指为确定模块功能电路的状态,提供的测试工作模式,如接口电路的内环测试等。

在设计文件中,应详细描述各工作模式下功能运行的限制条件以及工作模式之间转换的条件等信息。如BIT测试电路的工作方式、是否影响正常模式下的功能运行、如何禁止/使能等。

（5）安全性、可靠性、维修性和测试性设计。在模块详细设计过程中,同步开展安全性、可靠性、维修性和测试性的设计和分析,并对分析结果进行评估,给出是否满足模块需求规范的结论。对于不满足的内容,应进行分析,找出原因,并重新开展局部或全部的详细设计活动。

(6) 物理结构设计。完成模块的结构设计活动,包括如下几个方面:

a. 外形符合顶层提出的结构要求。

b. 热设计应满足模块在预期环境下的工作要求,并通过热仿真或计算进行验证。

c. 模块加固设计,包括元器件加固和结构支撑等。

d. 重量和重心计算,对整个模块的重量和重心进行计算,确保符合顶层的要求。

(7) 软/硬件接口定义。对概要设计阶段定义的软件和硬件接口进行检查,确定是否有新增或变更的内容。如果有新增或变更时,应反馈到软件需求定义负责人,并得到其确认。

(8) PCB 设计要求。依据模块设计中信号特性、电磁兼容性要求和结构要求,制订模块的 PCB 设计规则,具体内容应包括如下几方面。

a. 元器件布局要求:如重量大和散热量大的元器件部署在模块四周等,或需要在结构设计中增加散热或加固措施。

b. 布线要求:如高速信号、差分信号、时钟信号和电源信号布线等。

c. 分层要求:规定各层可以部署的信号线,各层的材料、厚度和阻抗等。

2) 逻辑图设计

依据详细设计文件、硬件设计标准(指南)和企业内部标准等,开展硬件模块的逻辑图设计。逻辑图设计一般采用专用工具完成,其设计过程如下:

(1) 建立元器件库。依据详细设计中采用的元器件型号、封装等信息,与设计工具中的元器件库进行匹配检查,确定需要在工具库中新增的元器件,并完成元器件入库。

(2) 参数计算。对逻辑图中的模拟电路部分,进行仿真、计算,确定选用的元器件参数范围,如阻值、容值、电压等,判定选择的型号是否满足电路的要求。

对于数字电路部分,需要整理出各功能块的数字电路时序要求,包括上电时序、复位时序、时钟时序和操作时序等。依据各电路时序要求,判定功能块之间的时序是否兼容，是否在要求的范围内。对于不满足要求的，应进行时序调整，确保整个模块的时序之间相互协调。

（3）逻辑图编辑。在完成元器件入库、参数计算后，开始逻辑图的编辑，包括设计规划和电气连接等活动。其中，设计规划是指对整个硬件模块的设计进行整体规划，目的是为后续原理图的评审和调试提供便利。逻辑图编辑原则如下。

a. 逻辑图图幅：为了便于后续逻辑图检查、评审，逻辑图图幅尽量选用 A4 图幅。

b. 逻辑图说明：逻辑图首页为原理图说明，在说明中，需要给出一个模块的功能框图、目录等信息，功能框图、目录与后续页面的逻辑图顺序保持一致。

c. 逻辑图顺序：逻辑图的顺序可以按照功能的关键程度进行排序，或者按照功能框图从左到右、从上到下的顺序进行排列。

d. 逻辑图命名：针对每页逻辑图给一个能反映内容的名称，如 CPU 和 POWER 等。

e. 信号命名：信号命名规则一般按照信号内容进行命名，对于外部连接信号，应按照需求规范中给出的名称命名。

f. 电气信号：由于模块复杂度增加，一般逻辑图可以分为几十页，为了便于图纸的检查和评审，对于同种的一组信号尽量采用总线的形式，如地址线、数据线等，对于控制信号，尽量采用单根信号线。在每页中，相同的信号尽量连接在一起，不建议采用信号名连接的方式，即每个信号只画很短的线，相互之间未连接在一起，只能通过信号名称进行识别。此种方式不利于图纸的校对及评审，检查时容易遗漏。

（4）设计检查。完成元器件电气连接之后，需要进行完整的检查，检查包括两种方式：人工检查和工具检查，人工检查的目的是判断设计的正确性，工具检查的目的是电气连接的正确性，如单点信号、未连接的信号、命名规则是否正确、元器件的位号是否重复等。

3）PCB 设计

完成逻辑图设计后，将开展模块 PCB 设计，完成元器件布局、布线，形成

PCB 生产数据。在 PCB 设计过程中,可能会需要对逻辑图进行更改,如 PCB 面积受限导致需要变更逻辑图中的元器件型号、数量等。在 PCB 设计中,应注意如下几个问题:

（1）就近原则。元器件布局应考虑就近原则,缩短元器件之间的物理连线。

（2）散热要求。对于电路中发热量较大的元器件,应尽量部署在印制板的四周或顶部便于散热的区域。

（3）印制板变形控制。印制板在电装及后续应用过程中,会存在轻微变形,特别是模块中心区域,因此在 PCB 布局时,体积较大的元器件应尽量避开上述区域,或者通过在结构设计上提供保证措施,以减少模块变形,提高模块的可靠性。

（4）布线要求。基于详细设计文件中规定的 PCB 布线要求,如差分等长、阻抗匹配等,完成 PCB 布线。

在 PCB 设计的各个原则之间,相互存在矛盾或冲突的情况,如散热设计要求元器件尽量分散,而高速信号线、时钟线的布线要求信号线尽量短,也就是元器件之间尽可能近,因此 PCB 设计是一个折中的过程,设计人员在设计过程中,需要在各个要求之间进行妥协,达到一个相对较优的设计。

4）物理结构设计

在开展 PCB 设计时,同步优化模块的物理结构设计。在完成 PCB 设计后,对模块的整个结构进行检查、分析,结构设计中应满足如下要求:

（1）重量要求。依据结构应力仿真数据,模块整体结构应在满足强度要求的基础上,尽量减轻重量。

（2）散热要求。依据热仿真分析数据,确定是否需要采取进一步的散热设计,如在元器件上增加散热块。

（3）导电和屏蔽要求。依据模块电气特性,确定结构设计中是否需采取屏蔽或导电设计。

（4）产品标识。依据模块需求规范，确定在结构件上刻字，或采用标签形式，并预留刻字或标签的位置，同时应注意，为 PCB 板上的标识信息预留观察孔，确保模块装配完成后，可以方便地观察到 PCB 的标识信息。

（5）材料选用。依据结构的功能性和强度等要求，明确结构件的材料型号，如不锈钢、合金铝和有机玻璃等。

（6）加工工艺。依据材料特性和产品对结构的总体要求，选取适宜的生产加工工艺。

5）BOM 清单

完成 PCB 设计和结构设计后，将形成模块最终的 BOM 清单，BOM 清单应包含如下信息：

（1）元器件。包括名称、型号、数量、厂家和基本电气参数等信息。

（2）结构件。模块用到的所有结构件（含标准件），包括结构件的件号（或代号）、数量和材料等信息。

（3）印制板。包括印制板件号（或代号）、数量和层数等信息。

（4）辅料。如散热垫、绝缘膜等，包含名称、型号、数量、厂家和基本参数等信息。

完成 BOM 清单后，应按照物资采购要求，提交采购申请。

6）电装/装配图纸设计

依据模块 PCB 设计和结构设计数据，完成模块电装/装配图纸设计。图纸应能准确地反映模块电装/装配所需的所有位置信息和装配关系。

7）制订工艺规范（规程）

在完成模块物理结构、PCB、电装/装配等设计过程后，制订模块的工艺大纲，并对大纲进行检查评审，确保项目具备相应的工艺能力，并且所采用的工艺在项目总体要求允许的工艺范围内。在确定工艺大纲后，按照不同的生产环节，形成各生产环节的工艺规范（规程），如机加工艺规范、电装工艺规范和三防工艺规范等。

8）调试/测试设备设计

在详细设计阶段,应开展调试/测试设备、测试程序的开发、设备集成及验收准备,确保在实现阶段初期完成调试/测试设备、程序的验收。

（1）调试/测试设备设计。调试/测试设备及测试程序由地面设备开发人员和验证测试人员负责完成,调试软件则由硬件开发人员和/或软件开发人员完成。

（2）调试大纲（程序）。硬件开发人员和/或软件开发人员依据硬件设计,以及调试设备、调试软件的设计,完成调试大纲（程序）的编制。

（3）测试程序。按照模块需求规范中确定的测试要求及模块测试计划的要求,形成模块测试用例、测试程序。

9）安全性评估

基于模块安全性需求,开展硬件安全性评估活动,判定硬件设计是否满足安全性要求。

10）可靠性、维修性、测试性评估

在完成了硬件模块原理图、PCB 设计、形成 BOM 清单后,应进一步开展模块可靠性、维修性、测试性评估活动,评估硬件设计是否满足模块的可靠性、维修性、测试性要求。

详细设计过程中的可靠性评估应按照应力法进行计算,基于模块原理图、PCB 数据以及 BOM 清单,计算模块的可靠性预计值。预计结果应满足模块需求规范对可靠性的指标要求。

模块测试性评估是指对完成的模块设计进行测试性评估,判定设计是否满足模块需求规范中的测试性要求,并给出测试性定性和定量分析结果。

详细设计中的维修性评估是指对原理图、PCB 数据、结构设计的结果进行评估,判定是否符合概要设计中确定的设计要求：具备较多的测试点、零部件可快速拆装、调试/测试点的位置可方便接近等。

11）详细设计评审

硬件模块详细设计评审包括派生需求的确认及设计数据的评审。

（1）派生需求确认。在详细设计中产生的派生需求需要反馈给需求定义负责人进行确认，由负责人针对派生需求的属性（如安全性、功能、接口等）组织相关人员开展确认活动，确认的方式按照硬件确认和验证计划的要求实施。

对于在详细设计中发现的需求错误或需求遗漏也需要进行确认，其确认方式与派生需求确认方式相同。

（2）设计评审。对于详细设计活动输出的文件和图纸等，采用评审方式，评估详细设计与需求的符合性。评审主要关注如下内容：

a. 详细设计与需求规范的符合性评估。

b. 是否有影响产品生产进度的元器件。

c. 是否具备所需的生产工艺能力。

d. 是否具备相应的开发环境。

5.2.3 模板及检查单示例

硬件模块设计文件模板示例如表 5-3 所示，硬件模块设计文件检查单示例如表 5-4 所示。

表 5-3　硬件模块设计文件模板示例

1　概述 1）编制目的 　　描述本文的编制依据、主要内容、用途及适用范围等。 2）与其他文件的关系 　　描述本文档与其他相关文件的关系。 2　引用文件 　　应列出引用文件的编号、名称等。必要时可以列出版本及修订日期。引用文件的排列顺序为标准文件、客户文件和内部文件（本单位管理文件和项目文件等）。其中标准文件包括 CAAC 文件、FAA 文件、中国军标、美国军标和行业标准等。 3　缩略语和术语 1）缩略语 　　列出文档中使用的所有缩略语。缩略语应按照首字母升序顺序排列。 2）术语 　　对文档中使用到的专业术语进行解释。 4　产品概述 （1）概述按层级进行，包括系统级、设备级、模块（部件）和可编程逻辑。 （2）描述的信息重点是硬件模块，系统级和设备级的内容描述只需达到简练、清晰，能反映

（续表）

模块的应用场景即可。

1）系统概述

简述硬件模块在系统/产品中承担的功能和接口信息。

示例：

××××计算机为航电核心系统、客舱系统、地面支持系统以及信息系统内设备之间的数据交互提供安全通路。具备低安全等级功能应用软件和第三方应用驻留的能力。

××××计算机由一个独立的 LRU 构成，安装于飞机前 E/E 舱后设备架上，××××计算机内部采用模块化结构设计。包括机柜 1 台，××××模块 1 块……

2）模块概述

详细描述硬件模块需实现的功能、性能以及硬件架构。

示例：

××××模块通过 AFDX 接口和 ARINC 429 接口，实现××××计算机与航电系统的通信功能。模块的硬件功能包括处理功能、存储功能、接口功能、电源变换功能和 BITE 功能。

××××模块设计分为 8 个功能块，包括处理电路、存储电路、BITE 电路、接口电路、复位电路、时钟电路、电源变换电路和可编程逻辑电路。其功能框图如下。

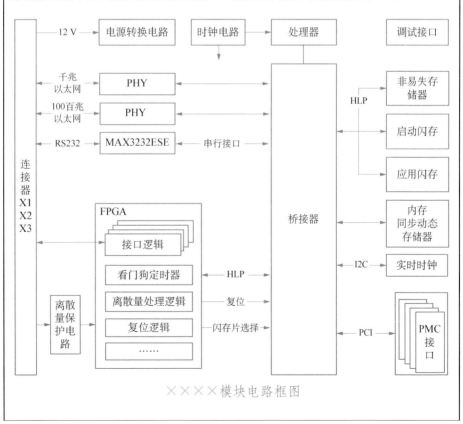

××××模块电路框图

5　详细设计

　　详细设计按照硬件模块架构图逐个功能电路进行详细描述。特别是应详细描述信号连接方式、元器件型号和特性参数等。

　　示例：

1）处理电路设计

　　处理电路由 CPU＋桥芯片＋内存组成。CPU 提供一路 JTAG 接口，其余接口则通过桥芯片扩展。处理功能框图见下图。

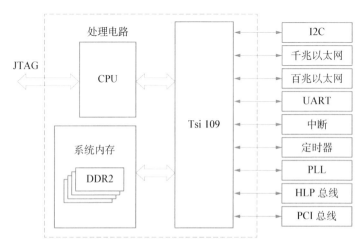

处理电路功能框图

（1）CPU 电路设计。

a. 上电配置。

　　CPU 上电时对 BVSEL 信号、BMIDE[0..1]信号和 PLL_CFG[0..4]信号采用电阻跳线进行配置，具体信号定义见下表。

处理器上电配置信号

信号名	设置值	定义	备注
BMODE[0..1]	"01"	这 2 个信号用于配置总线工作模式和地址总线驱动模式	总线接口工作模式为 MPX
PLL_CFG[0..4]	"11010"	该 5 个信号选择通过配置处理器的 PLL 来确定处理器内核以及总线的工作频率	
BVSEL	'0'	该信号配置总线电压，'0'为 1.8 V，'1'为 2.5 V	总线电压为 1.8 V

（续表）

> CPU PLL 配置引脚为 PLL_CFG[0..4]，对于给定的输入时钟 SYSCLK（当前值为 100 MHz，输入时钟频率可以通过桥接器 Tsi 109 进行设置，具体设置见 Tsi 109 相关内容），实现对应 CPU 和 VCO 的操作频率配置。在模块设计中，PLL_CFG[0..4]的配置值为"11010"，对应的处理器工作主频为 600 MHz，外部总线工作频率为 100 MHz。
> b. 供电电路设计。
> ……
> c. 时钟电路设计。
> ……
> d. 复位电路设计。
> （2）桥接器电路设计。
> ……
> （3）SDRAM 电路设计。
> ……
> 2）××××电路设计
> 6 结构设计
> 描述硬件模块结构设计信息，包括散热、屏蔽、机械应力考虑等内容。
> 7 专项工程
> 描述硬件模块设计中有关可靠性、测试性、维修性、保障性，以及电磁兼容、生产工艺设计的相关内容，一般上述内容单独成文，本节只需要引用其中的结论即可。
> 8 其他设计考虑
> 描述硬件模块设计中电磁兼容、生产工艺、PCB 设计等相关内容。
> 9 开发环境
> 描述硬件模块在调试、生产过程中需要的开发工具。
> 10 需求追溯矩阵
> （1）描述硬件模块概要设计与模块需求规范的追溯矩阵。
> （2）对无法体现或暂时无法判断的需求应给出详细的说明。

表 5-4 硬件模块设计文件检查单示例

	检 查 内 容	是否适用	结论	支撑材料
1	描述了硬件模块的基本功能及架构			
2	对每个子功能电路进行了简述，并给出连接关系及性能指标			
3	对可编程逻辑的选项、功能进行了描述			
4	对硬件模块结构设计包括热仿真、强度仿真进行了描述			
5	完成了硬件模块的可靠性预计			
6	完成了硬件模块的测试性设计和分析			

	检 查 内 容	是否适用	结论	支撑材料
7	完成了硬件模块的维修性设计和分析			
8	开展了硬件模块的电磁兼容性设计			
9	对硬件模块预期的重量进行了评估			
10	对硬件模块预期功耗进行了评估			
11	描述了软/硬件接口信息			

5.3　实现过程

实现过程主要完成硬件模块生产、调试、验证测试工作。本节明确地给出了实现过程的目标、输入、活动和输出的要求；同时，结合工程实际经验，详细描述实施实现过程的具体活动，并给出了相应的文档模板和检查单示例。

5.3.1　实现过程简介

硬件模块在完成详细设计后，将进入硬件生产、调试、验证或测试环节，并为后续的硬件批产、交付、使用维护提供支持数据。

实现过程的目标如下：

（1）按照硬件详细设计的数据及工艺要求，完成硬件制造。

（2）通过硬件的生产、装配、硬件集成等活动，确保上述活动所需生产数据完整、有效。

（3）在实现过程中产生的派生需求反馈到详细设计、概要设计或硬件需求定义团队，并得到确认。

（4）在实现过程中发现的需求遗漏或错误应反馈给详细设计、概要设计或需求定义团队并得到解决。

实现过程输入的数据如下：

(1) 硬件模块（详细）设计文档。

(2) 原理图。

(3) 生产数据。

(4) 固件（含可编程逻辑）数据。

(5) 调试/测试工具和数据。

注释：

固件的内容可以是采购、元器件供应商提供等方式获得，如 x86 处理器使用的 BIOS；也可以是自主开发，如 BOOT、可编程逻辑等。

硬件模块实现过程输出数据如下：

(1) 模块实物。

(2) 安全性/可靠性/维修性/测试性评估报告。

(3) 模块生产过程数据。

(4) 模块调试报告。

(5) 模块测试报告。

(6) 模块构型索引。

(7) 确认验证报告。

(8) 技术出版物或支持数据。

硬件模块在实现过程中需开展的活动如下：

(1) 建立调试/测试环境。

(2) 硬件模块生产调试。

(3) 硬件模块测试。

(4) 实现过程评审。

5.3.2　实现过程实施

1) 建立调试/测试环境

在实现过程开始阶段，应按照调试大纲（程序）搭建模块调试环境，包括开发工具、调试设备,对于新研或新采购的调试工具或设备,需要完成相关的验收,确保在模块完成生产时,调试环境达到了完整可用的状态。调试工具、数据准备通常包含如下内容:

(1) 已有资源配置。模块调试中的通用工具准备,如万用表、示波器等,或处理器、可编制逻辑的仿真开发环境等。

(2) 新工具、设备验收。对于新研或新采购的调试工具或设备、试验工装等,按照采购合同或研制技术要求完成验收。

2)硬件模块生产调试

硬件模块的生产、调试流程如下:

(1) PCB 生产。提交模块 PCB 设计数据完成模块 PCB 的生产。

(2) 结构件生产。提交模块结构件图纸或电子数据完成结构件的生产。

(3) 模块电装。按照 BOM 清单配套元器件、辅料等电装所需物料,准备模块电装所需的图纸(需关注图纸的版本信息),提交生产部门以完成模块的电装。在电装过程中,可能需要一些结构件用于固定元器件,这些结构件应在模块电装前完成配套,一并提交生产部门。上述要求应体现在模块的电装工艺规程中。

(4) 结构件预装配。模块在调试前装配结构件主要用于元器件固定、散热,对于无上述需求的模块,可以先进行调试,在模块三防完成后进行装配。

(5) 模块调试。按照调试大纲(程序)开展模块调试,以验证按照生产数据制造的硬件模块与设计的一致性,并对调试过程进行记录,形成模块调试报告。

(6) 模块(点封)三防。按照模块工艺要求,对调试后的模块进行点封、三防处理。

(7) 结构件装配。按照模块装配图,配套相应的结构零部件,完成模块的最终装配。

(8) 完善安全性/可靠性/维修性/测试性评估报告。依据模块调试结果,完善安全性、可靠性、维修性、测试性评估报告。

（9）模块验收测试。在完成模块的生产调试后，应开展模块的验收测试工作，包括制订验收测试程序、搭建验收测试环境、开发验收测试软件，并且验收测试程序应得到上一级用户的确认。验收测试程序应包含如下内容：

a. 满足验收测试标准要求，模块的验收测试标准应与上一级用户共同确定。

b. 必要时开展环境试验测试。

c. 应对与安全性相关的需求进行测试，如果不能通过测试表明模块满足安全性需求，应明确指出，并给出相关的保证方法，如分析、设计保证或使用过程中的数据统计等。

（10）编写数据。编写硬件模块使用、维护（维修）、故障隔离等数据，以形成技术出版物或为上一级产品的技术出版物提供数据支持，并依据上述数据形成模块维护（维修）过程中需要使用的工具和设备清单，以及采购渠道或方式。

（11）收集数据。收集整理模块开发过程中的数据，形成模块构型索引。

3）硬件模块测试

实现阶段的验证主要通过测试活动进行。按照模块测试计划、测试用例、测试程序，开展模块验证测试活动，并形成测试记录和测试报告。测试报告应对测试结果进行评估，确定硬件实物与需求规范的要求一致。模块验证测试包括功能测试、性能测试和环境适应性测试。

模块环境适应性测试一般分为两部分：模块级、上一级（或最终产品级）。模块级主要包括温度、振动等，上一级（或最终产品）主要包括电磁兼容、闪电效应、静电等试验。对于在上一级（或最终产品）开展的试验项目，作为模块设计人员需提供相应的支持。

同样，对于模块的功能和性能测试，也存在类似情况，并不是全部可以在模块级完成所有的测试，部分功能、性能需要在上一级（或最终产品级）实施。上述内容需要在测试计划中明确指出，并得到上一级用户的确认。

4）实现过程评审

硬件模块实现过程评审包括需求确认和实现过程评审。

（1）需求确认。在硬件模块实现过程中产生的派生需求，需要反馈给需求定义负责人进行确认，由负责人针对派生需求的属性（如安全性、功能、接口等）组织相关人员开展确认活动，确认的方式按照硬件确认和验证计划的要求实施。

对于在实现过程中发现的需求错误或需求遗漏也需要进行确认，其确认方式与派生需求确认方式相同。

硬件模块的部分需求确认可以在上一级产品测试中进行确认实施，硬件负责人按照硬件确认计划，配合上一级用户完成模块的确认测试。

同时，硬件负责人整理汇总硬件模块在需求定义、概要设计、详细设计、实现过程的需求确认结果，形成硬件需求确认报告。

（2）实现过程评审。在实现阶段结束之前，应进行实现阶段评审，评审主要关注如下方面：

a. 模块测试报告完整、准确。

b. 模块测试结果与需求规范的符合性。

c. 模块生产数据的完整性和有效性。

5.3.3　模板及检查单示例

1) 硬件调试程序

硬件调试程序模板示例如表 5-5 所示，硬件调试程序检查单示例如表 5-6 所示。

表 5-5　硬件调试程序模板示例

1　概述 1) 编制目的 　　描述本文的编制依据、主要内容、用途及适用范围等。 2) 与其他文件的关系 　　描述本文档与其他相关文件的关系。 2　引用文件 　　列出引用文件的编号、名称等。必要时可以列出版本及修订日期。引用文件的排列顺序为标准文件、客户文件、内部文件(本单位管理文件、项目文件等)。 3　缩略语和术语 1) 缩略语

（续表）

列出文档中使用的所有缩略语。缩略语应按照首字母升序顺序排列。

2）术语

对文档中使用的专业术语进行解释。

4　模块概述

依据模块功能框图，简述模块应实现的功能以及模块的外形、调试项目。

示例：

××××模块代号：1254.315.000。

××××模块通过 AFDX 接口、ARINC 429 接口，实现××××计算机与航电系统的通信功能。模块的硬件功能包括处理功能、存储功能、接口功能、电源变换功能和 BITE 功能。

××××模块设计分为 8 个功能块，包括处理电路、存储电路、BITE 电路、接口电路、复位电路、时钟电路、电源变换电路、可编程逻辑电路。

××××模块调试分为两部分：

1）基础硬件调试

（1）外观检查。

（2）静态电阻测量。

（3）电源电路调试。

（4）可编程逻辑调试。

（5）BOOT 软件调试。

2）功能调试

（1）软件加载调试。

（2）离散量接口调试。

……

5　调试环境

列出硬件模块调试所需的环境组成，包括调试设备、工具、软件等信息，以及调试环境的连接关系。

示例：

调试所需设备见下表。

调试设备清单

序号	仪器设备配置情况	备注
1	PC 机开发环境： a. Windows 操作系统 b. 调试环境 Trace32 V2.3.3 c. 调试环境 Tornado 2.2 d. Xilinx 加载工具 iMPACT10.0 e. 串口烧写工具 ComTransApp.exe	
2	双路直流电源参数设置： （1）输出电压：12 V±1%，限流：5 A （2）输出电压：28 V±1%，限流：0.05 A	可用单路电源代替

序号	仪器设备配置情况	备注
3	万用表：HP 24401A	可用同类万用表替换
4	示波器：Agilent MSO7054B	可用同类示波器表替换
5	Trace32 仿真器	
6	Xilinx 编程电缆	
7	模块调测台	

6　基础硬件调试

　　描述硬件模块基础硬件的调试程序，包括外观检查、静态测试、电源调试、时钟检查、可编程逻辑调试等内容。

　　每项调试应给出如下信息：

（1）调试步骤。

（2）调试合格判据。

（3）调试中的测量点应采用图示的方式给出。

（4）调试的记录格式。

　　示例：

1）外观检查

　　……

2）静态电阻测量

（1）测量步骤。测量静态电阻主要通过万用表测量模块上各工作电压滤波/耦合电容的电阻实现，测量步骤如下：

a. 测量 12 V 耦合电容（C100）静态电阻。

b. 测量 5 V 耦合电容（C110）静态电阻。

c. 测量 3.3 V 耦合电容（C120）静态电阻。

　　……

（2）结果记录。测量结果记录见下表。

静态电阻检查表

步骤	测量点	预期结果/Ω	测量结果/Ω	结论	备注
1	C100	450～700		□合格　□不合格	
2	C110	200～500		□合格　□不合格	
3	C120	200～500		□合格　□不合格	
4					
5					

（续表）

······
7　功能调试
功能调试主要完成模块各功能接口和功能芯片调试，该过程需要相应的配套软件（包括操作系统、板级程序以及驱动程序）支持。
依据模块概述中给出的调试项目，每个项目的调试程序要求内容与基础硬件调试中的要求相同。
附录：
要求在附录中给出完整的调试记录格式，格式中应至少包含如下内容。
（1）调试时间、地点、调试人员信息。
（2）采用的调试环境信息。
（3）调试模块信息，包括件号、序列号等。
（4）每项调试内容的合格判据、调试结果及调试结论。

表 5-6　硬件调试程序检查单示例

	检 查 内 容	是否适用	结论	支撑材料
1	描述了硬件模块调试项目			
2	描述了调试所需的硬件环境、工具、软件信息			
3	详细描述了调试项目的合格判据			
4	详细描述了调试的步骤			
5	给出了详细的调试记录格式			
	······			

　　2）硬件测试程序

　　硬件测试程序模板示例如表 5-7 所示，硬件测试程序检查单示例如表 5-8 所示。

表 5-7　硬件测试程序模板示例

1　概述
1）编制目的
描述本文的编制依据、主要内容、用途及适用范围等。
2）与其他文件的关系
描述本文档与其他相关文件的关系。
2　引用文件
列出引用文件的编号、名称等。必要时可以列出版本及修订日期。引用文件的排列

顺序为标准文件、客户文件、内部文件（本单位管理文件、项目文件等）。

3 缩略语和术语

1）缩略语

列出文档中使用的所有缩略语。缩略语应按照首字母升序顺序排列。

2）术语

对文档中使用的专业术语进行解释。

4 模块概述

（1）依据模块功能框图，简述模块应实现的功能，以及模块的外形、测试项目。

（2）测试项目应与硬件模块需求规范中每条需求的确认验证方法相一致。

5 测试环境

列出硬件模块调试所需的环境组成，包括测试设备、工具、软件等信息，以及测试环境的连接关系。

6 测试程序

描述硬件模块硬件的测试程序，包括外观检查、静态测试、电源测试、时钟测试、可编程逻辑测试、功能测试等内容。

测试应在已完成调试的模块上进行，每项测试应给出如下信息：

（1）测试内容简述。

（2）测试步骤。

（3）测试的合格判据。

（4）测试记录格式。

（5）测试结论。

附录：

在附录中给出完整的调试记录格式，格式中应至少包含如下内容：

（1）测试时间、地点、测试人员信息。

（2）采用的测试环境信息。

（3）测试模块信息，包括件号、序列号等。

（4）每项测试内容的合格判据、结果及结论。

表 5-8 硬件测试程序检查单示例

	检 查 内 容	是否适用	结论	支撑材料
1	描述了硬件模块测试项目			
2	描述了测试所需的硬件环境、工具、软件信息			
3	详细描述了测试项目的合格判据			
4	详细描述了测试的步骤			
5	给出了详细的测试记录格式			

5.4　生产移交过程

生产移交过程主要完成硬件模块研制总结编制、生产数据归档。本节明确给出了生产移交过程的目标、输入、活动和输出要求，同时结合工程实际经验，详细描述实施生产移交过程的具体活动，并给出了相应的文档模板和检查单示例。

5.4.1　生产移交过程简介

在完成硬件模块的实现过程后，项目将进入批产过程，在进入批产过程前，需对模块的生产条件进行检查，包括生产数据、测试设备，以及通用资源如元器件管理、结构件加工、模块电装等所需的生产设施等。

生产移交过程目标如下：

（1）所有的设计和制造数据纳入基线控制，以确保硬件模块生产的一致性。

（2）已识别出与安全性相关的制造需求，并以文档的形式确定下来，同时该需求也在制造过程中进行了有效控制。

（3）在生产移交过程中产生的派生需求反馈到模块实现、详细设计、概要设计或硬件需求定义团队，并得到确认。

（4）在生产转换过程中发现的需求遗漏或错误应反馈给概要设计或需求定义团队并得到解决。

生产转换过程的输入数据如下：

（1）硬件认证计划（PHAC）。

（2）生产记录数据，包括首件检查（FAI）记录。

（3）硬件测试计划、测试程序。

（4）构型审计报告。

（5）硬件测试报告。

（6）硬件构型索引。

生产转换过程需开展的活动如下：

（1）设计、生产数据检查。

（2）形成批产验收数据。

（3）建立硬件认证数据包。

（4）形成硬件研制完成总结。

生产转换过程输出数据应包括如下内容：

（1）硬件模块设计及制造数据包。

（2）硬件模块研制完成总结。

（3）硬件模块批产验收程序。

（4）硬件模块批产验收环境。

5.4.2　生产移交过程实施

1）设计、生产数据检查

对硬件模块整个开发过程形成的设计数据、生产数据进行检查,检查的内容如下：

（1）所有设计、生产数据均按照硬件构型管理要求进行管理,并建立了产品基线。

（2）所有生产过程中发现的问题、更改单已落实,并反映到生产数据中。

（3）与安全性需求相关的制造过程已落实在生产工艺规程或规范中,并制订了相应的检查要求。

2）形成批产验收数据

针对批产阶段特点,确定硬件模块的验收标准、验收程序和验收测试环境。

批产产品可以沿用硬件模块实现过程中的验收设备、测试软件和验收测试程序,也可以重新开发。无论是沿用还是重新开发,均应保证测试内容涵盖了验收标准全部内容,并且得到了用户的确认。

硬件模块验收测试程序模板及检查单示例见本书第5.4.3节。

3）建立硬件认证数据包

依据硬件认证计划(PHAC),总结已完成的符合性验证活动,形成模块组件适航数据包。

如果硬件模块作为上一级产品的一部分,随上一级产品一并开展适航工作,则只需要提供符合性验证的支持材料。

4) 形成硬件研制完成总结

对模块组件开发过程进行总结,并对模块组件开发过程与计划的偏离进行分析,形成硬件组件研制完成总结(HAS),提交审查方批准。

总结的内容主要依据硬件模块开发过程中的记录信息,包括如下内容:

(1) 验证、确认记录。

(2) 质量保证(QA)审计记录。

(3) 构型审计记录。

(4) FAI 检查记录。

硬件模块研制完成总结模板及检查单示例见本书第 5.4.3 节。

5.4.3 模板及检查单示例

1) 硬件模块研制完成总结

硬件模块研制完成总结模板示例如表 5 - 9 所示,硬件模块研制完成总结检查单示例如表 5 - 10 所示。

表 5 - 9　硬件模块研制完成总结模板示例

1　概述 1) 编制目的 　　描述本文的目的以及特殊情况说明等信息。 2) 与其他文件的关系 　　描述本文档与其他相关文件的关系。 2　引用文件 　　列出引用文件的编号、名称等。必要时可以列出版本及修订日期。引用文件的排列顺序为标准文件、客户文件、内部文件(本单位管理文件、项目文件等)。 3　缩略语和术语 1) 缩略语 　　列出文档中使用的所有缩略语。缩略语应按照首字母升序顺序排列。 2) 术语 　　对文档中使用的专业术语进行解释。

4	模块概述 简述系统、设备、模块的功能、接口等信息,以及硬件模块构型项标识信息。
5	审定考虑 按照硬件合格审定计划(PHAC)提出的审定基础,描述硬件模块研制过程中与审定相关的活动及结论,以及与 PHAC 的符合性说明。
6	生命周期说明 描述硬件模块研制过程中开展的活动,以及与硬件相关的计划符合性。
7	硬件生命周期数据 描述硬件模块所有的生命周期数据、构型项标识、版本等信息。
8	更改历史 描述硬件模块生命周期内变更信息,以及是否存在开口项、后续计划。
9	附加考虑 描述硬件研制过程中涉及的沿用成熟硬件模块、COTS 和硬件使用历史数据等信息。
10	替代方法 如果硬件模块在研制过程中采用了未在计划文件中描述的符合性方法,在此处给出详细的说明及使用原因。
11	符合性声明 描述硬件研制过程、数据、产品、测试等信息与研制计划的符合性,对与计划的偏离条目有明确的说明。

表 5 - 10　硬件模块研制完成总结检查单示例

	检 查 内 容	是否适用	结论	支撑材料
1	描述了硬件模块的构型信息			
2	提供了明确的硬件模块验收依据			
3	描述了硬件模块审定考虑及符合性说明			
4	描述了硬件模块整个生命周期过程及与计划的符合性			
5	描述了硬件模块生命周期数据信息			
6	描述了硬件模块更改历史,以及开口项问题及后续工作计划			
7	描述了硬件模块是否使用了 COTS 产品,是否利用原设计模块、历史数据信息			
8	描述了是否采用了计划中未描述的符合性方法,并给出清晰的理由			
9	描述了硬件模块符合性声明信息			

2）硬件模块验收测试程序

硬件模块验收测试程序模板示例如表5-11所示，硬件模块验收测试程序检查单如表5-12所示。

表5-11　硬件模块验收测试程序模板示例

1　概述
1）编制目的
　　要求：描述本文的验收依据、适用范围等信息。
2）与其他文件的关系
　　要求：描述本文档与其他相关文件的关系。
2　引用文件
　　要求：列出引用文件的编号、名称等。必要时可以列出版本及修订日期。引用文件的排列顺序为标准文件、客户文件、内部文件（本单位管理文件、项目文件等）。
3　缩略语和术语
1）缩略语
　　要求：列出文档中使用的所有缩略语。缩略语应按照首字母升序顺序排列。
2）术语
　　要求：对文档中使用的专业术语进行解释。
4　模块概述
　　要求：从产品的角度，简述被验收硬件模块的功能、接口（物理、电气）等信息。
　　示例：
　　××××模块通过 AFDX 接口、ARINC 429 接口，实现××××计算机与航电系统的通信功能。
　　××××模块外部接口如下：1 路千兆互联网、1 路百兆互联网、4 路 AFDX 接口、1 路 I2C 接口、8 路 ARINC 429 接口、1 路 RS 232 调试和 11 路离散量接口，接口框图如下图所示。

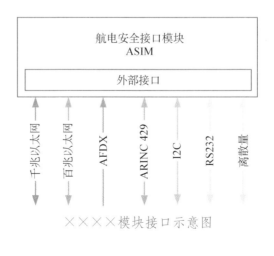

××××模块接口示意图

5 测试项目

要求：罗列出硬件模块的验收指标及验收方法。

示例：

验收测试项目及顺序如下：

1）资料检查

目视检查××××模块配套资料，包括合格证、元器件配套表、软件出库记录、软件加载记录、可编程逻辑出库记录、可编程逻辑加载记录、自检记录。

2）外观检查

通过目视检查如下内容：

（1）硬件模块焊接点、模块表面、模块结构件等无锈蚀、可见裂纹、变形、严重碰伤、漆层脱落等质量问题。

（2）组件配置齐全、安装到位。

（3）模块标识清晰完整。

3）重量和尺寸检测

通过游标卡尺、电子秤对模块的尺寸、重量进行测量。

4）功能性能验收测试

通过测试设备、工具对硬件模块的功能性指标进行测量，包括如下内容：

（1）RS 232 接口测试。

（2）离散量接口测试。

（3）以太网接口测试。

（4）AFDX 接口测试。

······

6 测试环境

要求：描述硬件模块验收设备名称、代号、版本、精度等信息，以及目标模块与测试环境的连接方式。

示例：

1）实验室环境条件

本文所描述的测试为实验室环境下的测试，以验证产品在外观、性能和功能等指标符合验收要求。实验室环境条件要求如下。

（1）温度：15～35℃。

（2）相对湿度：20%～80%。

（3）气压：实验室当地大气压。

2）测试设备及工具

测试所用仪器、设备需经计量单位计量、校准，并具有计量合格证，且在有效使用期内。××××模块验收用测试设备及工具清单如表 1 所示。

表 1 验收用测试设备及工具清单

序号	名称	型号（图号）规格	数量	备注
1	直流电源	—	1	能够提供 12 V 和 3 A
2	PC 机	—	1	通用 PC 机

（续表）

（续表）

序号	名称	型号（图号）规格	数量	备注
3	游标卡尺		1	量程不小于 300 mm，精度不低于 0.02 mm
4	验收测试软件		1	模块驻留测试软件
5	……			

7 测试程序

要求：按测试项目逐条描述每个项目的测试过程，包括操作方法、合格判据等信息。

示例：

1) 资料检查

目视检查模块验收配套资料应完整有效，包括如下内容：

(1) 模块生产合格证。

(2) 元器件配套表。

(3) 测试软件出库单。

(4) 测试软件加载记录单。

(5) 模块可编程逻辑出库单。

(6) 模块可编程逻辑加载记录单。

(7) 自检记录单。

测试结果记录如表 2 所示。

表 2 ASIM 模块测试结果记录

测试步骤	测试项目	合格判据	测试结果	检测结果
1	资料检测	模块生产合格证		□合格　□不合格
		元器件配套表		
		测试软件出库单		
		测试软件加载记录单		
		模块可编程逻辑出库单		
		模块可编程逻辑加载记录单		
		自检记录单		

2) 外观检查

……

173

8	测试组织管理
	要求：描述硬件模块验收人员组成及职责，以及验收有效性的判定要求。
9	验收记录表
	要求：描述验收过程的记录格式、内容，一般包含验收人员签署要求、测试项目、测试结果、验收结论等信息。

表 5－12　硬件模块验收测试程序检查单示例

	检 查 内 容	是否适用	结论	支撑材料
1	描述了硬件模块的基本信息			
2	提供了明确的硬件模块验收依据			
3	描述了硬件模块需验收的项目及方法			
4	描述了验收所需的环境要求，包括测试设备、工具、连接方式等信息			
5	逐条描述了硬件模块每个验收项目的验收过程及合格判定依据			
6	描述了验收团队的组成及职责			
7	提供了验收记录表			
	……			

6

可编程逻辑开发过程

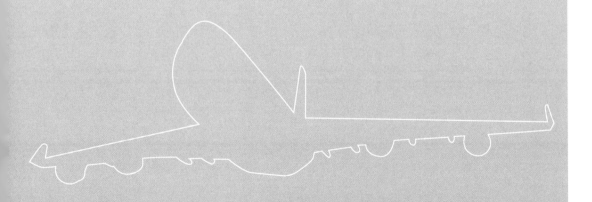

可编程逻辑开发过程涵盖了从 FPGA 需求规范确定后，到最终提交产品批产的所有活动，包括设计、实现、确认与验证、生产移交等工程活动以及与过程保证、构型管理、适航联络等支持活动。本节描述可编程逻辑在开发过程中的概要设计、详细设计、实现、确认与验证以及生产移交过程，支持活动相关的过程在其他章节说明。

在 DO - 254 中规定了硬件开发过程的目标和活动的通用要求，本章结合工程实践经验，对可编程逻辑开发过程的活动进行了具体描述，并给出具体的示例，以指导可编程逻辑开发过程的实施。

可编程逻辑器件按照复杂度及提供的硬件资源，可分为可编程逻辑器件（PLD）、现场可编程逻辑门阵列（FPGA）和可编程片上系统（SOPC）等。为了便于描述，在不产生歧义的情况下，本书将这些可编程逻辑器件统一称为 FPGA。

本章涉及的一些可编程逻辑计划和标准根据项目的实际情况，可以是单独形成的文档，也可以是与硬件模块相关计划和标准合并在一起的文档。

6.1　概要设计过程

概要设计过程主要完成可编程逻辑架构设计。本节简要介绍概要设计过程的目标、输入、活动和输出，结合工程实际经验，详细描述实施概要设计过程的具体活动，并给出相应的文档模板和检查单示例。

6.1.1　概要设计过程简介

在需求捕获阶段，通过参与硬件模块的概要设计、分析可编程逻辑硬件要求等活动，确定了可编程逻辑需求规范。可编程逻辑概要设计在此基础上开展架构设计并进行相关的评估，确定可编程逻辑器件选型、IP 选择、模块划分等，形成概要设计文档，并对这一过程中产生的派生需求的正确性、完整性、安全性进行确认，同时将发现的需求遗漏或错误等信息反馈给硬件需求定义团队。

可编程逻辑概要设计过程的主要目标如下：

（1）按照 FPGA 需求规范要求，完成 FPGA 概要设计。

（2）概要设计过程中产生的派生需求反馈给硬件模块团队并得到确认。

（3）在概要设计过程中发现的需求遗漏或错误应反馈给硬件模块团队并得到解决。

概要设计过程的输入包括如下内容：

（1）FPGA 需求规范。

（2）FPGA 计划文档。

（3）FPGA 开发标准（指南）。

概要设计过程的主要活动如下：

（1）可编程逻辑器件选型。

（2）IP 评估和选择。

（3）FPGA 架构设计。

（4）功能模块划分。

（5）形成 FPGA 逻辑概要设计说明。

（6）确定仿真测试场景和用例。

（7）需求确认。

（8）概要设计评审。

概要设计过程的输出包括如下内容：

（1）概要设计文档（FPGA 设计说明初稿）。

（2）FPGA 仿真验证说明初稿。

（3）需求确认记录、评审记录等。

6.1.2　概要设计过程实施

本节结合工程实际经验，详细描述实施概要设计过程的各项活动。

1) 可编程逻辑器件选型

在概要设计阶段,应根据可编程逻辑需求,结合组织的整体情况、开发团队的技术基础等,选择合适的可编程逻辑器件。在进行可编程逻辑器件选型时,一般应考虑如下因素:

(1) 逻辑资源考虑。应根据可编程逻辑的需求,初步预估所需的逻辑资源,选择逻辑资源满足要求的器件。在通常情况下,为了应对将来可能的需求变更,在选择器件时,应预留 20% 以上的资源余量。需要考虑的逻辑资源包括用户 I/O 数、寄存器、组合逻辑、存储器、时钟管理单元以及其他专用资源(包括内嵌处理器、高速收发器以及其他内嵌资源要求)。对于一些设计需要在FPGA 内部实现大量的交换通路时,还应考虑布线资源是否满足要求。

(2) 性能考虑。应对逻辑的时序关键路径进行预估,根据所需要运行的最高速率,结合 FPGA 器件的交流电气特性,选择速度满足要求的 FPGA 器件。尽管可以通过一些时序优化技术提高逻辑电路的运行速率,但选择速度高的器件可以极大地降低时序收敛的难度。

(3) 电气特性考虑。应综合考虑与可编程逻辑器件接口的其他器件或通信标准的电气特性,选择电气特性一致的器件可以避免不同电气特性之间的转换;另外综合考虑整个硬件模块的电源需求情况,尽量减少电源电压的种类,可以简化硬件模块电路设计。

(4) 应用环境及可获得性考虑。FPGA 器件根据其初始工作方式,主要可分为基于静态随机存取存储器(SRAM)结构的 FPGA、基于 FLASH 结构的FPGA 和反熔丝 FPGA。基于 SRAM 结构的 FPGA 一般在上电后需要将可编程位流文件从外部的存储器中加载进来,所以一般上电启动时间比较长,不适用于对上电启动时间要求严格的场合。另外,基于 SRAM 结构的 FPGA 更容易出现单粒子翻转(SEU)问题,在不采取专门处理的情况下,不能满足宇航应用环境。还有许多 FPGA 由于各方面的原因,只能采购到工业级甚至民用级的器件,这些都是需要综合考虑的因素。

（5）开发团队的技术积累考虑。在选择 FPGA 器件时，尽量选择开发团队具有实际使用经验的同一厂家的器件，这样技术人员不需要学习新的技术和开发工具，开发风险较小，开发周期可控。

（6）组织的整体情况考虑。在选择 FPGA 器件时，还要考虑组织使用 FPGA 器件的整体情况和习惯，尽量减少组织采购 FPGA 器件的种类，在采购品种较少、批量大的情况下，可以大大降低采购成本，同时可保证所采购的器件的质量。

（7）技术支持考虑。应尽量选择可以直接得到技术支持、技术支持响应速度快、技术支持人员水平高的厂家。

2）IP 的评估和选择

应根据逻辑设计的复杂度、开发团队成员的技术基础、项目开发周期、项目经费、IP 的可获得性、质量和适用性等方面进行评估，决策关键的功能和模块是自行开发还是购买商用 IP。

3）FPGA 架构设计

应根据可编程逻辑需求规范、相关计划和标准等，确定 FPGA 的体系架构，包括是否内嵌处理器、内嵌处理器的型号/性能、内部互联方式、主要功能模块架构等。

在确定 FPGA 架构时，应对处理器的处理能力、总线传输带宽等性能指标进行评估，确保所选用 FPGA 架构的性能满足应用要求。评估的方法一般包括如下几种：

（1）借鉴历史经验数据。根据以往项目中类似架构的实际测试性能进行类比分析，分析现有项目与以往项目的关键差异点，结合以往项目的实际性能进行一些合理的推算，从而得出现有的 FPGA 架构性能是否满足要求。

（2）理论分析计算。建立相关的数学模型，考虑 FPGA 实际工作时各种工况的最坏情况，通过计算得出性能是否满足要求。例如，一个总线上共挂接有五个主设备，估算每个主设备所需的数据带宽要求，将所有五个主设备的带宽要求相加,并考虑总线本身的效率以及仲裁、切换所带来的开销,就可以推算出对总线的带宽要求,然后根据总线通信的数据宽度和频率,就可以分析出总线是否满足应用要求。

(3)虚拟仿真。通过建立 FPGA 架构中各关键模块的快速行为模型,对整个 FPGA 架构进行虚拟仿真,以评估 FPGA 架构是否满足应用要求。在这个阶段建立的快速行为模型可以是比较简化的,只关注对整个系统性能有重要影响的因素。

4)模块划分

FPGA 架构初步确定后,应进行模块划分,标识组成 FPGA 逻辑的所有子模块,确定子模块的层次结构,给出 FPGA 逻辑模块的互联关系和接口时序,对每个子模块的功能进行说明。

模块划分的主要目的如下:

(1)便于设计分工。

(2)得到最好的综合结果。

(3)减少综合时间。

(4)简化约束条件的施加。

模块划分一般应遵从以下原则:

(1)将所有逻辑都划分到不同的子模块中,各个子模块之间接口应只是简单的连线,不包括任何逻辑。这样有利于进行时序分析。

(2)各个子模块的功能要适中,应在 1 万～5 万门。

(3)应尽量限制一个子模块只有一个时钟,多个时钟将使施加时序约束条件变得复杂。

(4)将相关的组合逻辑放在相同的模块中。将相关的组合逻辑放在相同的模块中非常关键,综合器可以对相关的逻辑进行组合和优化,减少面积和提高速度。而相关逻辑放在不同的模块中,层次界限将限制逻辑优化。

(5)应将状态机放在单独的子模块中,以便对状态机进行速度优化,并对状态机编码形式进行有效的控制。

（6）将不同设计目标的模块分离。当设计同时对速度和面积约束要求严格时，为了得到好的综合结果，将非关键时序的逻辑和关键时序的逻辑分成不同的模块。这样，对非关键时序的逻辑模块进行面积优化，对关键时序的逻辑模块进行速度优化，以同时满足时间和面积约束条件。

（7）各个子模块的输出尽量采用寄存器输出，可以简化子模块之间的时序关系。

5）编写 FPGA 逻辑概要设计说明

根据以上可编程逻辑器件选型、IP 的评估和选择、FPGA 架构设计、模块划分等活动的具体情况及结果，编写 FPGA 逻辑概要设计说明，对设计进行评估，以确定最终的实现满足需求的可能性。概要设计可以使用诸如功能块框图、设计和结构描述等形式完成。

概要设计说明可以不单独作为一个输出文档，而是作为 FPGA 逻辑设计说明的一部分，随着 FPGA 逻辑详细设计的开展，对这个文档进行细化、完善，形成一个完整的 FPGA 逻辑设计说明。完整的 FPGA 逻辑设计说明模板及检查单示例见本书第 6.2.3 节。

6）确定仿真测试场景和用例

应依据 FPGA 逻辑需求规范，识别并规划 FPGA 逻辑验证活动，形成 FPGA 仿真验证仿真验证说明初稿。FPGA 仿真验证说明基于 FPGA 逻辑件需求规范，确定拟采用的仿真和测试场景和用例方案。

所有需求都应验证。对于在 FPGA 逻辑组件层面无法进行验证的需求，应说明在哪个层面进行验证，如其他组件或上层系统，并和相关方协调将验证内容纳入其他层面的验证实施计划中。

应对 FPGA 逻辑的仿真验证环境进行策划，主要包括如下几方面：

（1）代码规则检查的工具和方法。

（2）仿真验证工具及验证代码的编写语言。

(3) 仿真验证的策略和方法。

a. 仿真验证平台的描述,定义需要开发的总线功能模型(BFM)。

b. 功能仿真的覆盖率要求和分析方法。

c. 时序仿真用例的选择。

d. 静态时序分析的方法。

7) 需求确认

在概要设计中产生的派生需求应反馈给硬件模块负责人进行确认,由硬件模块负责人依据派生需求的属性(如安全性、功能、接口等)组织相关人员开展需求确认活动。对于在概要设计中发现的需求错误或需求遗漏也需要反馈给硬件模块负责人进行确认。确认的方式按照可编程逻辑确认和验证计划的要求实施,一般的确认方法包括分析、评审等,确认活动应至少包括如下几方面:

(1) 需求的安全性分析。

(2) 对硬件模块的影响分析。

(3) 对软件的影响分析。

8) 概要设计评审

概要设计评审活动是对概要设计阶段的活动输出进行验证,保证其符合FPGA需求并且具有可实现性。一般通过组织同行专家,对概要设计阶段的活动及输出进行评审来完成。评审主要关注如下方面:

(1) 概要设计是否覆盖了所有的 FPGA 需求。

(2) FPGA 器件选型是否合理。

(3) FPGA 体系架构是否合理,功能/性能是否满足需求并且可实现。

(4) IP 的可获得性及成熟度。

(5) FPGA 模块划分是否合理。

(6) FPGA 仿真验证活动策划是否全面,所有需求是否都可以得到验证。

(7) 概要设计过程与 FPGA 计划文档的符合性。

概要设计评审检查单示例见本书第 6.1.3 节。

6.1.3 模板和检查单示例

概要设计评审检查单示例如表 6-1 所示。

表 6-1 概要设计评审检查单示例

	检 查 内 容	是否适用	结论	支撑材料
1	概要设计覆盖了所有的 FPGA 需求			
2	概要设计过程中产生的派生需求更新到 FPGA 需求规范中,并重新进行需求确认			
3	在概要设计活动中发现的需求遗漏或错误已反馈给需求捕获团队进行确认和处理			
4	确定了 FPGA 器件选型			
5	所选的 FPGA 型号在资源、性能、电气特性、应用环境、可获得性等方面满足要求并且合理			
6	FPGA 体系架构合理、功能/性能满足需求并且可实现			
7	明确了硬件外部接口(信号名称、定义、宽度、方向、电气特性等)			
8	明确了软件接口(寄存器地址空间划分等)			
9	FPGA 模块划分合理			
10	有一个顶层的 FPGA 设计功能框图,描述了 FPGA 设计包含的主要模块、各模块的主要功能,以及各模块之间的数据流和控制流			
11	明确了各模块的设计方法,包括购买、研制、复用等			
12	对需要购买的 IP 在项目开发周期、项目经费、IP 的可获得性、质量和适用性等方面进行了评估			
13	确定并建立了开发环境(包括设计工具)			
14	识别并规划了 FPGA 验证活动			
15	明确了所有的需求验证方法,包括测试、仿真、分析、评审等			
16	对验证环境进行了策划			

6.2　详细设计过程

详细设计过程主要完成可编程逻辑的编码和仿真验证工作。本节简要介绍详细设计过程的目标、输入、活动和输出,结合工程实际经验,详细描述实施详细设计过程的具体活动,并给出相应的文档模板和检查单示例。

6.2.1　详细设计过程简介

概要设计过程完成了 FPGA 架构设计及模块划分等顶层设计工作,详细设计过程在概要设计过程的基础上,产生详细设计文档及 RTL(寄存器传输级)代码,并编写 FPGA 仿真验证说明,建立仿真平台,对 RTL 代码进行仿真验证。在详细设计过程中,应对产生的派生需求的正确性、完整性、安全性等进行确认,同时应将发现的需求遗漏或错误等信息反馈给硬件模块团队。

可编程逻辑详细设计过程的目标如下:

(1) 基于 FPGA 需求规范和概要设计数据完成 HDL 代码的设计。

(2) 在详细设计过程中产生的派生需求反馈到硬件模块团队并得到确认。

(3) 在详细设计过程中发现的需求遗漏或错误应反馈给硬件模块团队并得到解决。

详细设计过程的输入如下:

(1) FPGA 逻辑需求规范。

(2) FPGA 概要设计文档(FPGA 设计说明初稿)。

(3) FPGA 仿真验证说明初稿。

(4) FPGA 开发计划。

(5) FPGA 确认与验证计划。

(6) FPGA 开发、确认和验证标准。

详细设计过程的主要活动如下:

(1) 完成 FPGA 详细设计说明。

（2）完成 FPGA 仿真验证说明。

（3）编写 HDL 代码，并进行代码规则检查。

（4）功能仿真及覆盖率分析。

（5）编写 FPGA 逻辑仿真验证报告。

（6）详细设计阶段评审。

详细设计过程的输出如下：

（1）FPGA 设计说明。

（2）HDL 代码。

（3）FPGA 仿真验证说明和验证报告。

（4）仿真平台、仿真验证报告。

（5）需求确认记录。

6.2.2　详细设计过程实施

本节结合工程实际经验，详细描述实施详细设计过程的各项活动。

1）编写 FPGA 逻辑设计说明并评审

按照项目的 FPGA 逻辑开发标准，在概要设计的基础上完成 FPGA 详细设计说明，对每个划分出来的 FPGA 子模块，详细设计需要实现的算法、设计约束、输入/输出以及所用到的状态机控制等。逻辑设计说明描述的详细程度应达到能够根据 FPGA 逻辑模块设计说明进行编码实现。

在完成 FPGA 逻辑设计说明的编写后，应进行同行评审，评审主要关注如下几方面：

（1）详细设计是否完全覆盖了需求规范所要求的内容。

（2）是否明确定义了 FPGA 的设计环境及体系架构。

（3）是否明确了时钟及复位方案。

（4）是否明确定义了 FPGA 的外部硬件接口。

（5）是否明确定义了软件接口，包括地址分配、寄存器等数据的具体定义。

（6）是否明确定义了各模块的接口及数据通路。

（7）是否明确定义了各模块的主要功能及实现方法（框图、流程图、状态机等）。

（8）是否明确定义了时序约束。

本书第 6.2.3 节给出了 FPGA 逻辑设计说明模板和检查单示例。

2）完成 FPGA 逻辑仿真验证说明并评审

在前期验证活动策划的基础上，完成编写《FPGA 逻辑仿真验证说明》。验证说明中应具体描述 FPGA 逻辑仿真验证策划中定义的仿真验证活动，详细描述每个测试用例的设计方法、验证结果的判定条件以及所覆盖的需求等内容。

应对 FPGA 逻辑仿真验证说明进行同行评审，评审主要关注如下几方面：

（1）是否明确了 FPGA 逻辑的仿真验证环境？

（2）是否明确了 FPGA 逻辑仿真验证平台？

（3）验证项是否覆盖了 FPGA 需求规范的所有要求？ 未覆盖的需求是否给出了其他验证方法？

（4）是否建立了验证项与 FPGA 需求的追踪关系？

（5）每个测试用例的测试场景是否合理、全面？

（6）测试用例是否具备可操作性（运行时间等）？

（7）合格判据是否清晰、明确？

（8）是否包含了对边界条件、异常情况的验证？

本书第 6.2.3 节给出了 FPGA 逻辑仿真验证说明模板和检查单示例。

3）编写 HDL 编码

遵循 FPGA 逻辑编码标准和开发标准，使用 HDL 编码描述《FPGA 逻辑设计说明》中定义的 FPGA 逻辑功能。

当前主流的可综合 HDL 代码编写所采用的语言以 Verilog 和 VHDL 为主。以 SystemC 等语言进行行为级描述，通过综合工具自动生成 HDL 代码，当前只在特定领域使用比较成熟。

VHDL 与 Verilog 相比, VHDL 的语法要求更严格、规范一些, 而 Verilog 的语法比较灵活、高效一些。目前在数字系统设计中, 采用 Verilog 的公司要多一些, 大概占到 80% 左右。

不论采用哪种 HDL 语言, 为了编写出可综合的、安全可靠的 RTL 代码, 一般必须遵循一定的编码标准 (也称为代码风格), 这些编码标准将规定只使用该语言中的安全子集。

一个组织都应该结合团队自身的情况, 选择或制定适合自己的编码标准。

编码标准中的编码规则, 根据违背该条规则后对安全性造成的影响程度, 其属性分为强制和建议两种类型。

(1) 强制类规则是强制要求。对强制类规则的违背必须进行改正, 或提供形式化的文档, 给出不会对安全性造成影响的理由。

(2) 建议类规则要求在通常情况下都要遵守。建议规则不是"可忽略"的规则, 其重要性和强制类规则相同, 但其遵循难度可能比强制类规则更高, 编码人员应该努力实现这些规则。对建议规则的违反不需要提供形式化的文档说明, 但编码人员应对每个违反的 HDL 代码进行检查分析, 保证这些违反是必要的、符合设计意图的, 并且是安全的。

编码标准一般包括下述四类规则。

(1) 编码惯例: 这类标准用来保证 HDL 编码风格支持关键的安全性, 并且采用了良好的数字设计惯例 (见表 6-2)。

表 6-2　CP2: 避免信号重复赋值

描述	在同一个语句区域内, 同一个信号不应该被多次赋值。违反这个规则, 将导致潜在的信号赋值冲突, 并且综合工具有可能不能识别这种错误。在同一个过程的同一个语句区域, 当一个信号在赋值的左边出现超过一次时, 认为是重复赋值。下面例子所示的缺省赋值 (只出现一次) 是可以接受的
属性	强制

（续表）

示例	always @ (Current_state)
	begin
	　Next_state=Current_state;　　//Default assignment
	　Case(Current_state)
	　　　IDLE：
	　　　　Next_state=S0;//This is NOT a duplicate assignment
	　　　S0：
	　　　　　Next_state=S1;
	　　　　　…
	　　　　　Next_state=S2；//Duplicate assignment maybe a mistake
	　　　　　…

（2）跨时钟域（CDC）：这类标准主要解决包含多个时钟域和异步时钟域转换的设计存在的潜在危害（见表6-3）。

表6-3　CDC1：1位控制信号同步器

描述	1位控制信号的同步应采用如下图所示的2级D触发器（2DFF）的结构，并满足下列要求： 　　a. cdc_s 的逻辑路径上必须确保没有毛刺。 　　b. int_s 的路径上不能有组合逻辑。 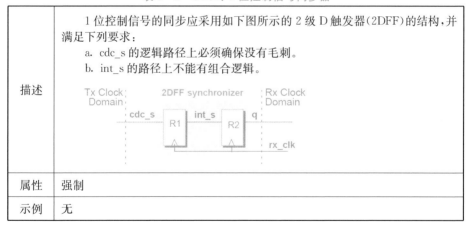
属性	强制
示例	无

（3）安全综合：这类标准用来保证通过综合工具可以产生正确的网表（见表6-4）。

表6-4　SS4：避免引入锁存器

描述	HDL 代码风格应当避免隐含锁存器。
属性	强制
示例	module verlatch (input in1, sel, output out1)；//Violation assign out1=sel ? in1：out1;

(4) 代码复查：这类标准用来保证代码具有良好的可读性，易于理解（见表 6 - 5 和表 6 - 6）。

表 6 - 5 保证一致的文件头

描述	每一个源代码文件均应包含文件头。文件头应包含以下域。 版权域格式如下： ――― ―― COPYRIGHT XXXX，$<year>$ ―― The copyright to the document herein is the property of XXXX. ―― All rights reserved. ――― 文件信息域格式如下： ―― Project：$<project\_name>$ ―― Module：$<module\_name>$ ―― Upper Level Module：$<Upper\_Level\_Module>$ ―― Library Dependence：$<library\_name>$ ―― Instantiate：$<Instantiated\ module>$ ―― Purpose：Simulation|Synthesis ―― Description：$<A\ brief\ summary\ of\ the\ code's\ intention>$ 变更历史域格式如下： ―― Revision：$<version>$ ―― Revision Date：$<yyyy/mm/dd>$ ―― Author：$<Author\_name><email>$ ―― Revision Description：$< A\ brief\ summary\ of\ the\ code's\ revsion>$
属性	建议
示例	无

表 6 - 6 保证足够的注释密度

描述	代码应有足够的内嵌注释，注释行数/（注释行数＋代码行数）≥30％。空的注释行不作为注释行计算
属性	建议
示例	无

在进行 HDL 编码过程中，推荐采用自底向上的仿真验证策略。每完成一个模块或者模块中部分功能的代码编写，设计者自己对已完成部分的功能进行仿真。这样做的优点如下：

（1）在底层更容易对输入激励进行控制，很容易提高仿真覆盖率。

（2）在底层更容易发现定位设计问题。

（3）保证底层设计的正确性，提高顶层仿真的效率。

而这样做的缺点在于需要额外开发测试向量。但相对于在顶层仿真时发现定位问题所花费的代价，这点付出是远远值得的。

4）代码规则检查

代码规则检查（RTL Lint）主要检查 RTL 代码的可综合性、可测试性、可重用性等。代码规则检查依据编码标准进行，除了可以用来帮助强制一些好的命名机制外，主要用来发现影响仿真、综合和性能的一些设计和编码缺陷。一些通常的规则如下：

（1）不可综合的结构。

（2）非期望的锁存器。

（3）没有使用的声明。

（4）多驱动和没有驱动的信号。

（5）竞争条件。

（6）不正确地使用阻塞和非阻塞赋值。

（7）Case 语句风格问题。

（8）复位和置位冲突。

（9）索引越界。

（10）组合逻辑反馈。

（11）时钟门控和使用问题。

（12）总线冲突和浮空。

（13）"死（dead）码"或无法到达的功能块。

（14）没有使用的输入端口和没有驱动的输出端口。

（15）不可复位的触发器。

（16）不可跳出的状态。

（17）不可到达的状态。

(18) 算术溢出。

(19) 跨时钟域(clock domain crossing，CDC)问题。

代码检查很容易通过工具自动完成，只需要根据编码标准对工具进行少量的设置。常用的代码检查工具有 SYNOPSYS 公司的 LEDA 和 SPYGLASS，MENTOR 公司的 HDL Designer 和 QUESTA CDC 以及 CADENCE 公司的 HAL 等。在这里不再对各个工具进行赘述。

代码规则检查的优点是可以在设计初期很容易发现 HDL 代码中可能存在的问题，而且当规则集制订好之后，不需要额外的工作，非常容易进行。缺点是由于自动检查工具的"机械性"，工具输出的检查报告会比较庞大，需要逐条检查确认每条报告。

对于代码检查工具发现的不符合项，应根据所违反规则的属性，逐条进行处理。对强制类规则的违背必须进行改正，或提供形式化的文档，给出不会对安全性造成影响的理由；对建议规则的违反，能改正的尽量改正，不能改正的不需要提供形式化的文档说明，但编码人员应对每个违反进行检查分析，保证这些违反是必要的、符合设计意图的，并且是安全的。

5）功能仿真及覆盖率分析

功能仿真是可编程逻辑设计主要的验证方法，一般占到整个开发过程 50% 以上的成本。

RTL 级功能仿真是根据可编程逻辑需求规范和仿真验证说明，建立 Testbench，编写测试用例，给 HDL 代码施加相应的激励，检查设计的输出是否符合需求。功能仿真示意图如图 6-1 所示。

图 6-1　功能仿真示意图

在进行功能仿真之前，需要根据 FPGA 需求和仿真验证说明，编写测试用例。测试用例应完全覆盖所有的需求。功能仿真采用 HDL 仿真工具进行。

对于大型的设计，可能需要用到基于事务的验证（TBV）或基于断言的验证（ABV）方法。

功能仿真的优点是可以对 HDL 设计的正确性进行动态验证，而且所有内部的信号都是可见的，非常便于调试和定位错误；另外，结合代码覆盖率分析，可以发现设计中没有用的逻辑或没有仿真到的逻辑。其缺点是测试用例编写工作量很大，RTL 级功能仿真占到整个验证工作的 80% 以上；另外需要一些仿真模型，并且依赖于仿真模型的正确性。

为了衡量仿真的完备性，应对仿真的覆盖率进行分析。覆盖率一般从两个方面进行分析：

（1）需求覆盖率指的是仿真覆盖的需求条目数与需求总条目数的百分比。对于任何设计，需求覆盖率应该达到 100%。但由于一般需求都是采用自然语言描述的，所以需求覆盖率很难通过工具自动进行分析。当前发展了一些形式化描述语言以及基于断言的验证等技术，以便更好地解决需求覆盖率分析的问题。

（2）代码覆盖率分析可以确定仿真对代码的结构化覆盖率。通过全面评估所有 HDL 代码，保证仿真已经完全验证了 HDL，作为仿真活动的结束准则。代码覆盖率分析通过计算 HDL 代码中已经仿真的行占总行数的百分比，对仿真活动进行衡量。

在 FPGA 的设计中，对五种类型的代码覆盖率进行衡量：

（1）语句（statement）覆盖：语句覆盖单独计算 HDL 代码一行中每条语句的执行次数。

（2）分支（branch）覆盖：分支覆盖计算每个"if/then/else"和"case"分支的执行次数，并且表明条件的"真"或"假"是否被执行。

（3）条件（condition）覆盖：条件覆盖是分支覆盖的扩充。分支覆盖检查所有的分支是否被执行,而条件覆盖检查引起一个分支被执行的所有原因(条件)是否被仿真。

(4) 表达式(expression)覆盖:表达式覆盖采用类似于条件覆盖的方式,分析赋值语句右边的表达式。表达式覆盖检查表达式的每一个输入是否都取了"真"和"假"的值。

(5) 有限状态机(finite state machine,FSM)覆盖:FSM 覆盖检查状态机每一个状态和每一个状态跳转是否被仿真。

对于未覆盖的代码,一般有如下几种情况和处理方法:

(1) 测试用例不全面。对于这种情况,补充测试用例,对未覆盖的代码进行测试。

(2) 需求有遗漏。对于这种情况,需修改或补充需求,从而补充测试用例,对未覆盖的代码进行测试。

(3) 没有用的代码。未覆盖的代码是没有用的代码,对于这种情况,应删除多余的代码,或者证明这些代码在实际工作是不会被激活的。

代码覆盖率分析不需要额外的设计工作,在 RTL 级功能仿真的同时就可以进行。代码覆盖率分析可以发现设计中还没有被仿真的功能或者没有用的代码。但覆盖率达到 100%并不表示设计没有错误,而且对于 COTS IP 或者"黑盒"代码,由于代码不可见,是不可能进行代码覆盖率分析的。

常用的功能仿真工具有 MENTOR 公司的 QuestaSim 和 Cadence 公司的 NCSim 等。

EDA 业界一直致力于仿真验证技术的研究,包括验证语言以及一些高级的验证方法,如 SystemVerilog、SystemC 和 UVM(universal verification methodology),基于断言的验证以及验证 IP 等,本书在这里不再赘述。

6) 编写 FPGA 逻辑仿真验证报告

根据代码规则检查及功能仿真情况,编写《FPGA 逻辑仿真验证报告》,完成 FPGA 逻辑设计阶段仿真验证(代码规则检查、功能仿真等)的内容。

7）详细设计评审

在 FPGA 逻辑功能仿真完成之后，应组织对 FPGA 逻辑详细设计进行评审。评审应主要关注如下内容：

（1）FPGA 逻辑设计方法合理。

（2）FPGA 逻辑设计能够满足功能、性能、时序、安全性等 FPGA 逻辑需求的要求。

（3）FPGA 逻辑模块之间接口的一致性和充分性。

（4）FPGA 逻辑设计符合项目的 FPGA 逻辑开发标准。

（5）详细设计足够充分，可据其完成 HDL 编码。

（6）所有 FPGA 逻辑需求可追踪到 FPGA 逻辑模块，所有 FPGA 逻辑模块也可追踪到 FPGA 逻辑需求，派生的 FPGA 逻辑需求理由充分。

（7）HDL 编码符合项目的 FPGA 逻辑编码标准。

（8）功能仿真结果正确，仿真结果分析充分。

（9）详细设计过程与 FPGA 计划文档的符合性。

FPGA 逻辑详细设计评审检查单示例见本书第 6.2.3 节。

6.2.3　模板及检查单示例

1）FPGA 逻辑设计说明

FPGA 逻辑设计说明模板示例如表 6－7 所示，FPGA 逻辑设计说明检查单示例如表 6－8 所示。

表 6－7　FPGA 逻辑设计说明模板示例

1　概述 1）编制目的 　　要求：应描述本文档的编制依据、主要内容、用途及适用范围等。 　　示例： 　　本文档依据《××FPGA 需求规范》，描述了××FPGA 的概要设计和详细设计，包括功能模块划分、模块接口及互连关系、数据流程图，以及每个模块的实现原理和方法，适用于××FPGA 的 HDL 编码和实现。

（续表）

2）与其他文件的关系

要求：应描述本文档与其他相关文件的关系。

示例：

《××FPGA 需求规范》是编制本文档的输入。××FPGA 的 HDL 编码和实现应符合本文档。

2 引用文件

要求：应列出引用文件的编号、名称等。必要时可以列出版本及修订日期。

建议：

在文档的内容中，如果涉及有关器件，应将相关器件的器件手册列入引用文件中，并且标明版本或日期信息。

3 缩略语和术语

1）缩略语

要求：列出文档中使用到的所有缩略语。缩略语应按照首字母升序顺序排列。

2）术语

要求：应对文档中使用的专业术语进行解释。

4 系统概述

要求：应简述 FPGA 逻辑所适用的产品（系统或硬件模块）的用途及组成，概述 FPGA 逻辑在产品（系统或硬件模块）中的作用和主要功能。

建议：

给出 FPGA 逻辑所适用的产品（系统或硬件模块）的结构框图。

5 概要设计

1）设计环境

要求：描述所选用的 FPGA 型号、生产厂家、速度等级等信息，以及采用的设计开发工具信息。

示例：

FPGA 使用 Actel 公司 ProASIC3E 系列军档的 A3PE3000 芯片，型号为××××，封装为 FBGA484，速度等级为 1。

逻辑综合和布局布线工具使用 Actel 公司的 Libero IDE V9.1。

2）××FPGA 体系架构

要求：描述 FPGA 逻辑的总体结构图，应包含 FPGA 逻辑的功能模块划分、模块功能说明、系统数据通路等。

示例：

××FPGA 的功能架构图如下图所示。

××FPGA 主要的功能模块包括时钟复位单元、PCI 和异步两种主机接口单元、接收和发送数据缓冲 DPRAM……。各模块的主要功能如下。

（1）PCI 总线接口模块：符合 PCIv2.2 从接口协议。

……

（2）异步总线接口模块：支持 DSP6713、DSP6414 及 DSP2812 异步总线接口时序（各 DSP 定义的总线名称不同，此处统一称为异步总线）。

……

（续表）

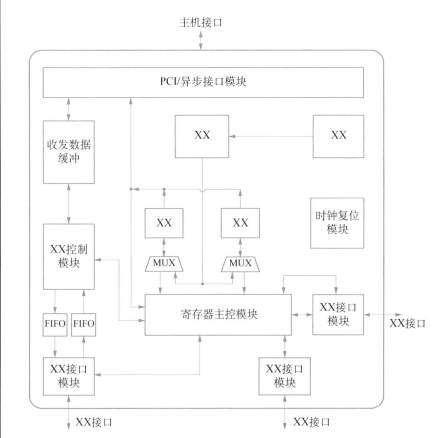

图×　××FPGA 功能架构框图

3）模块设计方法

　　要求：描述各功能模块采用的设计方法，如某模块自行设计、某模块使用某 IP 核，并描述 IP 核的来源及属性（源代码/网表/硬核等）。

　　示例：

　　××FPGA 设计中，FIFO，DPRAM 等存储器以及时钟管理采用 Libero IDE 的 SmartDesign 工具产生，其余模块均自行设计。

4）时钟及复位方案

　　要求：描述 FPGA 逻辑时钟及复位电路设计方案。

　　示例：

　　××FPGA 逻辑时钟设计方案如下图所示。

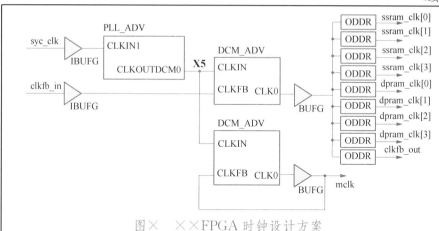

图×　××FPGA 时 钟 设 计 方 案

6　FPGA 管脚描述

　　要求：应描述 FPGA 逻辑的外部管脚，应包含信号名称、信号传输方向、信号数据宽度、有效电平、电气特性、引脚分配及信号描述等。

　　示例：

　　XXFPGA 的外部管脚示意图如下图所示，描述如下表所示。

```
                    asm_fpga
▷ sys_clk                          clkfb_out ▷
▷ clkfb_in                          led_cfg ◇
▷ po_reset_n                       phy0_txd ▷
▷ rx_clk                           phy1_txd ▷
▷ tx_clk                           phy2_txd ▷
▷ phy0_rxd                         phy3_txd ▷
▷ phy1_rxd                         phy4_txd ▷
▷ phy2_rxd                         phy5_txd ▷
▷ phy3_rxd                         phy6_txd ▷
▷ phy4_rxd                         phy7_txd ▷
▷ phy5_rxd                         phy8_txd ▷
▷ phy6_rxd                         phy9_txd ▷
▷ phy7_rxd                        phy10_txd ▷
▷ phy8_rxd                        phy11_txd ▷
▷ phy9_rxd                        phy12_txd ▷
◁ mon_dpram_lp_oe_n          es_tx_dpram_a
◁ mon_dpram_lp_ce_n       es_tx_dpram_rw_n
◁ mon_dpram_lp_rw_n       es_tx_dpram_ce_n
◁ mon_dpram_lp_a          es_tx_dpram_oe_n
◁ mon_dpram_lp_q          es_tx_dpram_be_n
                        es_tx_dpram_cnten_n
                        es_tx_dpram_cntrst_n
                        es_tx_dpram_cntmsk_n
                         es_tx_dpram_ads_n
```

图×　××FPGA 外部管脚示意图

（续表）

表× ××FPGA 外部管脚描述

序号	信号名	位宽	方向	有效电平	电气特性	位置	描述
1	sys_clk	1	I	—	LVTTL	A1	系统 25 MHz 时钟输入，用来产生内部逻辑时钟、SSRAM 时钟、ES 接收 DPRAM、ES 发送 DPRAM 和捕获缓冲 DPRAM 的时钟
2	……						

7 寄存器描述

1) 寄存器地址分配

　　要求：给出所有各编程寄存器的标识及地址空间分配。

　　示例：

　　XXFPGA 内部寄存器地址分配如表 X 所示。

表× ××FPGA 内部寄存器地址分配

分类	偏移地址	名称	备注
××寄存器	0x0000	逻辑版本寄存器	R
	0x0004	物品码寄存器	R
	……	……	
	……	……	

2) 寄存器详细描述

　　要求：应描述 FPGA 逻辑所有可编程寄存器的名称、格式、大小、读写要求及所有寄存器位的功能要求。

　　示例：

　　××寄存器：逻辑版本号寄存器（HD_VSN_REG，偏移地址 0x00）。

　　32 位只读寄存器，NDB 子卡 FPGA 版本号，高 16 位为 FPGA 逻辑的版本年份，低 16 位用于月份和日期，例如 0x20131104。其定义如表×所示。

表× 逻辑版本号寄存器

位段	助记符	访问方式	描述	复位值
31～0	Hd_Vsn_Reg	R	逻辑版本日期	当前逻辑版本日期值

8 详细设计

　　要求：应分节描述各模块的详细设计情况。

1) MII 接收模块(mii_rcv)

(1) 模块接口描述

　　要求：描述该模块的对外接口信号，包括信号名称、方向、宽度、有效电平及功能。

　　示例：

　　MII 接收模块的端口如图×所示，该模块的输入/输出端口包括端口名、位宽、输入/输出方向、有效状态、功能描述如表×所示。

图×　MII 接收模块端口示意图

表×　**MII 接收模块端口描述**

序号	信号名称	宽度	方向	有效电平	描述
1	mrxc	1	I	—	MII Receive Clock。由 FPGA 外部的 PHY 产生。当 PHY 工作在 100 MB/s 时，mrxc 为 25 MHz；当 PHY 工作在 10 MB/s 时，mrxc 为 2.5 MHz
2	……				

(2) 模块设计

　　要求：采用时序图、状态图、逻辑图等描述该模块的设计方法。当该模块包含多个子模块时，应描述子模块的功能、相互之间的控制及数据通路，并再细分条目对子模块的接口及设计方法进行描述。对于设计中使用的 IP，不用描述其实现方法，但必须详细描述其接口信号的时序关系、参数的配置方法及实现的功能。

　　示例：

　　MII 接收模块按照 IEEE 802.3u 接收 mrxd[3：0]上的数据，转化输出为 8 位的 rpd[7：0]……

　　……

　　mii_rcv 模块的逻辑框图如图×所示。

（续表）

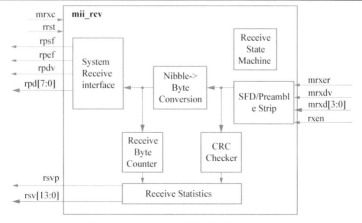

图× mii_rcv 模块的逻辑框图

接收状态机状态图如图×所示。

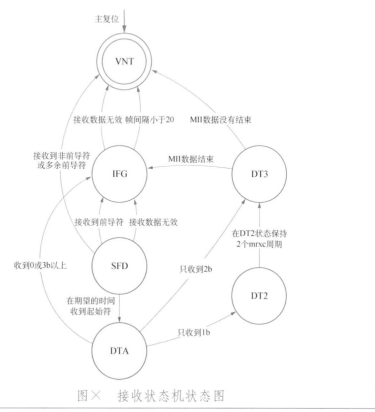

图× 接收状态机状态图

......

9　时序约束

要求：描述 FPGA 逻辑综合及布局布线时的时序约束，包括时钟约束、输入信号时序约束、输出信号时序约束、从输入到输出的时序约束等。

1）时钟约束

要求：描述所有时钟的时序要求，包括外部输入时钟及内部产生的时钟。

示例：

时钟约束如表×所示。

表×　时钟约束

信号名	周期/ns	占空比/%	与其他时钟的关系
Pci_clk	30	50	异步
......			

2）输入信号时序约束

要求：描述输入信号的时序约束。

示例：

输入信号约束如表×所示。

表×　输入信号时序约束

信号名	参考时钟	建立时间/ns	保持时间/ns
Pci_ad	Pci_clk	7	0
......			

3）输出信号时序约束

要求：描述输出信号的时序约束。

示例：

输出信号时序如表×所示。

表×　输出信号时序约束

信号名	参考时钟	最大输出延迟/ns	最小输出延迟/ns
Pci_ad	Pci_clk	11	2
......			

4）从输入到输出的时序约束

要求：描述从输入到输出的时序约束。

(续表)

示例:

从输入到输出的时序约束如表×所示。

表× 从输入到输出的时序约束

起点	终点	最大延迟/ns	最小延迟/ns
……	……	……	……
……			

5）其他时序约束

要求:描述其他时序约束,包括伪路径、多周期路径等。

表 6-8 FPGA 逻辑设计说明检查单示例

	检 查 内 容	是否适用	结论	支撑材料
1	文档格式(包括标识、排版等)符合要求			
2	文档语句通顺、描述清楚、没有语法错误			
3	明确标识了 FPGA 逻辑及适用的系统			
4	描述了 FPGA 逻辑任务的来源、目的和用途等;简述 FPGA 逻辑所适用的产品(系统或硬件模块)的用途及组成,概述 FPGA 逻辑在产品(系统或硬件模块)中的作用和主要功能			
5	概述了逻辑设计说明的用途和内容			
6	正确、完整地列出了引用文档			
7	描述 FPGA 逻辑的总体结构,应包含 FPGA 逻辑的功能模块划分,模块功能说明、系统数据通路			
8	描述了 FPGA 逻辑各模块的设计方法			
9	描述了时钟及复位方案			
10	描述了 FPGA 逻辑的地址分配并详细地描述了逻辑所有可编程寄存器的名称、格式、大小、读写要求、地址分配及所有寄存器位的功能要求			
11	描述了所有模块的接口			
12	描述了所有模块的详细设计			

	检 查 内 容	是否适用	结论	支撑材料
13	描述了 FPGA 逻辑的时序约束,包括时钟周期、输入延迟、输出延迟、多周期路径及伪路径等			
14	FPGA 逻辑设计方法合理			
15	FPGA 逻辑设计满足功能、性能、时序、安全性等 FPGA 逻辑需求的要求			
16	覆盖了 FPGA 逻辑需求规格说明中的所有需求			
17	建立了 FPGA 设计与 FPGA 逻辑需求之间的追踪关系			

2) FPGA 逻辑仿真验证说明

FPGA 逻辑仿真验证说明模板示例如表 6-9 所示,FPGA 逻辑仿真验证说明检查单示例如表 6-10 所示。

表 6-9　FPGA 逻辑仿真验证说明模板示例

1　概述
1) 编制目的
　　要求:应描述本文档的编制依据、主要内容、用途及适用范围等。
2) 与其他文件的关系
　　要求:应描述本文档与其他相关文件的关系。
2　引用文件
　　要求:应列出引用文件的编号、名称等。必要时可以列出版本及修订日期。
　　建议:在文档的内容中,如果涉及有关器件,应将相关器件的器件手册列入引用文件中,并且标明版本或日期信息。
3　缩略语和术语
1) 缩略语
　　要求:列出文档中使用的所有缩略语。缩略语应按照首字母升序顺序排列。
2) 术语
　　要求:应对文档中使用的专业术语进行解释。
4　系统概述
　　要求:应简述 FPGA 逻辑所适用的产品(系统或硬件模块)的用途及组成,概述 FPGA 逻辑在产品(系统或硬件模块)中的作用和主要功能。
　　建议:给出 FPGA 逻辑所适用的产品(系统或硬件模块)的结构框图。
5　仿真验证活动及总体要求
　　要求:本条描述应进行的仿真验证活动及总体要求。

（续表）

示例：
1) 代码规则检查
　　代码规则检查活动总体要求如下：
(1) 应对××FPGA 设计的所有代码,按照××编码标准,采用自顶向下的策略进行代码规则检查。
(2) 对于设为"黑盒"的模块,应给出合理的解释。
(3) 对于检查中发现的"错误级"违反项,应进行修改。
(4) 对于检查中发现的"警告级"违反项,应尽量进行修改,或给出合理的解释。
2) 功能仿真
　　功能仿真活动总体要求如下：
(1) 应基于《××FPGA 需求规范》编写仿真用例,自顶向下对××FPGA 设计进行功能仿真。
(2) 语句和分支覆盖率应达到 100%,对未覆盖的,应给出合理解释并采用其他验证方法进行验证。
3) 静态时序分析
　　……
4) 时序仿真
　　……
6　代码规则检查
　　要求：本条描述代码规则检查活动的具体实施要求。
1) 代码规则检查环境
　　要求：本条描述代码规则检查使用的工具及编码标准。
　　示例：
　　代码检查工具：代码检查采用 Atrenta 公司的 spyglass 代码检查工具,版本号为 4.4.1。
　　代码检查标准：×××编码标准。
2) 检查对象
　　要求：列出所有设计的代码文件名称、模块主要功能、是否设为"黑盒"及设为"黑盒"的理由。
　　示例：
　　代码检查的文件如表×所示。

表× 代码检查的文件列表

序号	文件名	模块功能	黑盒	说明
1	Top. v	设计顶层,实现底层模块互连	否	
……	……	……	……	……
……	Dpram. v	实现 1KX16 双口存储器,用于 XX 和 XX 的数据交换缓存	是	采用 CoreGen 生成的 FPGA 硬 IP,代码为仿真模型
……	……	……	……	……

3）时钟域设置

　　要求：描述设计中的时钟域划分要求，应包括 I/O 所属的时钟域。

7　功能仿真

1）功能仿真工具及运行平台

　　要求：描述仿真所使用的工具名称、厂家、版本及运行平台。

2）功能仿真平台

　　要求：描述仿真平台的结构及平台所使用的模型。

　　示例：

功能仿真验证平台结构如图×所示。

图×　功能仿真验证平台结构

仿真平台使用的模型说明如表×所示。

表×　仿真平台使用的模型说明

序号	名称	主要功能	来源
1	PCI HOST	PCI 总线模型，模拟 PCI HOST 的功能，对 PCI 总线设备进行配置、访问和监控	购买××公司的商用验证 IP
2	SDRAM	模拟 SDRAM 芯片的功能	××SDRAM 器件厂商
3	Test. v	运行仿真用例	自行开发

3）功能仿真用例

　　要求：应描述每个仿真用例的名称、标识、覆盖的需求、测试方法及合格判据。

　　示例：

（1）PCI 配置空间。PCI 配置空间测试项描述如表×所示。

表×　PCI 配置空间测试项描述

测试项名称	PCI 配置空间	测试项标识	FS_00001
追踪关系	《××FPGA 需求规范》REQ_PCI_0001		
需求描述	××FPGA 的 PCI 基地址可能通过 PCI 配置命令进行配置		

（续表）

（续表）

测试项名称	PCI 配置空间	测试项标识	FS_00001
测试用例描述	向 XXFPGA 通过 PCI 总线发出配置写命令，将基地址配置为 0X80000000，然后再通过配置读命令读回 PCI 基地址，读回值应与配置的值相同 通过 PCI 总线对地址 0X80000000 进行读、写操作，××FPGA 应能正常响应读、写命令		

（2）PCI 访问 SDRAM。

......

8 静态时序分析

1）静态时序分析工具及运行平台

　　要求：描述静态时序分析所使用的工具名称、厂家、版本及运行平台。

2）静态时序分析要求

　　要求：描述静态时序分析进行的时机。

　　示例：

　　应对布局布线后的结果进行静态时序分析。

3）静态时序分析内容

　　要求：应描述静态分析的名称、标识、覆盖的需求、应分析的时序路径及时序要求。

　　示例：

（1）PCI 接口时序静态分析。PCI 接口时序静态分析描述如表×所示。

表× PCI 接口时序静态分析描述

测试项名称	PCI 接口时序静态分析	测试项标识	PT_00001
追踪关系	《××FPGA 需求规范》REQ_PCI_0005		
需求描述	PCI 接口时序符合 PCI 规范 2.1 第 4.2.3 节的要求		
测试用例描述	将 PCI_CLK 的频率设置为 33 MHz，占空比为 1：1，时钟不确定时间为 1 ns 将 PCI_AD……相对于 PCI_CLK 的建立时间设置为 7 ns，保持时间设置为 0 ns 将 PCI_TRDY……相对于 PCI_CLK 的输出延迟设置为最大 11 ns，最小 2 ns 在三个工况下运行静态时序分析，应不出现时序违反情况		

（2）SDRAM 接口静态时序分析。

......

（续表）

9 时序仿真

9　时序仿真

　　要求：应描述时序仿真的工具及运行平台、时序仿真平台及时序仿真用例。

　　具体示例可参考本表"代码规则检查"。

10　仿真验证全面性分析

　　要求：应描述仿真验证活动对 FPGA 需求规范的覆盖情况。对于未覆盖的需求，应说明通过其他具体方法进行验证。

11　记录要求

　　应对仿真验证活动进行记录，至少包括验证对象（标识和版本）、验证人、时间、验证项目、验证结果等。

　　对于仿真验证过程中发现的问题，应按照配置管理要求进行处理。

表 6-10　FPGA 逻辑仿真验证说明检查单示例

	检 查 内 容	是否适用	结论	支撑材料
1	文档格式（包括标识、排版等）符合要求			
2	文档语句通顺、描述清楚、没有语法错误			
3	至少定义了代码规则检查，功能仿真，静态时序分析和时序仿真等活动			
4	明确了 FPGA 逻辑的仿真、验证环境			
5	明确了 FPGA 逻辑的仿真、验证平台			
6	验证项覆盖了 FPGA 需求规范的所有要求。未覆盖的需求给出了其他验证方法			
7	建立了验证项与 FPGA 需求的追踪关系			
8	每个测试用例的测试场景合理、全面			
9	测试用例具备可操作性（运行时间等）			
10	合格判据清晰、明确			
11	包含了对边界条件、异常情况的验证			

3）FPGA 逻辑详细设计评审检查单

FPGA 逻辑详细设计评审检查单示例如表 6-11 所示。

表 6 - 11　FPGA 逻辑详细设计评审检查单示例

	检 查 内 容	是否适用	结论	支撑材料
1	概要设计评审行动项已完成或有合理解释			
2	在详细设计过程中产生的派生需求更新到 FPGA 需求规范中,并重新进行需求确认			
3	在详细设计活动中发现的需求遗漏或错误,已反馈给需求捕获团队进行确认和处理			
4	FPGA 逻辑设计说明经过了评审,评审中发现的问题得到合理处置并且已经关闭			
5	FPGA 逻辑仿真验证说明经过了评审,评审中发现的问题得到合理处置并且已经关闭			
6	HDL 设计与 FPGA 逻辑设计说明一致			
7	HDL 代码按照编码标准进行了代码规则检查,违背代码规则的问题进行了处置或给出了合理的解释			
8	按照 FPGA 逻辑仿真验证说明编写了相应的测试用例并进行了功能仿真			
9	功能仿真发现的问题得到了合理处置并且已经关闭			
10	代码覆盖率达到要求,不能覆盖的代码通过其他方法证明了其正确性			
11	记录了仿真验证结果			
12	建立了仿真验证结果与仿真验证项之间的追踪关系			

6.3　实现过程

实现过程主要完成可编程逻辑的综合、布局布线、时序仿真及测试等工作。本节简要地介绍了实现过程的目标、输入、活动和输出,结合工程实际经验,详细地描述了实施实现过程的具体活动,并给出相应的文档模板和检查单示例。

6.3.1 实现过程简介

可编程逻辑在详细设计阶段完成 HDL 代码后,实现过程使用 EDA 工具完成 FPGA 逻辑的综合和布局布线,并对布局布线结果进行时序分析和仿真验证。

实现过程的目标如下:

(1) 完成 HDL 代码的逻辑综合和布局布线。

(2) 通过仿真、测试等活动,保证布局布线结果的正确性。

(3) 实现过程产生的派生需求反馈到硬件模块团队并得到确认。

(4) 实现过程发现的需求遗漏或错误反馈给硬件模块团队并得到解决。

实现过程的输入一般包括如下内容:

(1) FPGA 逻辑需求规范。

(2) FPGA 逻辑设计说明。

(3) HDL 代码。

(4) FPGA 逻辑仿真验证说明。

实现过程的活动包括如下内容:

(1) 编写综合和布局布线的约束。

(2) FPGA 逻辑综合。

(3) FPGA 逻辑布局布线。

(4) 静态时序分析。

(5) 时序仿真。

(6) 完成 FPGA 逻辑仿真验证报告。

(7) 生成 FPGA 逻辑位流文件。

(8) 编写 FPGA 逻辑物理测试说明。

(9) 物理测试。

(10) 实现阶段评审。

实现过程的输出一般包括如下内容:

（1）FPGA 逻辑设计数据包（含 HDL 代码、综合结果、布局布线结果等）。

（2）FPGA 逻辑仿真验证报告。

（3）FPGA 逻辑仿真验证数据包（含仿真用例等）。

（4）FPGA 逻辑编程位流文件。

（5）FPGA 物理测试说明。

（6）FPGA 物理测试报告。

（7）实现阶段评审记录等。

6.3.2 实现过程实施

本节结合工程实际经验，详细地描述了实施实现过程的各项活动。

1）编写综合和布局布线的约束文件

根据 FPGA 逻辑需求规范和详细设计，编写逻辑综合和布局布线的约束文件。综合约束包括时序约束、综合层次策略、有限状态机编码方式、优化目标等；布局布线约束包括时序约束、物理约束（如引脚位置和资源位置）、工作环境约束（温度和工作电压）等。

由于综合和布局布线基本上是一个自动的过程，为了保证设计的正确性和鲁棒性，除了良好的 HDL 编码风格之外，必须按照设计的实际应用环境，对设计进行合理而准确的约束。综合约束用来指导综合工具对相同的功能选用最优化的实现电路，布局布线指导布局布线工具通过调整 FPGA 内部逻辑单元的布局和布线来满足设计时序的要求。

为了得到理想的综合和布线结果（时序满足要求，占用资源小，功耗低，机器运行时间短等），所设置的约束应尽可能接近设计目标。过于严格的约束将浪费 FPGA 资源，并导致综合和布局布线运行时间过长，而过于宽松的约束将导致时序不能满足要求。在工程实践中，为保留一定的时序余量，一般将时序约束设置得比要求的时序稍严格 1%～10%。

时间约束用来描述设计中各条时序路径的延迟要求。

在时序电路中，一般有四种路径如图 6-2 所示。

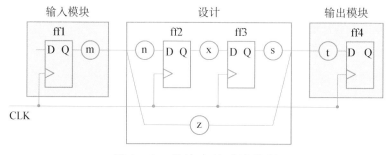

图 6-2　设计中的时序路径

（1）从 ff2 的 CLK 端到 ff2 的 Q 端经过组合逻辑模块 x 到 ff3 的 D 端。对于这种类型的路径，通过定义时钟的周期或频率来约束。设定 CLK 时钟周期为 80 ns，则意味着要求：ff2 的翻转时间＋组合逻辑模块 x 的延迟时间＋ff2 的建立时间≤时钟周期 80 ns。时钟周期限定了设计中所有以该时钟作为触发时钟的寄存器之间的路径的延迟。

（2）从输入管脚经过组合模块 n 到 ff2 的 D 端。对于这种类型的路径，是通过定义输入管脚的输入延迟来约束的。输入延迟是指时钟有效沿到输入信号有效的延迟。直观地说，在图 6-2 中，输入延迟＝ff1 的翻转时间＋组合逻辑模块 m 的延迟时间。设时钟周期为 80 ns，输入延迟为 40 ns，则意味着要求：组合逻辑模块 n 的延迟时间＋ff2 的建立时间≤时钟周期－输入延迟＝40 ns。

（3）从 ff3 的 CLK 端到 Q 端经过组合逻辑模块 s 到输出管脚。对于这种类型的路径，是通过定义输出管脚的输出延迟来约束的。输出延迟是指从输出信号有效到时钟有效沿的延迟，它间接地定义了输出信号必须在什么时候有效。如在图 6-2 中，输出延迟＝组合逻辑模块 t 的延迟＋ff4 的建立时间。设时钟周期为 80 ns，输出延迟为 50 ns，则意味着要求：ff3 的翻转时间＋组合逻辑模块 s 的延迟时间≤时钟周期－输出延迟＝30 ns。

（4）从输入管脚经组合逻辑 z 到输出管脚。这种类型的路径是一条纯组合逻辑电路的路径。对于这种类型的路径，是通过直接定义输入管脚到输出管脚的延迟来限定的。

在复杂的设计中,一般会存在一些特殊的时序路径。

(1) 多时钟。随着设计复杂度的增加,当前设计中很少只有一个时钟域,对多时钟设计的时序约束,根据不同情况,应分别考虑描述时序约束的问题。

a. 时钟之间不存在路径。如果在设计中有多个时钟,但多个时钟之间并不存在时序路径,那么只需分别约束各个时钟就可以了。

b. 时钟之间存在固定的周期和相位关系。例如,在图 6-3 所示的电路中,CLK3X 是 CLK1X 的 3 倍频,两个时钟之间的相位关系固定。对两个时钟的约束描述如下:

NET "clock1x" TNM_NET="clock1x";

TIMESPEC "TS_clock1x"=PERIOD 15 ns HIGH 50%;

NET "clock3x" TNM_NET="clock3x";

TIMESPEC "TS_clock3x"=PERIOD "TS_clock1x"/3。

约束之后,XILINX 的 ISE 工具是这样来计算两个时钟之间的路径的:

对于 P1,FF1 和 FF2 两个触发器时钟的有效沿最小间隔发生在①处,所以路径 P1 的最大延时为 5 ns。同样,对于 P2,FF2 和 FF3 两个触发器的有效沿最小间隔发生在②处,所以路径 P2 的最大延时也是 5 ns。

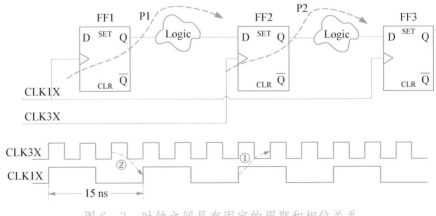

图 6-3 时钟之间具有固定的周期和相位关系

c. 异步时钟。如果多个时钟是完全异步的,并且时钟之间存在时序路径,首先,在设计中,需要对跨时钟域信号进行同步化(synchronization)。其次,对于两个时钟之间的路径,不同工具处理的方式是不一样的,在一些工具中,要专门将这些路径设为伪路径,工具在进行时序分析时才会忽略这些路径;而在 XILINX ISE 中,对于跨时钟域的路径,是不进行分析的,所以不需要专门来设定伪路径。

(2) 多周期路径。在设计中经常会遇到多周期路径。

例如,在图 6-4 中,如果 clock 的周期要求为最大 10 ns,而图中组合逻辑的延时为 15 ns,这样,这个路径时序是不满足的,有 5 ns 的时序冲突。但如果电路实际工作情况是这样的:FF1 的输出 data 信号在 S0 和 S1 状态其值保持不变,而组合逻辑运算结果在 S2 状态时才使用,也就是说,只要组合逻辑在两个周期内完成就可以了,电路是可以正常工作的。但工具无法知道电路实际应用情况,在进行综合和布线时,工具会优先对最不满足约束的路径进行优化,由于该路径有 5 ns 的不满足,工具会花大量的时间优化这条路径,最终发现不论怎样这条路径也不能满足时序约束,而放弃时序优化。这样,一方面导致过长的运行时间;另一方面,导致一些经过优化可以满足时序的路径没有被优化。

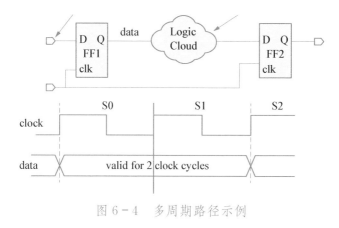

图 6-4   多周期路径示例

对于这种情况,需要在设计中将这种路径进行专门的约束。例如:

TIMESPEC TS_FF1_to_FF2=FROM FFS("FF1") TO FFS("FF2") 20 ns；表示从 FF1 到 FF2 的延时要求为 20 ns。

（3）伪路径（false path）。伪路径是指在时序优化和分析时，应忽略的路径。有许多原因可以产生伪路径，例如从上电复位信号开始的路径，由于在通常情况下上电复位信号会有效许多周期，并且不关心一个触发器具体在复位期间的什么时候被复位。

工具是无法自己识别伪路径的。对于伪路径，如果不将其设为伪路径，一方面会导致对该路径进行没有必要的时序优化（时序优化一般会增加使用资源，使工具运行时间偏长）；另一方面，如果该路径时序不能满足，会影响其他路径的优化。

对于时序约束的描述方法，各个工具都定义有各自的语法。但 sdc 文件是一种比较通用的语法，各个主流 EDA 厂商工具一般都支持 sdc 格式的约束方法，所以建议描述时序约束时选用 sdc 格式。

2）FPGA 逻辑综合

创建 FPGA 逻辑综合工程，在综合约束文件的约束下，使用综合工具对 FPGA 逻辑的编码进行综合。综合生成的网表应是 EDIF 格式或其他布局布线工具可以接受的格式。

在逻辑综合完成后，应进行逻辑综合报告分析。综合报告分析对综合工具产生的综合报告进行确认，保证综合报告中的内容正确，没有"error"信息，所有的"warning"均须进行分析并确保不影响设计正确性和安全性，检查所有的其他信息。

综合报告分析可以保证 HDL 代码正确地转换为逻辑门并且在目标工艺上正确实现（Pad 类型、宏单元、FSM 编码、锁存器等），但需要人工对冗长的工具 log 文件进行分析。

3）FPGA 逻辑布局布线

创建 FPGA 逻辑布局布线工程，在布局布线约束文件的约束下，对综合后的 FPGA 逻辑网表进行布局布线。

为了获得最好的性能,可能使用布局规划。在这种情况下,布局规划的结果应反馈到布局布线的约束中,以保证在后续的布局布线中可以重复得到相应的结果。

在布局布线完成后,应对布局布线报告进行分析。与综合报告分析类似,布局布线报告分析对布局布线工具的输出 log 文件进行分析,确保设计在目标工艺上被正确实现(Pad 类型、门数、宏单元、器件型号、速度等级等)。

4) 静态时序分析

按照 FPGA 逻辑需求规范和仿真验证说明,对 FPGA 逻辑的布局布线结果进行静态时序分析,并对分析结果进行记录。

静态时序分析用来评估布局布线后时序是否满足设计时序要求(时钟频率、建立时间、保持时间、I/O 接口时序等)。静态时序分析根据 FPGA 时序约束、通过静态时序分析工具来完成。时序约束要准确反映设计的时序要求。静态时序分析需要在不同的情况下(温度、电压等)下运行,一般至少包括最大、最小和典型三种情况。

静态时序分析可以根据时序约束,检查设计中的所有时序路径,验证比较全面,而且在逻辑综合和布局布线阶段可以使用相同的时序约束。但静态时序分析只是一种静态的验证方法,而且结果取决于时序约束以及时序库的准确性。

5) 时序仿真

按照 FPGA 逻辑需求规范和仿真验证说明,使用时序仿真的验证用例,对布局布线结果执行时序仿真验证,并对结果进行记录。

时序仿真是对综合/布局布线后的网表进行仿真。与 RTL 功能仿真一样,时序仿真也需要 Testbench,通常可以使用与 RTL 功能仿真相同的 Testbench。与 RTL 功能仿真不同之处在于:时序仿真包含有逻辑门的时延及布线的时延,最接近于器件的实际行为,仿真更准确。

时序仿真是一种动态的验证方法，与静态时序分析相互补充，可以验证设计的时序是否满足要求，一般至少需要进行最大、最小和典型三种时序情况的仿真。

但时序仿真非常费时，一般来说，要通过时序仿真将所有需求全部进行验证几乎是不可能的，一般会选取一些典型的测试用例进行仿真，而且时序仿真依赖于器件时序模型的准确性。

6）完成 FPGA 逻辑仿真验证报告

将静态时序分析和时序仿真的结果记录纳入 FPGA 逻辑仿真验证报告。

本书第 6.3.3 节给出了 FPGA 逻辑仿真验证报告模板及检查单示例。

7）生成 FPGA 逻辑位流文件

使用 FPGA 工具，按照要求的配置参数生成 FPGA 逻辑的编程位流文件。

8）编写 FPGA 逻辑物理测试说明

根据硬件模块分配给可编程逻辑的需求，编写 FPGA 逻辑物理测试说明，并编写物理测试程序。物理测试说明定义 FPGA 逻辑的物理测试方法和合格判据，物理测试应覆盖所有硬件模块分配给可编程逻辑的需求。

应对 FPGA 逻辑物理测试说明进行同行评审，评审应有系统人员参加。评审主要关注如下内容：

（1）物理测试说明中的测试项是否覆盖了硬件模块分配给可编程逻辑的需求。

（2）没有覆盖的需求是否给出了其他验证方法。

（3）测试方法是否合理、全面。

（4）合格判据是否正确、可测量。

本书第 6.3.3 节给出了 FPGA 逻辑物理测试说明模板及检查单示例。

9）FPGA 逻辑物理测试

主要进行如下工作：

（1）将 FPGA 位流文件加载到硬件模块的 FPGA 中。

（2）FPGA 逻辑物理测试环境就绪检查，确认 FPGA 逻辑物理测试环境满足要求。

（3）集成测试。在物理测试前，测试人员应在物理测试环境下对 FPGA 逻辑进行集成测试，确认 FPGA 逻辑能够在测试环境下正常工作。

（4）执行 FPGA 逻辑物理测试。使用 FPGA 逻辑物理测试程序对 FPGA 逻辑进行物理测试。

（5）修改和回归测试。对测试问题进行确认、影响域分析、解决、跟踪和审核，包括进行回归测试；需要时，更新 FPGA 逻辑设计说明等其他 FPGA 逻辑产品。

（6）对 FPGA 逻辑物理测试情况进行记录，并形成 FPGA 逻辑物理测试报告。

本书第 6.3.3 节给出了 FPGA 逻辑物理测试报告模板及检查单示例。

10）实现过程评审

在实现过程结束之前，应进行实现过程评审，评审主要关注如下方面：

（1）综合和布局布线约束是否正确、完整。

（2）综合和布局布线报告中的信息是否正确、合理。

（3）FPGA 逻辑静态时序是否满足要求。

（4）时序仿真是否充分、正确。

（5）产生位流文件的参数是否正确。

（6）FPGA 物理测试是否通过，发现的问题是否已经得到正确处置。

（7）实现过程与 FPGA 计划文档的符合性。

实现过程评审检查单示例见本书第 6.3.3 节。

6.3.3 模板及检查单示例

1）FPGA 逻辑仿真验证报告

FPGA 逻辑仿真验证报告模板示例如表 6-12 所示，FPGA 逻辑仿真验证报告检查单示例如表 6-13 所示。

表 6-12　FPGA 逻辑仿真验证报告模板示例

1　概述
1）编制目的
　　要求：应描述本文档的编制依据、主要内容、用途及适用范围等。
2）与其他文件的关系
　　要求：应描述本文档与其他相关文件的关系。
2　引用文件
　　要求：应列出引用文件的编号、名称等。必要时可以列出版本及修订日期。
　　建议：在文档的内容中，如果涉及有关器件，应将相关器件的器件手册列入引用文件中，并且标明版本或日期信息。
3　缩略语和术语
1）缩略语
　　要求：列出文档中使用到的所有缩略语。缩略语应按照首字母升序顺序排列。
2）术语
　　要求：应对文档中使用的专业术语进行解释。
4　系统概述
　　要求：应简述 FPGA 逻辑所适用的产品（系统或硬件模块）的用途及组成，概述FPGA 逻辑在产品（系统或硬件模块）中的作用和主要功能。
　　建议：给出 FPGA 逻辑所适用的产品（系统或硬件模块）的结构框图。
5　仿真验证活动依据
　　要求：描述进行的仿真验证活动的依据，以及与依据的差异性。
　　示例：
　　本报告的活动完全依据《××FPGA 仿真验证说明》进行，所有工具、环境、用例均符合要求。
6　仿真验证活动报告
　　要求：对《××FPGA 仿真验证说明》中规定的所有验证活动进行总结，对不符合的情况进行描述。
　　示例：
1）代码规则检查
　　代码规则检查共发现"错误级"问题 0 项，"警告级"问题 15 项，"注意级"问题 50 项。所有"注意级"和"警告级"问题设计人员已经确认不影响正确性和安全性。"警告级"问题给出了书面的说明，具体如下表所示。

表×　代码规则检查"警告级"问题说明表

序号	问题位置	问题描述	说明
1	Top. v, line 150	……	……

2）功能仿真
　　按照《××FPGA 仿真验证说明》，进行了所有用例的仿真，未发现问题。
3）静态时序分析
　　……
4）时序仿真
　　……

表 6-13　FPGA 逻辑仿真验证报告检查单示例

	检 查 内 容	是否适用	结论	支撑材料
1	文档格式(包括标识、排版等)符合要求			
2	文档语句通顺,描述清楚,没有语法错误			
3	所有仿真验证活动与《××FPGA 仿真验证说明》一致,或者存在差异,但对差异进行了分析,表明不影响仿真验证结果的有效性			
4	对仿真验证结果存在的问题进行了分析并证明不影响正确性和安全性			

2) FPGA 逻辑物理测试说明

FPGA 逻辑物理测试说明模板示例如表 6-14 所示,FPGA 逻辑物理测试说明检查单示例如表 6-15 所示。

表 6-14　FPGA 逻辑物理测试说明模板示例

1　概述
1) 编制目的
2) 与其他文件的关系
2　引用文件
3　缩略语和术语
1) 缩略语
2) 术语
4　系统概述
　　要求:应简述 FPGA 逻辑所适用的产品(系统或硬件模块)的用途及组成,概述 FPGA 逻辑在产品(系统或硬件模块)中的作用和主要功能。
　　建议:给出 FPGA 逻辑所适用的产品(系统或硬件模块)的结构框图。
5　物理测试环境
　　要求:描述 FPGA 逻辑物理测试环境,包括但不限于:使用的目标机硬件、测试设备、仪器等装置和固件项;所需的软件(如操作系统、通信软件、有关的应用软件、专用测试软件等);以及连接、安装要求,环境温度要求等。
6　物理测试项目
　　要求:应描述每个物理测试项的名称、标识、覆盖的需求、测试方法及合格判据。
　　示例:
1) PCI 访问 SDRAM 测试
　　PCI 访问测试项描述如表×所示。

(续表)

表× PCI 访问测试项描述

测试项名称	PCI 访问 SDRAM 测试	测试项标识	PT_00001
追踪关系	《××FPGA 研制要求》REQ_SYS_0001		
需求描述	处理器通过 FPGA 的 PCI 接口对 SDRAM 进行读写访问		
测试用例描述	(1) 将 FPGA 的 PCI 基地址配置为 0×80000000。 (2) 对地址空间 0×80000000～0x84000000 全部写入 0x00000000。 (3) 对地址空间 0×80000000～0x84000000 进行读操作,所有读回的值应为 0x00000000。 (4) …… (5) ……		

2) 看门狗测试

　　……

7　物理测试全面性分析

　　要求:应说明物理测试活动对 FPG 研制要求的覆盖情况。对于未覆盖的需求,应说明通过其他具体方法进行验证。

8　记录要求

　　应对物理测试活动进行记录,至少包括测试对象(标识和版本)、测试人、时间、测试项目、测试结果等。

　　对于物理测试过程中发现的问题,应按照配置管理要求进行处理。

表 6 - 15　FPGA 物理测试说明检查单示例

	检 查 内 容	是否适用	结论	支撑材料
1	文档格式(包括标识、排版等)符合要求			
2	文档语句通顺、描述清楚、没有语法错误			
3	明确定义了物理测试环境			
4	测试项覆盖了 FPGA 研制要求中的所有要求,未覆盖的需求给出了其他验证方法			
5	建立了验证项与 FPGA 研制要求的追踪关系			
6	每个测试用例的测试场景合理、全面			
7	测试用例具备可操作性(运行时间等)			
8	合格判据清晰、明确			
9	包含了对边界条件、异常情况的验证			

3）FPGA 逻辑物理测试报告

FPGA 逻辑物理测试报告模板示例如表 6－16 所示，FPGA 逻辑物理测试报告检查单示例如表 6－17 所示。

表 6－16　FPGA 逻辑物理测试报告模板示例

1　概述 1）编制目的 2）和其他文件的关系 2　引用文件 3　缩略语和术语 1）缩略语 2）术语 4　系统概述 　　要求：应简述 FPGA 逻辑所适用的产品（系统或硬件模块）的用途及组成，概述 FPGA 逻辑在产品（系统或硬件模块）中的作用和主要功能。 　　建议：给出 FPGA 逻辑所适用的产品（系统或硬件模块）的结构框图。 5　物理测试活动依据 　　要求：描述进行的物理测试活动的依据，以及与依据的差异性。 　　示例： 　　本报告的活动完全依据《××FPGA 物理测试说明》进行，所有工具、环境、用例均符合要求。 6　物理测试活动报告 　　要求：对《××FPGA 物理测试说明》中规定的所有验证活动进行总结，对不符合的情况进行描述。 　　示例： 　　按照《××FPGA 物理测试说明》，进行了所有用例的测试，未发现问题。测试结果如下……

表 6－17　FPGA 物理测试报告检查单示例

	检 查 内 容	是否适用	结论	支撑材料
1	文档格式（包括标识、排版等）符合要求			
2	文档语句通顺，描述清楚，没有语法错误			
3	所有物理测试活动与《××FPGA 物理测试说明》一致，或者存在差异，但对差异进行了分析，表明不影响结果的有效性			
4	对物理测试结果存在的问题进行了分析并证明不影响正确性和安全性			

4）FPGA 逻辑实现过程评审检查单

FPGA 逻辑实现过程评审检查单示例如表 6－18 所示。

表 6－18　FPGA 逻辑实现过程评审检查单示例

	检 查 内 容	是否适用	结论	支撑材料
1	详细设计评审行动项已完成或有合理解释			
2	按照 FPGA 设计说明正确地进行了时序约束			
3	时序约束覆盖了所有的路径或者未覆盖的路径真正不需要关心时序			
4	综合和布局布线时所选择的器件(型号、速度、质量等级等)正确			
5	综合和布局布线时所设置的器件工作环境(温度、电压等)正确			
6	综合和布局布线时的相关参数(状态机编码、寄存器复制等)正确			
7	所有的 FPGA I/O 引脚都分配了正确的位置			
8	所有的 FPGA I/O 引脚电平设置正确			
9	综合和布局布线时产生的报告没有错误信息			
10	时钟网络正确使用了全局布线资源及专用的时钟管脚、时钟管理单元			
11	综合和布局布线时产生的报告中,所有警告信息都经过了确认,并且不会对设计正确性和安全性产生影响			
12	布局布线后的静态时序分析所有路径在所有工况下(最好、典型、最坏)都得到了满足			
13	布局布线后 FPGA 资源占用合理,并且满足要求			
14	按照 FPGA 仿真验证说明进行,并通过了时序仿真			
15	记录了时序仿真结果并建立了仿真结果与验证项之间的追踪关系			
16	产生位流文件的参数设置正确			
17	FPGA 逻辑物理测试说明通过了评审			

	检 查 内 容	是否适用	结论	支撑材料
18	按照 FPGA 逻辑物理测试说明进行并通过了测试			
19	物理测试中发现的问题经过了合理的处置并且已经关闭			
20	在实现过程中发现的问题得到合理处置并且已经关闭			

6.4 生产移交过程

生产移交过程主要完成 FPGA 逻辑开发过程总结,并移交生产过程需要的数据。本节简要介绍了生产移交过程的目标、输入、活动和输出,结合工程实际经验,详细地描述了实施生产移交过程的具体活动,并给出了相应的文档模板和检查单示例。

6.4.1 生产移交过程简介

在完成可编程逻辑的实现过程后,开发数据需要移交给生产过程。可编程逻辑生产移交过程产生生产需要的文档和数据,并对 FPGA 逻辑开发过程进行总结,对开发过程的偏离进行分析。

生产移交过程的目标如下:

(1) FPGA 设计及加载数据正确、完整,并纳入基线控制。

(2) 生产移交过程产生的派生需求反馈到硬件模块团队并得到确认。

(3) 生产移交过程发现的需求遗漏或错误反馈给硬件模块团队并得到解决。

生产移交过程的输入一般包括如下内容:

(1) FPGA 逻辑相关计划。

(2) FPGA 逻辑需求规范。

（3）FPGA 逻辑设计数据。

生产移交过程的活动一般包括如下内容：

（1）编写 FPGA 逻辑用户手册。

（2）编写 FPGA 逻辑固化说明。

（3）编写 FPGA 逻辑研制总结报告。

（4）生产移交阶段评审。

生产移交过程的输出一般包括如下内容：

（1）FPGA 逻辑用户手册。

（2）FPGA 逻辑固化说明。

（3）FPGA 逻辑研制总结报告。

6.4.2 生产移交过程实施

本节结合工程实际经验，详细描述实施生产移交过程的各项活动。

1）编写 FPGA 逻辑用户手册

FPGA 逻辑用户手册一般应包含如下内容：

（1）FPGA 逻辑适用范围及系统概述。

（2）FPGA 逻辑概述，包括 FPGA 逻辑用途、数据清单、运行环境、功能/性能概述等。

（3）FPGA 逻辑使用指南，包括引脚描述、地址分配、上电复位及初始化要求、寄存器描述、功能描述等。

（4）其他与用户使用相关的信息。

本书第 6.4.3 节给出了 FPGA 逻辑用户手册模板和检查单示例。

2）编写 FPGA 逻辑固化说明

FPGA 逻辑固化说明应详细说明通过编程电缆加载 FPGA 位流文件的方法和步骤，一般应包括如下内容：

（1）FPGA 产品标识。描述 FPGA 的件号、所应用的硬件模块件号、器件型号及位号、编程文件标识及相关保证编程文件版本正确性的标识等。

（2）设备和工具。描述 FPGA 数据加载所需的软/硬件资源和设备（包括厂家、型号、版本等信息）。

（3）操作步骤。描述进行固化的具体操作步骤。描述必须清楚、详细、具有可操作性，理想情况是任何人按照描述都可以完成固化过程。

（4）FPGA 数据加载记录。描述 FPGA 数据加载记录要求。

本书第 6.4.3 节给出了 FPGA 逻辑固化说明模板及检查单示例。

3）编写 FPGA 逻辑研制总结报告

编写《FPGA 逻辑研制总结报告》，报告应包含如下主要内容：

（1）FPGA 逻辑的主要功能。

（2）FPGA 逻辑的使用环境。

（3）研制过程描述。

（4）技术状态说明。

（5）仿真验证情况。

（6）物理测试情况。

（7）技术指标的符合情况。

（8）产品保证情况。

（9）与相关计划的偏离情况。

（10）结论。

本书第 6.4.3 节给出了 FPGA 逻辑研制总结报告模板及检查单示例。

4）FPGA 逻辑生产移交过程评审

在 FPGA 逻辑生产移交过程结束之前，应进行生产移交过程评审，评审主要关注如下内容：

（1）FPGA 逻辑设计数据是否完整。

（2）FPGA 逻辑设计数据是否建立基线并受控。

（3）FPGA 逻辑固化环境是否完备。

（4）FPGA 逻辑开发过程是否符合相关计划。

FPGA 逻辑生产移交过程评审检查单示例见本书第 6.4.3 节。

6.4.3　模板与检查单示例

1）FPGA 逻辑用户手册

FPGA 逻辑用户手册模板示例如表 6 - 19 所示，FPGA 逻辑用户手册检查单示例如表 6 - 20 所示。

表 6 - 19　FPGA 逻辑用户手册模板示例

1　概述 1）编制目的 2）与其他文件的关系 2　引用文件 3　缩略语和术语 1）缩略语 2）术语 4　系统概述 　　要求：应简述 FPGA 逻辑所适用的产品（系统或硬件模块）的用途及组成，概述 FPGA 逻辑在产品（系统或硬件模块）中的作用和主要功能。 　　建议：给出 FPGA 逻辑所适用的产品（系统或硬件模块）的结构框图。 5　FPGA 综述 1）FPGA 逻辑用途 　　要求：应简要说明 FPGA 逻辑预期的用途、使用范围及 FPGA 逻辑的设计保证级别。 2）FPGA 逻辑清单 　　要求：应描述为用户提供的 FPGA 逻辑使用过程中所需的所有数据文件、数据库及文档等。 3）FPGA 逻辑运行环境 　　要求：应描述用户运行、使用 FPGA 逻辑时所需的软/硬件环境要求。包括如下内容： （1）应提供 FPGA 器件的型号、速度等级、器件质量等级。 （2）应提供 FPGA 逻辑的工作环境要求，包括工作环境温度、工作电压、功耗等。 （3）应提供 FPGA 逻辑的加载方式及加载速度。 （4）应按操作顺序提供 FPGA 逻辑固化操作的说明。推荐使用图示的方式进行描述。操作说明应清晰明了，具备可操作性。 （5）应提供 FPGA 开发的工具和环境。 4）FPGA 逻辑功能、性能概述 　　要求：主要给出 FPGA 逻辑的功能及性能概述。FPGA 逻辑功能包括逻辑功能、协议、时序、算法、工作模式等。FPGA 的性能包括工作时钟频率、存储器容量、处理时间、数据精度、处理速率、传输速率和带宽等。

6. FPGA 逻辑使用指南

1）引脚描述

　　要求：描述 FPGA 逻辑各个引脚功能，可根据需要分小节描述。可引用其他文档（如通信协议、用户接口等）代替此处所描述的信息。应包括如下内容：

　　（1）FPGA 逻辑接口类型的描述，例如总线接口（独立/复用）、输入接口、输出接口等。

　　（2）FPGA 逻辑接口管脚定义说明，应包含信号名称、信号传输方向、信号数据宽度、有效电平、电气特性、引脚分配及信号描述等。

　　（3）各种接口信号关系、接口信号的时序特性及时序余量要求。

2）地址分配

　　要求：应以表格的形式给出 FPGA 逻辑的相关地址分配。当与软件有接口时，应给出软件地址分配。

3）上电复位及初始化

　　要求：应给出 FPGA 逻辑的上电复位要求及初始化要求。

4）寄存器描述

　　要求：应给出 FPGA 逻辑的寄存器的使用方法，包括寄存器标识、格式、大小、读写属性、位的定义、功能描述等。

5）功能描述

　　要求：应详细描述 FPGA 逻辑各功能模块的功能实现，可根据需要分小节描述。包括各个功能模块的接口描述、时序特性、算法、IP 核的使用、功能使用方法等内容。

表 6 - 20　FPGA 逻辑用户手册检查单示例

	检 查 内 容	是否适用	结论	支撑材料
1	文档格式（包括标识、排版等）符合要求			
2	文档语句通顺，描述清楚，没有语法错误			
3	明确标识了 FPGA 逻辑及适用的系统			
4	描述了 FPGA 逻辑任务的来源、目的和用途等；简述了 FPGA 逻辑所适用的产品（系统或硬件模块）的用途及组成，概述了 FPGA 逻辑在产品（系统或硬件模块）中的作用和主要功能			
5	描述了 FPGA 逻辑预期的用途、使用范围及 FPGA 逻辑的设计保证级别			
6	描述了为用户提供的 FPGA 逻辑使用过程中所需的所有数据文件、数据库及文档等			
7	描述了用户运行、使用 FPGA 逻辑时所需的软/硬件环境要求			

（续表）

	检 查 内 容	是否适用	结论	支撑材料
8	概述了 FPGA 逻辑的功能及性能。FPGA 逻辑功能包括逻辑功能、协议、时序、算法、工作模式等。FPGA 的性能包括工作时钟频率、存储器容量、处理时间、数据精度、处理速率、传输速率和带宽等			
9	描述了 FPGA 逻辑各个引脚功能			
10	以表格的形式给出 FPGA 逻辑的相关地址分配			
11	描述了 FPGA 逻辑的上电复位要求及初始化要求			
12	描述了 FPGA 逻辑的寄存器的使用方法，包括寄存器标识、格式、大小、读写属性、位的定义、功能描述等			
13	描述了 FPGA 逻辑各功能模块的功能实现，包括各个功能模块的接口描述、时序特性、算法、IP 核的使用、功能使用方法等内容			

2）FPGA 逻辑固化说明

FPGA 逻辑固化说明模板示例如表 6-21 所示，FPGA 逻辑固化说明检查单示例如表 6-22 所示。

表 6-21　FPGA 逻辑固化说明模板示例

1　概述
1）编制目的
2）与其他文件的关系
2　引用文件
3　缩略语和术语
1）缩略语
2）术语
4　FPGA 产品标识
要求：描述 FPGA 的件号、所应用的硬件模块件号、器件型号及位号、编程文件标识及相关保证编程文件版本正确性的标识等。
示例：
××FPGA 的产品件号为××××-×××-××××××，用于××模块（产品件号为××××.×××.××××××）。
编程文件标识为××××.×××.××××××MCS，编程目标器件为××模块上位号为 D15 的器件，器件型号为 XCF128XFTG64C。
对于每个××××.×××.××××××MCS，都有唯一的校验，用于对编程文件版本正确性进行确认。在 FPGA 逻辑中，设置有版本寄存器，地址为 0x03_420C，在编程完成后可通过读该寄存器进一步对版本进行确认。

5 设备和工具

　　要求：描述 FPGA 数据加载所需的软/硬件资源和设备。

　　示例：

　　××FPGA 数据加载所需的软/硬件资源和设备如表×所示。

表×　所需的软/硬件资源和设备

名称/型号	制造商	描述	用途
PC 机	—	WINDOWS XP 操作系统，具有 USB 接口，可安装并运行 IMPACT 软件	运行加载软件
JTAG Platform Cable USB Ⅱ	Xilinx	USB 接口	JTAG 编程电缆
IMPACT Release 11. 1	Xilinx	XILINX FPGA 加载软件	XILINX FPGA 加载软件

6 操作步骤

　　要求：描述进行固化的具体操作步骤。描述必须清楚、详细、具有可操作性，理想情况是任何人按照描述都可以完成建造和加载过程。

　　示例：

（1）按照《××FPGA 构型索引》及《××FPGA 构型管理计划》，从产品库中出库正确版本的××××.×××.×××××OBJ。

（2）将××模块通过 Xilinx JTAG Platform Cable USB Ⅱ 与 PC 机相连，连接示意图如图×所示。编程电缆一端连接到 ASM 模块的 S8 上，另一端连接到 PC 机的 USB 接口。

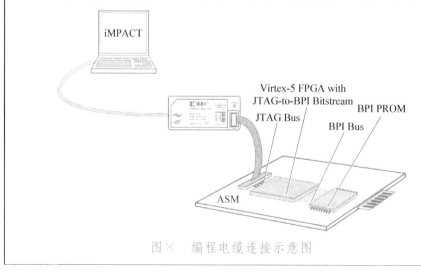

图×　编程电缆连接示意图

（续表）

·········

·········

（x）对 ASM 模块下电后重新上电，通过软件读取地址为 0xxxxxxx 的寄存器的值，应符合《××FPGA 构型索引》中对应版本的软件版本寄存器值。

7 FPGA 数据加载记录

要求：描述 FPGA 数据加载记录要求。

示例：

在进行 FPGA 加载固化时，应按照表×如实记录固化操作。

表× FPGA 加载固化记录表

位流文件标识			位流文件版本	
模块标识			PROM 位号	
模块序列号	编程时间	编程人	校验和	版本寄存器

表 6 - 22 FPGA 逻辑固化说明检查单示例

	检 查 内 容	是否适用	结论	支撑材料
1	文档格式（包括标识、排版等）符合要求			
2	文档语句通顺，描述清楚，没有语法错误			
3	明确了 FPGA 产品标识、描述 FPGA 的件号、所应用的硬件模块件号、器件型号及位号、编程文件标识及相关保证编程文件版本正确性的标识等			
4	描述了 FPGA 数据加载所需的软/硬件资源和设备			
5	描述了进行固化的具体操作步骤。描述必须清楚、详细、具有可操作性，理想情况是任何人按照描述都可以完成建造和加载过程			
6	描述了 FPGA 数据加载记录要求			

3) FPGA 逻辑研制总结报告

FPGA 逻辑研制总结报告模板示例如表 6-23 所示，FPGA 逻辑研制总结报告检查单示例如表 6-24 所示。

表 6-23　FPGA 逻辑研制总结报告模板示例

1　概述
1) 编制目的
2) 与其他文件的关系
2　引用文件
3　缩略语和术语
1) 缩略语
2) 术语
4　系统概述
要求：应简述 FPGA 逻辑所适用的产品（系统或硬件模块）的用途及组成，概述 FPGA 逻辑在产品（系统或硬件模块）中的作用和主要功能。
建议：给出 FPGA 逻辑所适用的产品（系统或硬件模块）的结构框图。
5　FPGA 逻辑研制过程
要求：应按照相应的计划，分阶段总结 FPGA 研制过程中各阶段所进行的设计、确认和验证等情况活动以及主要工作产品。
1) 策划过程
……
2) 需求捕获过程
……
3) 设计过程
……
4) 实现过程
……
5) 生产移交过程
……
6　FPGA 逻辑构型管理过程
要求：应总结 FPGA 逻辑研制过程中所进行的构型管理活动。如果有专门的构型管理总结文档，那么在此处可以直接引用。
7　FPGA 逻辑过程保证
要求：应总结 FPGA 逻辑研制过程中所进行的过程保证活动。如果有专门的过程保证总结文档，那么在此处可以直接引用。
8　偏离情况
要求：应总结 FPGA 逻辑研制过程中所进行的活动与相关计划、标准的偏离情况，以及到目前为止存在的问题和计划采取的措施。
9　结论
要求：应说明 FPGA 逻辑功能、性能以及安全性是否满足研制任务书的要求，给出 FPGA 逻辑产品是否可以交付使用的结论。

表 6－24　FPGA 逻辑研制总结报告检查单示例

	检 查 内 容	是否适用	结论	支撑材料
1	文档格式(包括标识、排版等)符合要求			
2	文档语句通顺,描述清楚,没有语法错误			
3	描述了 FPGA 逻辑任务的来源、目的和用途等;简述 FPGA 逻辑所适用的产品(系统或硬件模块)的用途及组成,概述 FPGA 逻辑在产品(系统或硬件模块)中的作用和主要功能			
4	按照相应的计划,分阶段总结了 FPGA 研制过程各阶段所进行的设计、确认和验证等情况活动以及主要工作产品			
5	总结了 FPGA 逻辑研制过程中所进行的构型管理活动			
6	总结了 FPGA 逻辑研制过程中所进行的过程保证活动			
7	总结了 FPGA 逻辑研制过程中所进行的活动与相关计划、标准的偏离情况,以及到目前为止存在的问题和计划采取的措施			
8	明确了 FPGA 逻辑功能、性能以及安全性满足研制任务书的要求,给出 FPGA 逻辑产品可以交付使用的结论			

4) FPGA 逻辑生产移交过程评审检查单

FPGA 逻辑生产移交过程评审检查单示例如表 6－25 所示。

表 6－25　FPGA 逻辑生产移交过程评审检查单示例

	检 查 内 容	是否适用	结论	支撑材料
1	实现过程评审行动项已完成或有合理解释			
2	编制了 FPGA 逻辑用户手册			
3	FPGA 逻辑用户手册的内容全面、正确,格式符合要求			
4	编制了 FPGA 逻辑固化说明			
5	FPGA 逻辑固化说明的内容全面、正确,格式符合要求			
6	编制了 FPGA 逻辑研制工作总结报告			
7	FPGA 逻辑研制工作总结报告的内容全面、正确,格式符合要求			

	检 查 内 容	是否适用	结论	支撑材料
8	FPGA 逻辑固化环境是否完备			
9	所有设计、生产数据均按照硬件构型管理要求进行管理,并建立了产品基线			
10	按照开发计划完成了所有开发活动			
11	按照验证活动策划完成了所有验证活动			
12	按照过程保证计划完成了所有过程保证活动			
13	按照构型管理计划完成了所有构型管理活动			
14	识别了所有与计划偏离的活动			
15	可以证明所有偏离活动不会对设计的正确性、安全性产生影响			
16	所有与计划偏离的活动得到了用户或局方的批准			

参考文献

［1］ RTCA. DO‐254 Design assurance guidance for airborne electronic hardware［S］. RTCA，2000.

［2］ 袁晓军,田莉蓉.符合 DO‐254 的 FPGA 验证方法［R］.军用航空器适航学术交流会.2014.

［3］ 李艳志,于林宇,陈严,等.GJB 9432—2018 军用可编程逻辑器件软件开发通用要求［S］.中央军委装备发展部,2018.

［4］ 于林宇,张津荣,陈立功,等.GJB 9433—2018 军用可编程逻辑器件软件测试要求［S］.中央军委装备发展部,2018.

7

构型管理过程

构型管理(configuration management，CM，也称配置管理或技术状态管理)，是在产品生命周期内，为保证和维持产品的功能特性、物理特性与产品需求、相关文件/数据/记录保持一致的管理活动。

机载电子硬件通常只是机载电子产品的组成部分，机载电子产品的所有构型应作为一个整体进行管理。不论一个产品的组成多么简单或复杂，其构型管理的要求和活动都是类似的。为保证构型管理活动的完整性，本章从一个典型机载电子系统的角度，简要介绍构型管理过程的目标及主要活动；结合工程经验，详细描述构型管理相关活动的具体实施方法，并给出具体示例供参考。

7.1　构型管理过程简介

构型管理过程的目的在于提供以下能力：构型项复制的一致性；当需要时，能够重新生成相关数据以及能够在受控的状态下进行必要的变更。

构型管理过程的目标如下：

(1) 唯一地识别构型项并在文档中记录。

(2) 保证构型项复制的一致性和正确性。

(3) 提供标识和跟踪构型项变更的受控方式。

构型管理活动主要包括构型管理策划、构型标识、构型控制、构型纪实和构型审核、档案管理等。

构型管理策划是构型管理活动的前提，为项目开展构型管理提供指导与措施，从而使得在构型管理过程中做到有据可依，每一项活动都是切实可行的。

构型标识的目的是对产品的构型信息与属性等进行标识定义，赋予每个产品和产品构型信息唯一的标识号。

在产品开发过程中，由于产品进行变更导致构型常会发生变化，构型控制需要对产品的构型变更进行有效的控制，包括问题报告和变更控制流程。在批产过程中,构型控制包括构型偏离和构型让步流程。

构型纪实的目的是记录构型标识和构型控制过程中的相关信息,确保构型管理活动的可追溯性。

构型审核的目的是检验产品构型项是否完整,其要求是否得到满足,以及满足构型基线要求的产品是否同时满足性能要求。通过构型审核活动确保构型管理活动的有效性。

档案管理的目的如下:确保在其他活动中使用的数据都是经过批准的、现行有效的;当需要进行重复生产、重新测试或对产品进行变更时,能够取得产品相关的所有数据。

7.2　构型管理过程实施

本节结合工程实际经验,详细描述实施构型管理过程的各项活动。

7.2.1　构型管理策划

在策划过程中,开发团队负责人和 CM 工程师根据产品组成,进行构型管理策划,形成产品的构型管理计划,描述构型管理的组织结构及职责、要采用的策略、程序、标准和方法。具体构型管理策划活动参见本书第 3.2.5 节。

7.2.2　构型标识

构型标识活动的目的是明确地标识每一个构型项,以便为构型项的控制和引用建立基础。在产品整个生命周期中,构型标识是其他构型管理活动的基础。构型标识的一般要求如下:

(1) 应为数据项建立构型项标识。

(2) 应为组成产品的每一个构型项、构型项的每一个单独控制的组件及构型项的组合(部件)建立构型标识;具体应标识哪些部件,如 ASIC、PLD、印刷电路板及黑盒,由构型管理计划确定。

(3) COTS 部件和先前开发的硬件项应在用于基线之前建立构型标识。

(4) 构型项应在用于一个新基线、被其他数据项引用或用于产品制造之前建立构型标识。

构型标识的主要任务包括选择构型项、标识构型项、确定并标识基线。

1) 选择构型项

在产品开发启动阶段,开发团队负责人和 CM 工程师应确定产品的分解结构。产品分解结构应能说明当前产品的组成。下面对本书中使用的产品组成有关术语解释如下。

组件:具有独立件号的最小软件或硬件单元,组件可以进行独立更新或复用。如操作系统、处理器硬件模块等。

部件:由多个紧耦合组件构成的具有独立件号的模块(SRU),如处理器模块(操作系统+处理器硬件模块)。

设备:由多个组件或部件组成的具有独立件号的整机(LRU),如飞控计算机。

系统:由多个互联设备组成的完成特定飞机级功能的设备集合,如飞控系统。

产品:研制任务书定义的待开发对象。产品分为单组件产品(包含单个组件)和多组件产品(包含多个组件)。多组件产品的形式可以是部件、设备或系统。为描述方便,除特殊说明外,单组件产品统称为组件产品,多组件产品统称为系统产品。

开发团队负责人和 CM 工程师根据产品组成,选择/确定功能特性和物理特性能被单独管理的组件作为构型项,并确定各个构型项所需的构型数据(文件)。较高层次的构型项可以在产品开发启动阶段选择,较低层次的构型项可以在产品开发过程初期或之前选择。构型项作为独立管理的对象,经过构型管理后最终确定产品的构型状态。构型项数目的多少取决于两个因素：产品复杂度与系统集成度。过多的构型项会使得整个构型管理过程变得困难，构型管理也不够清晰明确；而过少的构型项同样会带来管理上的困难，不利于深度管理。构型项选择示例见第 6.3.1 节。

根据构型项内容和作用，将与构型管理相关的数据项分为两类：构型控制类 1（CC1）和构型控制类 2（CC2）。通过将构型项分为两类，可以使某些构型项少一些严格的构型控制，以减少不必要的管理成本和提高管理效率。CC1 要求执行所有的构型管理活动，而 CC2 限制较少。被归为 CC2 的数据项不要求增量式变更控制，而只需用新数据代替旧数据。

一般区分一个构型项是 CC1 还是 CC2 的原则是：如果一个构型项的变更会影响最终产品的属性，则该构型项应被认为是 CC1 类，否则该构型项为 CC2 类。如设计数据（源代码等）和制造数据应该属于 CC1 类，而评审记录、测试报告等应该属于 CC2 类。

2）标识构型项

每个构型项都应该具有标识，标识应具有唯一性。通过标识应能唯一确定构型项的状态。根据构型项的类型，标识一般包括数据标识、产品实物标识、工具标识、用户数据标识、基线标识等。

构型项标识示例见本书第 7.3.1 节。

3）确定并标识基线

基线建立的目的是定义下一步开发活动的基础，使构型项之间可以引用、控制和跟踪。基线建立的一般要求如下：

（1）对用于认证证据的构型项应建立基线（为了帮助控制硬件活动，可建立中间的基线）。

（2）一旦基线建立，应按照变更控制程序进行控制。

（3）当从一个已建立的基线开发一个派生的基线时，应遵守变更控制要求。

（4）如果开发一个新的基线时，认证证据需要用到先前基线的设计相关活动和数据，新的基线应可追溯到派生该基线的基线。

基线是构型管理中的一个重要的基本概念，有多种定义，大致分为如下几类：

（1）基于产品。IEEE 对基线定义如下：基线是已经通过正式评审和批准的产品，它可以作为进一步开发的基础，并且只能通过正式的变更控制过程进行变更。根据这个定义，基线具有三个特点：

a. 通过正式评审并得到认可。

b. 下一步工作的基础。

c. 基线变更需要通过严格的变更管理过程。

（2）基于构型项。基于构型项的基线定义如下：在构型管理过程中，一个构型项或一组构型项在不同时间点，通过正式评审而进入受控的一种状态就是基线。

一些构型项成为相对稳定的逻辑实体，这个过程称为"基线化"。基线建立之后，该基线的内容被"冻结"，不能随意修改。基线是下一步开发的出发点和参考点。对基线进行修改将严格按照变更管理的过程进行。作为构型管理的基础，基线保证了后续开发活动所需信息的稳定性和一致性。

（3）基于版本。基于版本的基线定义如下：基线是项目文档或者源代码等文件的一个稳定的版本。基线有名称、版本、标识符、日期等属性。它是进一步开发的基础，其变更必须通过正式的变更程序。

如果某一产品版本被定为基线，那么它就被冻结，要想变更基线必须建立一个新的版本。

（4）基于里程碑。里程碑就是开发过程中的"阶段"。"阶段"强调的是过程，而"里程碑"则强调的是过程的终点和终点的标识。

基于里程碑的基线定义如下：基线是开发过程中的一个里程碑，其标志是一些构型项的交付，并且这些构型项通过技术审核获得认可。这些构型项纳入基线管理,作为后续工作的标准,标志着项目可以进入下一个过程。

(5) 复合基线。复合基线的定义如下:基线是一个构件在某一特定时刻一组元素的集合,包含了该时刻所选取元素版本的集合,记录了开发过程中完成的工作。一般来说,工程项目可能有多个组件,工程项目基线包含每个组件的特定基线。

如果工程项目中组件较多,采用复合基线进行管理。复合基线选取每个组件中的特定基线来表示整个工程项目的基线。

基线的定义是一个实用的工程定义,以上五种定义有着内在的联系,反映了基线内涵的某个侧面。

在产品开发过程中可建立多条基线,在通常情况下可在里程碑点建立基线,如需求基线、初步设计基线、详细设计基线、实现基线等。根据用途可建立多条实现基线,如地面件、试飞件、适航批准基线等。系统、设备、软件和硬件可以分别建立基线。

在确定基线时,应明确基线应包含的构型项以及基线建立的时机。

基线标识示例见本书第 7.3.1 节。

7.2.3　构型控制

构型控制是构型管理的主要活动。构型控制的主要活动包括构型库管理、建立基线、问题报告及变更控制。

1) 构型库管理

为实现对构型项的管理,项目需要建立相应的构型库并采用相应的工具进行出入库控制及变更控制。构型库用来集中存放电子形式的构型项,并实现版本控制和访问控制。构型库应分为受控库和产品库。根据需要,也可设置开发库,开发库由项目成员自行控制,不做控制要求。

确定项目构型库组成后,在产品开发启动阶段,应为项目申请构型库,建立相应的构型库目录结构,并根据团队成员的角色,分配不同的构型库访问权限。

应规定构型库的目录结构。构型库目录结构示例见本书第 7.3.2 节。

将构型项存储到构型库中时,有些构型项是单个电子文件,如需求规范等文档;而有些是一组电子文件,如 FPGA 的布局布线工程,单个文件没有具体的含义,只有整个工程所有文件组合在一起才能使用相应的工具打开。所以需要规定构型项的存储形式。

为了保证构型库数据的安全,CM 工程师应根据情况定期对构型库进行完全备份,并对备份数据进行防火防盗处理。CM 工程师应定期对备份数据进行可恢复性检查,以保证数据不被损毁。

为了保证存储到构型库中的构型项数据以及发放的构型项数据的有效性和符合性,应建立相应的构型库入库及出库流程,避免构型库受到未经授权的变更,但同时应有利于提高工作效率。

2)建立基线

随着项目开发的进展,应按照构型管理计划的要求,建立相应的基线。基线建立流程示例见本书第 7.3.2 节。

3)问题报告

在产品开发过程中,应建立问题报告机制。问题报告、跟踪和纠正措施的目的是记录问题并保证正确处理和解决。问题可以包括与计划和标准不一致、生命周期过程输出的缺陷、产品的异常行为、工具和工艺过程的不足或缺陷等。问题报告机制的建立时间应不晚于用于作为认证证据的基线的建立时间。

问题报告机制一般要求如下:

(1)问题报告应覆盖每一个报告的问题。

(2)问题报告应明确受影响构型项。

(3)需要纠正措施的问题报告应执行变更控制活动。

(4)所有归零的问题报告应包含问题报告归零所采取的措施的描述,以及实施纠正措施所需要的数据项变更。

(5)在进行认证前,并不是所有的问题报告都必须归零,但应评价所有的问题报告,对那些已确定对安全性或认证有影响的问题必须归零。

（6）问题报告系统应跟踪问题报告的状态,包括其批准和处理。

在制订问题报告流程中,应明确哪些问题需要进入问题报告流程,以减少管理成本,提高工作效率。一般来说,只有当问题的处理影响到已受控或发布的构型项时,才进入问题报告流程。而对于开发过程中项目组内部发现的问题,如在 HDL 代码处于开发过程、还没有受控之前,仿真过程中出现的问题就没有必要进入问题报告流程,只需项目组内部做好问题记录即可。

问题报告流程示例见本书第 7.3.2 节。

4）变更控制

变更控制活动的目的是保证对变更进行记录、评估、解决和批准。变更控制应按照构型管理计划进行,并且其开始时间应不晚于用于作为认证证据的基线的建立时间。

变更控制的一般要求如下:

（1）变更控制应通过防止未授权的变更,保持构型项的完整性。

（2）变更控制应保证对一个变更进行评估,以确定构型项是否需要更新。

（3）对处于变更控制下的构型项的变更,应进行记录、批准及跟踪。批准权限在构型管理计划中定义。

（4）变更控制应保证变更到变更原因的可追溯性。

（5）变更控制应保证对变更的影响进行评估,以确定变更对过程输出的影响,并且保证输出数据已经更新。需要注意的是,过程的一些或全部活动可能需要从输出受到影响的点开始重新进行;对制造工具、工艺过程或外部部件的变更可能会影响设计。

为了提高变更的效率,减少管理成本,同时又能满足变更控制的要求,应对构型变更进行分类。例如 FAA 的适航条例中将工程变更分为大改和小改。其中,大改指的是对原型机安全性、验证试验结果、重要特性和验证相关的条款有影响时的变更,大改需报适航审查代表评审。相应地,一个组织在构建构型管理过程时,应根据构型项的特点,制订适宜的变更分类,并按照变更分类进行不同的变更控制流程。

变更分类示例见本书第 7.3.2 节。

构型变更作为构型管理的主要活动之一,其先进与否直接决定着构型管理工作是否有效。一个先进的构型变更过程能够使得产品的变更处于提议的范围内,具备可控性与精确性,并能被相关人员及时获知。应该将问题报告流程与变更控制流程结合起来,每一个变更申请都应来源于一个问题报告,在问题报告流程中,已经对问题进行了相应的评估及分析,在变更控制流程中,只需要对变更进行验证、批准和实施即可。

变更控制流程示例见本书第 7.3.2 节。

5)构型偏离

构型偏离是构型项制造之前,对该构型项的某些方面在指定的数量或者时间范围内,可以不按其已批准的技术文件要求进行制造的一种书面认可。允许偏离时,对其已批准的现行技术文件不做出相应变更。

构型项制造前偏离技术文件的规定,应办理偏离手续。经批准的偏离申请仅在特定的有效范围内适用,不能作为技术文件的变更依据。

构型偏离示例见本书第 7.3.2 节。

6)构型让步

构型让步是指在制造期间或者检验验收过程中,发现某些方面不符合已被批准的现行构型文件规定要求;但不需要修理或用经批准的方法修理后仍可使用。构型让步只在指定范围和时间内适用,并不构成对构型文件的变更。

7.2.4　构型纪实

构型纪实应具有构型的实时记录、查询和报告的能力。对当前和历史的变更都应有完整、准确和可追溯的记录。

构型纪实贯穿整个构型管理始终，从构型项选择开始，应对所有构型管理活动的结果和构型管理的审查与认定的过程数据进行完整记录，包括审查者的处理意见和结论。

构型纪实应至少提供如下内容：

（1）构型基线以及对构型基线的所有变更记录。

（2）建议和批准的所有变更及实施情况的记录。

（3）构型审核及问题处理情况的记录。

（4）审查及审核报告的记录。

（5）偏离和让步记录。

（6）相关的产品号、文件名称及标识号、序列号、版本、日期、发放状态和实施状态记录。

构型纪实示例见本书第 7.3.3 节。

7.2.5　构型审核

构型审核是为保证构型项（已制成的产品）与构型文件的一致程度而进行的正式检查。包括功能构型审核和物理构型审核。功能构型审核是为证实构型项是否已达到了规定的功能特性所进行的正式检查。物理构型审核是为证实已制成的产品是否符合其构型文件所进行的正式检查。

构型审核示例见本书第 7.3.4 节。

7.2.6　档案管理

档案管理活动包括数据发放（release）、数据归档（archive）和数据检索（retrieve）。数据发放的目的是将数据项置于配置管理控制之下，以保证只有经过授权的数据才在其他活动中使用。数据归档和数据检索的目的是保证当需要进行重复生产、重新测试或对产品进行变更时，能够重新获取产品相关的所有数据。

档案管理的一般要求如下：

（1）在用于制造之前,配置项按照规定的流程发布。

（2）与产品相关的数据项(包括变更控制和问题报告相关数据),应可以从一个经过批准的档案库检索和获取。

（3）应制订档案管理程序,通过适当的方法,保证数据的完整性以及保存期限满足认证机构的要求。方法如下：保证不会出现未经授权的变更,选择适当的保存介质,维持已保存数据的可用性(如以一定周期检查或刷新归档的数据),确保单个事件的出现不会导致归档数据不可恢复地丢失(如将数据备份存储在不同的物理地点)等。

随着电子信息技术的发展,当前档案管理活动已经和其他构型管理活动结合在一起,如通过构型项出入库管理控制数据的发放,通过变更控制保证档案不被未经授权的变更,通过构型库的定期备份保证档案的安全等。

7.3 构型管理过程示例

每个组织应结合本组织的具体情况,建立适宜的构型管理过程。本节给出一些构型管理过程活动的示例,以供参考。

7.3.1 构型标识示例

1) 选择构型项

选择构型项示例如图 7 - 1 所示。在图 7 - 1 中的每个方框中都是构型项,不同产品由不同层级的构型项共同组成。构型项自顶向下包括系统级、设备级、部件级、硬件、软件、逻辑、PCB、元器件、结构件等,每层级构型项由下层级构型项组成,构型项均由描述该构型项状态的构型数据(文档、图纸、代码、制造数据、记录数据等)组成。

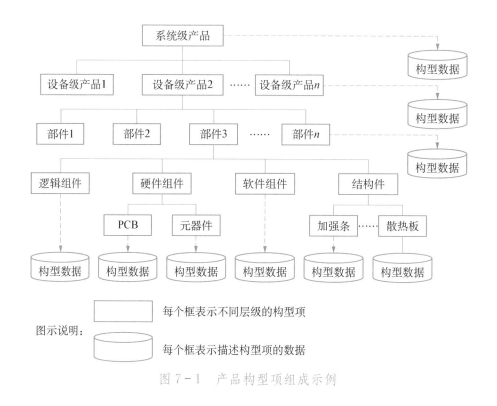

图7-1 产品构型项组成示例

2）构型项代号

构型项代号是构型项的唯一标识。构型项代号由"组织代号"＋"特征代号"＋"顺序号"组成。"组织代号"为本单位规定的代号，"特征代号"用来对构型项进行分类，"顺序号"为同类构型项按顺序递增编排。

3）构型项数据标识

构型项数据包括文档、图纸、记录数据、代码数据、制造数据等。构型项数据标识由"构型项代号＋尾注"组成。每一类具体构型项数据的尾注应该统一并唯一。如使用尾注"REQ"标识需求规范。

4）记录数据标识

构型项记录数据包括设计变更单、问题报告单等，构型项记录数据标识一般由"记录数据类型-构型项代号-顺序号"组成。"记录数据类型"由2～4位英文字母组成,一般由记录数据类型的英文首字母缩写组成;顺序号按照同类记录数据产生的顺序,由 1 开始递增编排。

5)构型项版本标识

在整个生命周期中,构型项的状态分为以下两类。

(1)发布状态:该构型项通过文件签署流程后发布。处于发布状态的文档图纸构型项其版本标识依次为 A,B,C,⋯,Z,⋯

(2)受控状态:该构型项已经准备好,可以用于同行评审。处于这个状态的构型项其版本标识由"x.y"组成,其中 x 为该构型项的发布版本,初始发布前为 0;y 由 1 依次递增。例如,在没有初始发布前,构型项的版本标识为 0.1,0.2,⋯,0.10,0.11,⋯,第一次发布后进行变更,构型项的版本标识为 A.1,A.2,⋯,A.10,A.11,⋯

6)产品实物标识

产品实物应通过标识唯一地确定其技术状态。

本节给出一些典型的产品实物的标识要求及建议的标识方法,具体产品标识位置和方法应在产品设计时进行设计,产品标识应清晰、可见。

根据构型项选择并结合实际情况,需要标识的产品实物如下:

(1)机箱、安装架、冷板等模块结构件(为了描述简单,统一称为结构件)。

(2)元器件。

(3)印制板。

(4)模块硬件。

(5)模块嵌入可编程逻辑。

(6)模块嵌入软件。

(7)模块。

(8)独立交付的软件和可编程逻辑。

(9)LRU 产品实物。

下面分别描述各类产品实物的标识方法。

a. 产品实物标牌类型。产品实物标牌应分为产品识别标牌、产品识别条码、产品用途标签。具体的产品标牌类型如表7-1所示。

表7-1　产品标牌类型

标牌类型	用　　途	要求
产品识别标牌	用来唯一标识产品身份信息	必须
产品识别条码	与产品识别标牌相同，以一维条码或二维码表示	可选
产品用途标签	标明产品用于实验室试验、试飞试验	可选

b. 产品识别标牌。产品识别标牌用于描述产品的基本信息，同时可以随着产品的功能升级而更换，作为产品使用、维护人员视觉识别产品的信息。根据产品识别标牌中的信息，应能追溯到该产品实物的技术状态和生产过程数据。

产品识别标牌的内容应在产品概要设计过程中详细进行设计，根据产品尺寸确定标牌尺寸、字体、间距、材质、固定方法、安装位置。

产品识别标牌中应包含以下内容。

（a）产品件号：产品件号用来作为产品的订货号，并用于产品标牌上以标识产品。

（b）产品修订标识（产品适航批准后）：产品修订标识表示产品适航批准后，所经过的设计小改次数。如从数字1开始顺序排列，通过将相关数字框涂黑以标识产品对应的修订次数。如图7-2所示，表示该产品状态在适航批准后经过了两次设计小改。

图7-2　产品修订标识示例

（c）产品序列号：产品序列号可以唯一标识一个产品。如产品序列号由十位阿拉伯数字标识。前六位为生产年月，后四位为顺序号，与生产日期无关，按照同一件号产品真实生产数量进行顺序编排，由 0001 开始编号。如 2013051234 表示本件产品是 2013 年 5 月生产的，是该产品自开始研制以来生产的第 1234 件。

产品识别标牌可包含以下内容。

（a）产品型号：产品型号是该产品的一种简称代号。

（b）中文产品名称。

（c）英文产品名称。

（d）电源要求。

（e）重量、体积。

（f）CTSO 号（如果为局方批准的 CTSO 产品）：产品对应的 CTSO 编号。

（g）软件开发保证等级：用大写字母 A～D 标识。

（h）硬件开发保证等级：用大写字母 A～D 标识。

（i）环境试验等级。

（j）制造商中文名称。

（k）制造商中文地址。

（l）制造商英文名称。

（m）制造商英文地址。

（n）其他必要的信息。

c. 产品识别条码。产品识别条码用于机器识别产品的基本信息。产品识别条码的内容应在产品概要设计过程中详细进行设计，根据产品尺寸确定标签尺寸、字体、间距、材质、固定方法、安装位置。

产品识别条码应包含以下内容。

（a）产品制造商编码（一维条码）：按照用户提供的供应商代码规范进行编排。

（b）产品件号（一维条码）。

（c）产品序列号（一维条码）。

(d) 产品二维码：二维码应包含产品制造商编码、产品件号、序列号。

d. 产品用途标签。产品用途标签用来标识产品的适用用途，如仅用于测试、仅用于试飞测试或者定型状态等，通过不同颜色的标签或其他方式进行标明。

产品用途标签采用塑化标签/纸质标签。

产品用途标签的使用阶段应在产品从样件研制完成开始至产品随飞机获得适航批准或取得 CTSO 证之前。产品一旦完成取证工作，则进入正式状态不需要再贴用途标签。

（2）其他产品实物的标识。其他产品实物的标识要求一般应至少包括产品件号、版本和产品序列号。对于因体积较小等原因无法完整标识的产品，产品件号和版本标识可简化为"产品件号中的顺序号＋版本"，如"PN：××××－123－05678 Rev A"简化为"05678－A"；产品序列号标识可简化为"产品序列号中的顺序号"，如"SN：2013050002"简化为"0002"。也可采用条形码进行标识。表7－2给出了一些其他产品实物标识要求的例子。

表 7－2　除 LRU 产品外其他产品实物的标识要求

分类	标　识	标识方法和要求
结构件	应包括结构件产品件号和序列号。如 PN：×××7－061－01234－A SN：2013050002	产品件号一般应刻写在结构件本体上。序列号可采用喷涂、印刷等其他方式
元器件	标识采用元器件本身带有的、元器件制造厂商的标识	采用元器件本身的标识方法
印制板	应包括印制板产品件号和序列号。如 PN：×××4－056－08888－A SN：2013080002	印制板产品件号中的版本指的是该印制板对应的 PCB 设计电子包的版本 印制板标识的产品件号采用覆铜刻字的方法。序列号可采用丝印的方法

（续表）

分类	标　识	标识方法和要求
模块硬件标识	应包括模块硬件产品件号。例如， PN：×××2-335-05555-A SN：2013090003	模块硬件产品件号中的版本指的是该模块硬件对应的装焊图的版本 在模块硬件按照装焊图完成电装后，在模块硬件加上模块硬件标识 模块硬件标识可采用粘贴塑化标签/纸质标签的方法
模块嵌入可编程逻辑标识	应包括可编程逻辑产品件号。例如， PN：×××8-951-00005-10	在对模块硬件上的可编程逻辑器件编程后，应将可编程逻辑产品标识采用粘贴塑化标签/纸质标签的方法，粘贴在模块硬件中对应的可编程逻辑器件上 在对于有处理器接口的可编程逻辑，应设计有标识寄存器，通过处理器可以读出标识寄存器的值。采用 2 个字节表示可编程逻辑的顺序号。例如，顺序号为 1234，则顺序号寄存器的值为 0x04D2；采用一个字节表示版本的 ASCII 码，例如，版本为 A 版，则版本寄存器的值为 0x41
模块嵌入软件标识	应包括软件产品件号。例如， PN：×××8-951-00005-10	在将软件固化到模块硬件上后，应将软件产品标识采用粘贴塑化标签/纸质标签的方法，粘贴在模块硬件中对应的固化软件的器件上 对于运行后可以输出字符的软件，应在软件开始运行时，至少输出软件产品的标识信息
模块产品标识	应包括模块产品件号、版本标识和序列号。例如， PN：×××2-315-05678-10 SN：2013050002 独立对外交付的模块，应有生产厂商的标识。 模块产品标识也可包含以下信息： a. 产品型号 b. 产品名称 c. 电源要求 d. 重量、体积 e. 其他必要的信息	在模块所有的软件/可编程逻辑固化、结构件安装完成之后，应对模块标注产品标识

分类	标　识	标识方法和要求
独立交付的软件及可编程逻辑标识	应至少包括产品名称、生产厂商、运行平台(或可编程逻辑器件)、产品件号和版本标识。例如， 产品名称：××驱动软件 生产厂商：××××× 运行平台：PPC××、Vxworks 5.5 PN：×××2-423-05678-10	独立交付的软件和可编程逻辑以光盘形式交付,产品标识应标识在光盘的标签上

7) 基线标识

基线标识示例如图 7-3 所示。

图 7-3　基线标识示例

图中"BL"表示系统或设备基线;"SBL"表示软件基线;"HBL"表示硬件基线;"XXX"为基线名称;基线名称可以采取英文缩写

在产品开发过程中,当需要建立多个状态的同一种基线时,基线名称不变,以基线版本标识。初次建立基线的版本为 A,后续建立基线的版本依次为 B,C…

8) 工具标识

商用工具的标识采用工具自身的名称、代号和版本标识。

9) 用户数据标识

用户数据标识采用数据自身的名称、代号和版本标识。

7.3.2　构型控制示例

1) 构型库目录结构

图 7-4 给出了系统产品构型库目录结构参考,图 7-5 给出了可编程逻辑

构型库目录结构参考。

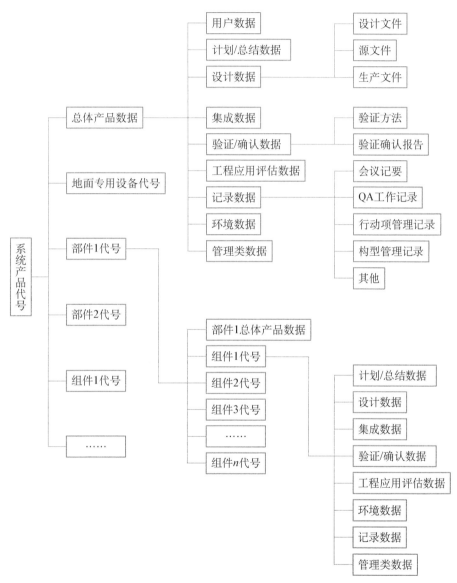

图 7-4　系统产品构型库目录结构参考

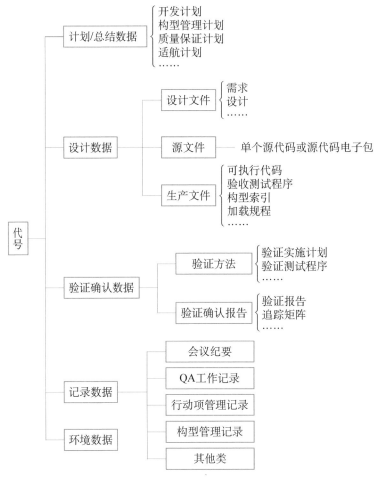

图 7-5　可编程逻辑构型库目录结构参考

2) 基线建立流程

基线应至少包含在建立基线时已经发布的计划数据、设计数据和验证数据。在产品的开发计划或构型管理计划中,应定义基线所包含的构型项。

产品版本与基线具有对应关系,在产品构型索引中,描述产品版本与基线版本的对应关系。

基线在产品库中创建。建立基线时所包含的构型项均应已经发布。

建立基线时,要填写基线建立申请表,包含基线标识、版本、该基线建立及发布的时机及理由、所包含的构型项等信息,经过 CM 工程师检查,项目主管副总师批准发布。基线建立和发布流程如图 7‑6 所示。

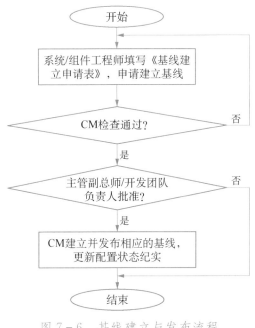

图 7‑6 基线建立与发布流程

3）问题报告流程

在整个生命周期过程中,除了在内部评审外的其他活动中发现产品实物或产品数据存在问题时,应按照问题报告(PR)处理流程进行处理。如果对该问题的处理会引起已发布构型项的变更,则应产生一个变更请求(CR),按照产品库变更控制流程进行处理。每个 CR 应至少对应到一个 PR。

问题报告处理流程如图 7‑7 所示,具体描述如下:

（1）报告问题。系统/组件工程师在开发过程中发现产品实物或产品数据存在问题时,将问题报告给开发团队负责人,详细描述问题现象、发生时间、环境等。

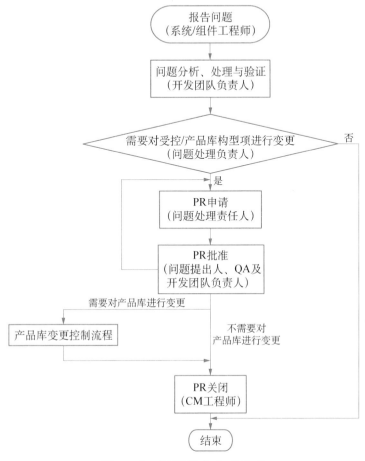

图 7-7　问题报告处理流程

（2）问题分析、处理与验证。开发团队负责人对报告的问题进行确认，如果确认问题存在并需要处理，应分配问题处理责任人，对问题产生的原因进行分析，采取合适的纠正措施进行纠正，并对纠正措施进行验证。对于复杂问题，应通过 CCB 会议进行决策，并形成会议纪要。开发团队负责人应记录、跟踪每个问题的处理情况。

（3）PR 申请。当问题处理需要对受控库或产品库的构型项进行变更时，应由问题处理责任人填写问题报告单，在问题报告单中详细描述问题产生的原因、影响、采取的纠正措施、纠正措施验证情况，并列出需变更的具体构型项及版本。

（4）PR 批准。问题提出人、QA 及开发团队负责人对问题处理的措施、结果及过程进行确认。如果问题得到合理纠正，批准 PR，否则退回到问题处理人重新进行处理。当问题的纠正措施需要对产品库中的构型项进行变更时，由问题处理人负责按照变更控制流程进行处理。

（5）PR 关闭。CM 工程师对构型项的变更情况进行审核，确认变更的构型项完成变更并入相应的构型库后，将 PR 关闭。

问题报告单应作为构型管理记录保存。

4）变更分类

根据变更的影响范围，适航批准前变更分为Ⅰ类变更、Ⅱ类变更和Ⅲ类变更。

（1）Ⅰ类变更：当一个变更对用户产生影响（包括但不限于以下情况：用户接口、兼容性或互换性、性能、安全性、可靠性、维修性或耐久性、电磁特性、重量、平衡特性、合同交付等预定的里程碑等）时，该变更为Ⅰ类变更。

（2）Ⅱ类变更：当一个变更（技术性）不对用户产生影响时，该变更为Ⅱ类变更。

（3）Ⅲ类变更：当一个变更只进行非技术性勘误（如纠正文字描述错误等）时，该变更为Ⅲ类变更。

适航批准后（含随机取证和单独取证）的变更为"大改"和"小改"。

（1）小改：指适航批准后，非技术类勘误变更或不影响产品物理及功能特性的变更定义为设计小改；一般情况下Ⅱ类变更和Ⅲ类变更属于设计小改。

（2）大改：指适航批准后，设计小改以外的设计变更定义为设计大改；一般情况下Ⅰ类变更属于设计大改。

适航批准后的变更应通过适航联络部门与局方或用户进行协调，确定变更类型。

5）变更控制流程

在进入变更控制流程、对构型项进行变更之前，应经过相应的问题报告处理流程。

构型项变更控制流程包括变更申请、变更批准和变更确认等。

(1) 变更申请。由开发团队负责人指定系统/组件工程师(变更人员)填写《设计变更审批单》,描述变更原因及依据、变更内容、变更验证情况及变更实施范围。

(2) 变更验证。由变更验证人对变更的验证情况进行确认。

(3) 变更批准。由 CCB 组长对 Ⅰ 类变更进行批准,由开发团队负责人对 Ⅱ 类变更和 Ⅲ 类变更进行批准。如果变更对生产制造或其他相关部门产生影响,则设计变更审批单还需相关部门进行会签和审查。

(4) 变更入库。变更后的构型项,按照文件签署流程检入产品库;或者填写《产品库入库申请》,经批准后检入产品库。

(5) 变更确认。由变更提出人填写《变更确认单》,描述变更落实情况。按照设计变更申请单,CM 工程师确认所有变更的构型项已经入产品库,开发团队负责人确认涉及的产品已按要求处置后,变更控制流程结束。

设计变更审批单应作为构型管理记录保存。

当对局方已经批准过的构型项进行变更及适航批准后进行小改时,应得到局方的同意。变更完成后,应重新获得局方的批准。

对于适航批准后的大改,应重新按照新的型号进行适航批准。

当设计变更对持续适航性文件产生影响时,持续适航性文件应及时更新并发放给相关使用者。

为贯彻适航 AD 指令或提高产品安全性而已获局方批准的设计变更,变更完成后,必须将相关说明性文件和资料提交给用户。

6) 构型偏离

在产品的构型项生产制造前,如果承制方认为有必要临时偏离已发布的构型文件,可提出偏离许可申请。构型偏离申请必须在制造前获得批准。

(1) 构型项偏离申请要求。

a. 构型项偏离不能影响用户使用要求。

b. 对于已被局方或用户批准构型项的偏离应获得局方或用户的同意。

（2）构型项偏离管理过程。

a. 构型项偏离申请。开发团队提出构型项偏离申请，按照要求填写构型偏离申请内容，包括偏离的构型项及版本、产品编号、期限、偏离原因、影响分析、偏离内容等。

b. 构型偏离审批。开发团队负责人审签意见，构型偏离涉及的相关部门进行会签，项目主管副总师批准，必要时需要局方或用户批准。

c. 构型偏离的实施和控制。批准的构型偏离申请下发生产部门，生产部门负责构型偏离的实施；检验部门按照工艺文件和批准的构型偏离申请要求对产品实施检验。

d. 构型偏离的验证。开发团队负责在偏离申请单上填写验证结果。

（3）构型偏离要求说明。

a. 经批准的构型偏离仅在指定范围和时间内适用，不作为构型项的设计变更依据。

b. 构型偏离申请不允许重复发生。

c. 研制部门应分析构型偏离原因，制订并实施必要的纠正措施，并将验证后的纠正措施按照相关规定纳入构型文件。

在构型项偏离控制中，需要征得局方（或用户）同意时，按照适航联络过程要求实施。

7）构型让步

在生产制造期间或检验验收过程中，由于构型项不满足已发布的构型文件规定的要求，如果承制方认为不合格品可返修或原样使用（让步接收），可提出让步申请。对于已被局方或用户批准构型项的让步接收应获得局方或用户的同意。

经批准的让步可仅在指定范围和时间内适用，不应作为构型文件的变更依据。

构型让步控制流程如图 7-8 所示。

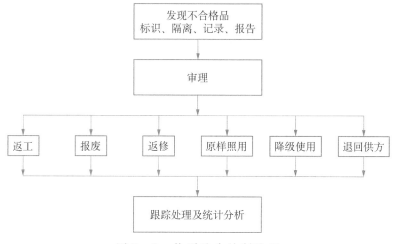

图 7-8　构型让步控制流程

构型让步应形成相应的记录单,包括构型项标识、不合格情况描述、处置意见、处置结果、产生原因分析及纠正措施等。

7.3.3　构型纪实示例

构型纪实记录产品生命周期中的构型管理活动,应至少对产品级构型项进行构型状态纪实。构型纪实记录可通过构型管理工具提供,或由 CM 工程师人工维护。

构型纪实记录应包括如下内容:

1) 构型项状态记录表

记录产品开发过程中每个构型项的状态及生命周期过程,包含名称、标识、版本、所属基线、存放的构型库路径、入库时间、相应的变更过程及变更原因等信息。

2) 问题报告状态记录表

记录产品开发过程中所有问题报告的状态,包括问题报告编号、存在问题的工作产品、产生时间、问题来源、处理情况、引起的变更等信息。

3）设计变更状态记录表

记录产品开发过程中设计变更的状态,包括变更单编号、变更的工作产品、发生时间、变更原因、落实情况等信息。

4）构型索引

在产品/组件正式验证之前,应编制产品/组件的构型索引。构型索引应描述所有产品版本对应的基线版本、构型项组成及其状态,以及产品/组件生命周期中的开发环境(包括工具、测试环境等),必要时可单独编制软/硬件环境构型索引文件。同时构型索引应描述工具鉴定情况以及相应的鉴定数据。

（1）产品版本与基线版本的对应关系。在构型索引中,应描述产品版本与基线版本的对应关系,举例如表7-3所示。

表7-3　产品版本与基线版本的对应关系

产品版本	基　　线	基线版本	备　　注
1.0	BL_DES_xxxx.xxx.xxxxx	A	
1.1	BL_DES_xxxx.xxx.xxxxx	B	
2.0	BL_PRO_xxxx.xxx.xxxxx	A	
2.1	BL_PRO_xxxx.xxx.xxxxx	B	

（2）基线版本与构型项的对应关系。在构型索引中,应描述基线与构型项的对应关系,举例如表7-4所示。

表7-4　产品构型项列表

构型项标识	构型项版本	BL_DES		BL_PRD	
		A	B	A	B
××××.×××.×××××HDP	A	√			
××××.×××.××××××HDP	B		√	√	√
BL_PRD_xxxx.123.00005	A	√	√	√	
BL_PRD_xxxx.123.00005	B				√
……					

（3）开发环境索引。在构型索引中,应描述产品开发过程中使用的软/硬件资源及工具。设计工具描述举例如表 7-5 所示。

表 7-5 设计工具列表

工 具	运行平台	用 途	是否需要鉴定	版本
MS Word/Visio	Windows XP	文档开发	否	2007/2010
XilinxISE	Red Hat® Enterprise LINUX 5	FPGA 布局布线、位流文件生成、静态时序分析	否	11.3
……	……	……	……	……

7.3.4 构型审核示例

按照构型管理计划要求在规定的节点进行构型审核。构型审核适用于如下情况:

（1）在开发阶段结束和产品交付前应进行构型审核。

（2）生产的首件产品。

（3）生产的基础设施发生迁移后。

（4）生产过程发生变更,生产过程需重新定义或合并到新过程。

（5）增加新供应商。

构型审核包括功能构型审核和物理构型审核。功能审核应早于物理审核,两者也可以同时进行;构型审核可以结合项目首件鉴定、验收交付、适航审定等同时进行。

功能构型审核(functional configuration audits,FCA)的主要内容如下:

（1）审核提交的设计文件或相关试验结果是否符合构型项文件的规定。

（2）审核各项计划的执行情况,检查设计和试验结果的完整性和准确性。

（3）审核所有已确认的变更是否纳入构型文件中。

（4）审核未达到质量要求的构型项是否进行了原因分析,并采取了相应的纠正措施。

（5）审核偏离许可、让步清单等。

物理构型审核（physical configuration audits，PCA）的主要内容如下：

（1）审核构型项的产品图样和相关工艺规程的准确性、完整性和统一性，包括产品图样和构型项的变更。

（2）审核构型项所有记录，确认按正式生产工艺制造的构型项是否反映了构型文件。

（3）审核构型项首件的试验数据与试验文件、工艺的符合性。

（4）确认构型的偏离，以及不合格品处理是在偏离许可、让步范围内。

（5）审核构型项使用保障资料的完整性和正确性。

（6）确认试验检验资料。

（7）未通过审核的构型项应重新返修或重新试验，必要时重新进行审核。

（8）审核功能构型审核遗留的问题是否已解决。

参考文献

[1] RTCA. DO‐254 Design assurance guidance for airborne electronic hardware [S]. RTCA，2000.

[2] 徐敏，王鸿鑫，张建波，等.民用飞机构型管理及更改控制研究[J].项目管理技术，2016,14(2)：99‐103.

[3] 姜文，刘立康.软件配置管理中的基线问题研究[J].计算机技术与发展,2016,26(6)：6‐10.

[4] 曾相戈，郭杰，张宇，等.GJB 3206A—2010 技术状态管理[S].中国人民解放军总装备部,2010.

8

过程保证过程

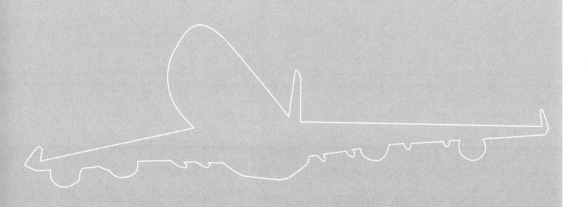

硬件过程保证过程是全生命周期过程活动,贯穿硬件产品的策划、需求捕获、设计、实现、生产移交全过程。当然产品的内在质量不是仅仅通过过程保证活动就能提高的,但是通过过程保证过程活动、通过质量保证工程师(QAE)客观评价硬件产品开发过程活动的完成情况、检查硬件产品开发活动是否按照批准的计划和标准执行、各项开发活动是否符合过程和方法要求,能够及时发现和纠正硬件产品在开发过程中出现的偏离和问题,是产品质量不可缺少的保证。

8.1　过程保证过程简介

过程保证活动按照策划阶段制订的硬件过程保证计划(HPAP)执行,QAE 通过产品审计、过程活动审计,确认硬件产品开发过程的完整性以及与硬件计划的符合性。过程保证工作是随硬件产品进展同步开展的,QAE 在硬件产品开发过程中及时发现开发过程存在的不符合问题,督促项目团队及时纠正问题,是过程保证工作价值的最好体现。

硬件过程保证活动由 QAE 负责完成,QAE 必须具备独立性,即应独立于项目团队,并具备一定的审查权利和报告项目问题的权利。QAE 对硬件产品的开发过程进行客观评价,不关注硬件产品的进度、成本等非质量因素。一个独立的、具备一定技术能力的、熟悉并了解开发过程和标准要求的 QAE,对于硬件产品的开发具有很大的帮助。

硬件过程保证活动的目标如下:

(1)硬件生命周期活动与已批准的计划一致。

(2)产生的硬件生命周期数据符合已批准的计划要求。

(3)按照计划和标准的要求,完成硬件生命周期活动,形成了相关数据。

过程保证过程的输入至少包括如下内容:

（1）硬件产品研制要求。

（2）硬件过程保证计划。

（3）硬件项目计划。

（4）相关标准要求。

（5）硬件开发活动输出物，包括设计数据、过程数据等。

过程保证过程活动包括如下内容：

（1）工作产品审计。

（2）过程活动审计。

（3）转阶段评审。

（4）符合性评审。

（5）形成质量保证（QA）记录。

过程保证过程的输出至少包括如下内容：

（1）工作产品审计意见（包括不符合项记录、不符合项跟踪等）。

（2）开发过程审计报告（包括不符合项记录、不符合项跟踪等）。

（3）转阶段评审意见（包括不符合项记录、不符合项跟踪等）。

（4）符合性评审报告（包括不符合项记录、不符合项跟踪等）。

8.2 过程保证过程实施

8.2.1 工作产品审计

工作产品审计主要是针对策划、开发和验证过程产生的输出（包括文档、代码等，简称"工作产品"）进行审计。审计的目的是检查工作产品与计划、开发标准及有关标准规范的符合性，从而确保工作产品质量。

工作产品审计活动包括如下内容。

（1）审计准备：QAE 准备工作产品审计检查单、工作产品涉及的标准规范等;QAE 审计的产品应该是已经纳入构型管理过程,QAE 从构型管理库中获取被审计的工作产品。

(2) 开展工作产品审计,对工作产品的检查工作应包括如下内容:

a. 检查工作产品的标识、版本和变更信息是否完整,是否符合构型管理要求。

b. 检查工作产品与计划、标准的一致性。

c. 检查工作产品是否经过评审,以及评审意见的处理情况。

d. 对照工作产品检查单,检查工作产品的符合性,并记录检查结果。

(3) 如果 QAE 审计出工作产品不符合问题,应与工作产品负责人沟通确定发现的不符合问题、问题的处理方法以及问题处理的时间。

(4) QAE 记录检查出的不符合问题,并对问题处理进行跟踪,记录不符合问题处理情况。

(5) QAE 在工作产品审计完成后,形成工作产品审计报告(或审计检查单),该审计报告应完整记录对工作产品的审计结果、问题记录和问题处理情况。

QAE 应遵照 HPAP 要求开展工作产品审计工作,并满足工作产品审计要求;如 HPAP 中规定文档应 100%检查,那么 QAE 则需对文档进行 100%的审计。

QAE 的工作产品审计报告是开展过程保证活动的有效证据,应按照构型管理计划中要求的记录数据要求进行管理。

硬件工作产品审计检查单模板可参见本书第 8.3.1 节。

8.2.2　开发过程审计

QAE 对硬件开发过程各阶段审计目的是为了确定硬件开发过程活动是否满足硬件计划和标准的要求。硬件开发过程阶段审计活动应在每个阶段活动结束前完成,可以采取集中审计或分段审计方式。QAE 按照 HPAP 计划中规定的启动条件,开展过程审计活动。QAE 过程审计中要求提供的资料和证据应该能够从构型库中查阅。QAE 在过程审计中发现的不符合问题,将记录在过程审计报告(或检查单)上,并跟踪问题关闭情况。

1)策划阶段审计

在硬件策划阶段退出前,QAE 应按照硬件设计计划要求,完成策划阶段过程审计,检查策划阶段工作是否完成,包括计划编制、评审工作、建立基线等活动。

硬件策划阶段过程审计检查单模板可参见本书第8.3.2节。

2)需求捕获阶段审计

在硬件需求捕获阶段退出前,QAE 应按照硬件设计计划、确认/验证计划等计划要求,完成需求捕获阶段过程审计,检查需求捕获阶段工作是否完成,包括需求分析、需求规范编制、需求确认、安全性评估、需求评审、建立需求基线、构型管理等活动。

需求捕获阶段过程审计检查单模板可参见本书第8.3.3节。

3)概要设计阶段审计

在硬件概要设计阶段退出前,QAE 应按照硬件设计计划、确认/验证计划等计划要求,完成概要设计阶段过程审计,检查概要设计阶段工作是否完成,包括硬件概要设计、硬件专项评估、需求确认、安全性评估、设计评审、构型管理等活动。

硬件概要设计阶段过程审计检查单模板可参见本书第8.3.4节。

4)详细设计阶段审计

在硬件详细设计阶段退出前,QAE 应按照硬件设计计划、确认/验证计划等计划要求,完成详细设计阶段过程审计,检查详细设计阶段工作是否完成,包括硬件设计、硬件专项评估、需求确认、安全性评估、设计验证、设计评审、建立设计基线、构型管理等活动。

硬件详细设计阶段过程审计检查单模板可参见本书第8.3.4节。

5）实现阶段审计

在硬件实现阶段退出前，QAE 应按照硬件设计计划、确认/验证计划等计划要求，完成实现阶段过程审计，检查实现阶段工作是否完成，包括硬件制造数据包、需求确认、安全性评估、硬件测试验证、实现阶段评审、建立基线、构型管理等活动。

硬件实现阶段过程审计检查单模板可参见本书第 8.3.5 节。

6）生产转换阶段审计

在生产转换阶段退出前，QAE 检查是否满足生产阶段条件，包括建立硬件产品基线、形成产品验收数据、完成生产过程问题反馈及安全性评估、实施构型管理控制等活动。

硬件生产转换阶段过程审计检查单模板可参见本书第 8.3.6 节。

8.2.3　转阶段评审

在硬件开发过程中，由本阶段进入下一开发阶段前，QAE 应组织开展转阶段评审活动，以确定是否具备进入或重新进入某一阶段活动的条件。

硬件工程师评估产品目前研制阶段的进展情况，当认为已具备硬件项目计划中定义的进入下一研制阶段条件时，通知 QAE，准备转阶段评审。对于转阶段评审中需要提供的资料和证据，QAE 可以从构型库中查阅。

QAE 在转阶段评审中负责完成如下各项工作：

（1）QAE 按照硬件项目计划中的过程进入准则，检查是否已具备开展下一阶段工作的条件（包括工作产品），并且是否符合构型管理要求（如受控或发布）。

（2）QAE 通过对硬件开发过程活动的评估并检查过程进入准则，确认是否存在影响硬件进入下一开发过程的重大问题。

（3）如果 QAE 通过各项资料审查认为硬件不具备开展下一阶段活动条件时，则本次阶段转换评审未通过；硬件工程师在补充完善产品资料后，需重新申请转阶段评审。

硬件转换阶段过程审计检查单模板可参见本书第 8.3.7 节。

8.2.4　符合性评审

符合性评审的目的是为了保证硬件生命周期过程是完备的、生命周期数据是完整的,可执行目标码是受控的、可再生的。

当硬件计划定义的开发过程活动已完成,在提交适航当局审定前,QAE 组织进行硬件符合性评审。如果 QAE 发现硬件开发过程存在不符合性问题,将在符合性评审报告中进行记录。对于符合性评审中需要提供的资料和证据,QAE 可以从构型库中查阅。

在符合性评审活动中,QAE 应组织完成如下各项工作:

(1) 检查硬件是否按照计划要求,完成开发过程各项活动,并且开发过程活动记录完整、清晰。

(2) 检查硬件产品需求、设计数据、制造数据、验证/确认数据、工程应用评估数据等是否能追踪到系统产品需求(尤其是与安全性有关的要求)。

(3) 检查硬件生命周期数据是否符合开发过程和相关标准要求,并满足构型管理要求。

(4) 检查可执行目标码的生成过程,确保可从归档的设计数据中重新生成并成功加载。

(5) 检查问题报告是否已被解决,对于遗留的问题报告是否进行了评估并记录了其状态,并满足构型管理要求。

(6) 检查产品需求的偏离是否已被批准。

(7) 检查构型索引文件是否已发布,构型项版本记录是否清晰。

(8) 检查基线是否批准,基线变更是否得到控制。

符合性评审检查单见本书第 8.3.8 节。

8.2.5　过程保证记录

QAE 在过程保证活动中产生的审计记录、评审意见等应按照质量记录要求进行管理,在适航审定过程中,作为硬件开发过程活动证据,提供审定方审阅。

8.2.6　过程保证过程实践体会

过程保证过程建立了一种支持工程体系方法有效实施的检查和监督机制,保证了项目开发按照既定的计划实施。但研制开发出高质量产品不是仅凭借过程保证过程就能取得的,更需要开发团队及利益相关方的共同努力。因此对于如何更好地开展过程保证活动、提高产品质量,提出如下建议。

1)提高全员质量意识

产品质量是产品开发团队共同创造成果的体现,研制高质量的产品也是利益相关方的共同诉求。产品生命周期内的各项活动对产品质量都有影响;项目团队每个成员的工作都会影响产品质量。因此项目团队成员一定要有质量意识,认识到自己是质量的创造者,产品质量是设计、制造出来的,不是检查出来的,不是仅仅通过过程保证过程就能够提高产品质量。

2)最高管理层的支持

为了过程保证过程的有效实施,必须取得最高管理层的支持和承诺。最高管理层的承诺包括对过程保证组织的权利、资源配置、培训支持等。

3)QAE 的独立性

作为过程保证过程的实施人员,QAE 应独立于项目团队,并具备一定的权利,可以纠正项目存在的问题。

4)QAE 的技术能力

QAE 应具备丰富的工程经验和技术能力,才能及时识别开发过程中存在的真正问题,赢得项目团队的尊重和信任,更好地开展过程保证活动。

5)必要的培训

不仅 QAE,包括项目团队成员都要参加培训,培训是持续性活动,确保全体人员能够正确理解标准要求,以及不同任务承担者应在工作中遵循的活动准则及要求,消除不恰当的认识或行为。参加培训的人员根据承担的任务,在培训过程中的收获是各有不同的;作为 QAE,侧重于如何提高产品开发验证过程的审核和评估技能。

6) 持续改进要求

通过计划、执行、检查、行动（PDCA）过程的实施，可以持续改进过程的有效性，是提高产品质量的保证。

8.3 模板及检查单示例

8.3.1 硬件工作产品检查单

硬件工作产品审计检查单模板示例如表 8-1 所示。

表 8-1 硬件工作产品审计检查单模板示例

序号	检 查 项	是否适用	结论	支撑材料
1	文档描述前后一致			
2	给定的术语、简称或缩略语始终指相同的事情			
3	对一个确定的概念始终采用相同的名字或叙述			
4	工作产品内容描述与其他相关文档一致			
5	图、表均已在正文中引用过			
7	文档描述无明显的错误			
8	文档描述无二义性			
9	文档标识正确、完整			
10	文档是已经过评审且已受控			
	……			

8.3.2 硬件策划阶段过程审计检查单

硬件策划阶段过程审计检查单模板示例如表 8-2 所示。

表 8-2 硬件策划阶段过程审计检查单模板示例

过程	序号	检 查 项	是否适用	结论	支撑材料
策划过程	1	完成了硬件合格审定计划			
	2	完成了硬件设计计划			
	3	完成了硬件过程保证计划			
	4	完成了硬件确认和验证计划			
	5	完成了硬件构型管理计划			
	6	所有计划均已完成了评审,并且评审过程记录完整			
	7	硬件计划已发布,并纳入构型管理			
	8	当前过程入库的硬件工作产品和数据标识是否符合硬件构型管理计划			
	9	硬件工作产品和数据发生变更后,构型标识中的版本正确变更			
	10	本过程建立了基线			
	11	基线标识正确,基线内容符合硬件构型管理计划			
	12	问题报告符合流程			
	13	变更控制符合流程			
	14	构型项入库记录完整			
	15	构型项出库记录完整			
		……			

8.3.3 硬件需求捕获阶段过程审计检查单

硬件需求捕获阶段过程审计检查单模板示例如表 8-3 所示。

表 8-3 硬件需求捕获阶段过程审计检查单模板示例

过程	序号	检 查 项	是否适用	结论	支撑材料
需求过程	1	需求规范已编制完成			
	2	需求规范进行了评审			
	3	需求评审中发现的问题已归零			

过程	序号	检查项	是否适用	结论	支撑材料
	4	需求规范和追踪矩阵受控			
	5	已按照计划要求完成了需求过程活动			
	6	当前过程入库的硬件工作产品和数据标识符合硬件构型管理计划			
	7	硬件工作产品和数据发生变更后,构型标识中的版本正确变更			
	8	本过程建立了基线			
	9	基线标识正确,基线内容符合硬件构型管理计划			
	10	问题报告符合流程			
	11	变更控制符合流程			
	12	构型项入库记录完整			
	13	构型项出库记录完整			
		……			

8.3.4 硬件设计阶段过程审计检查单

硬件设计阶段过程审计检查单模板示例如表 8-4 所示。

表 8-4 硬件设计阶段过程审计检查单模板示例

过程	序号	检查项	是否适用	结论	支撑材料
设计过程	1	硬件概要设计已完成编制			
	2	硬件概要设计进行了评审			
	3	硬件详细设计已完成编制			
	4	硬件详细设计进行了评审			
	5	硬件约束已明确			
	6	偏离得到批准			
	7	已按照计划要求完成了设计过程活动			

（续表）

过程	序号	检 查 项	是否适用	结论	支撑材料
	8	当前过程入库的硬件工作产品和数据标识符合硬件构型管理计划			
	9	硬件工作产品和数据发生变更后,构型标识中的版本正确变更			
	10	本过程建立了基线			
	11	基线标识正确,基线内容符合硬件构型管理计划			
	12	问题报告符合流程			
	13	变更控制符合流程			
	14	构型项入库记录完整			
	15	构型项出库记录完整			
		……			

8.3.5　硬件实现阶段过程审计检查单

硬件实现阶段过程审计检查单模板示例如表8-5所示。

表8-5　硬件实现阶段过程审计检查单模板示例

过程	序号	检 查 项	是否适用	结论	支撑材料
实现过程	1	硬件项实现、装配和安装数据完整			
	2	硬件装配图纸完成签署			
	3	硬件设计评审中的问题已关闭			
	4	可编程电子器件综合已经完成			
	5	测试用例和测试程序已发布			
	6	测试记录完整并已发布			
	7	测试中产生的问题已关闭			
	8	偏离得到批准			
	9	已按照计划要求完成了实现过程活动			

过程	序号	检 查 项	是否适用	结论	支撑材料
	10	当前过程入库的硬件工作产品和数据标识符合硬件构型管理计划			
	11	硬件工作产品和数据发生变更后,构型标识中的版本正确变更			
	12	本过程建立了基线			
	13	基线标识正确,基线内容符合硬件构型管理计划			
	14	问题报告符合流程			
	15	变更控制符合流程			
	16	构型项入库记录完整			
	17	构型项出库记录完整			
		……			

8.3.6 硬件生产转换阶段过程审计检查单

硬件生产转换阶段过程审计检查单模板示例如表 8-6 所示。

表 8-6 硬件生产转换阶段过程审计检查单模板示例

过程	序号	检 查 项	是否适用	结论	支撑材料
生产转换过程	1	生产制造数据完整			
	2	已建立了生产制造过程的控制要求			
	3	生产安全性要求已明确			
	4	验收测试文档完整并已发布			
	5	已按照计划要求完成了生产转换过程活动			
	6	当前过程入库的硬件工作产品和数据标识符合硬件构型管理计划			
	7	硬件工作产品和数据发生变更后,构型标识中的版本正确变更			
	8	本过程建立了基线			

（续表）

过程	序号	检 查 项	是否适用	结论	支撑材料
	9	基线标识正确,基线内容符合硬件构型管理计划			
	10	问题报告符合流程			
	11	变更控制符合流程			
	12	构型项入库记录完整			
	13	构型项出库记录完整			
		……			

8.3.7　硬件转阶段评审检查单

硬件转阶段评审检查单模板示例如表 8-7 所示。

表 8-7　硬件转阶段评审检查单模板示例

策划过程→需求过程				
序号	检 查 项	是否适用	结论	支撑材料
1	硬件设计计划已完成并受控			
2	硬件过程保证计划已完成并受控			
3	硬件构型管理计划已完成并受控			
4	硬件验证计划已完成并受控			
5	硬件合格审定计划已完成并受控			
6	系统需求已确定			
	……			
需求过程→设计过程				
序号	检 查 项	是否适用	结论	支撑材料
1	……			

设计过程→实现过程				
序号	检 查 项	是否适用	结论	支撑材料
1	……			

实现过程→生产转换过程				
序号	检 查 项	是否适用	结论	支撑材料
1	……			

8.3.8　硬件符合性评审检查单

硬件符合性评审检查单模板示例如表 8-8 所示。

表 8-8　硬件符合性评审检查单模板示例

序号	检 查 项	是否适用	结论	支撑材料
1	硬件按照计划要求,完成开发过程各项活动,并且开发过程活动记录完整、清晰			
2	检查硬件产品需求、设计数据、制造数据、验证/确认数据、工程应用评估数据等能追踪到系统产品需求(尤其是与安全性有关的要求)			
3	检查硬件生命周期数据符合开发过程和相关标准要求,并满足构型管理要求			
4	检查可执行目标码的生成过程,确保可从归档的设计数据中重新生成,并成功加载			
5	检查问题报告已解决,对于遗留的问题报告进行了评估并记录了其状态,并满足构型管理要求			
6	检查产品需求的偏离已被批准			
7	检查构型索引文件已发布,构型项版本记录清晰			
8	硬件基线已批准,基线变更得到控制			
	………			

9

IMA 硬件模块
开发过程

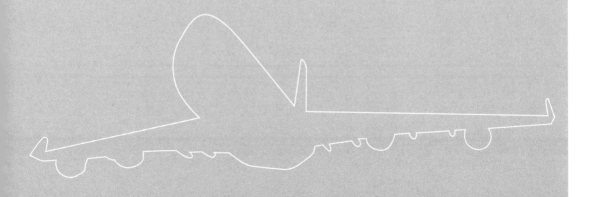

前面章节基于 DO‐254 对机载电子硬件的开发过程进行了说明,分享了相关的应用经验。由于集成模块化航电(IMA)架构打破了传统意义上系统的概念,因此系统之间以及系统内部各层级之间的边界相对模糊,使得 IMA 架构下硬件模块和开发也具有一定的特殊性。为保证本书内容的完整性,本章基于 DO‐297 对 IMA 硬件模块的开发及认证所需开展的工作进行说明。

9.1 IMA 系统简介

继联合式架构之后,随着机载计算机计算能力及网络能力的大幅提升,20世纪 90 年代起航电系统进入了新的发展阶段,推出了基于综合模块化架构的航电系统。

IMA 系统由 IMA 平台以及一组驻留应用组成。IMA 平台通常包含一个或多个模块和/或组件,驻留应用通常也包含一个或多个组件,IMA 系统的基本要素如图 9‐1 所示。

组件(component):构型受控的独立硬件、软件、数据库或相关组合,组件自身不提供飞机级功能。

模块(module):可以被局方阶段性认可的组件或组件集合(单独认可或随 IMA 一起认可)。

核心软件:管理资源并为应用提供运行环境的操作系统和支持软件,核心软件通常由一个或多个模块组成,是 IMA 平台必需的元素。

共享资源:资源是指 IMA 平台或应用使用的所有对象(处理器、存储器、软件、数据等)或组件。资源可以被多个应用共享也可以由一个应用独享。

应用(application):带有确定接口的软件和/或专用硬件,与平台集成后完成飞机级功能。

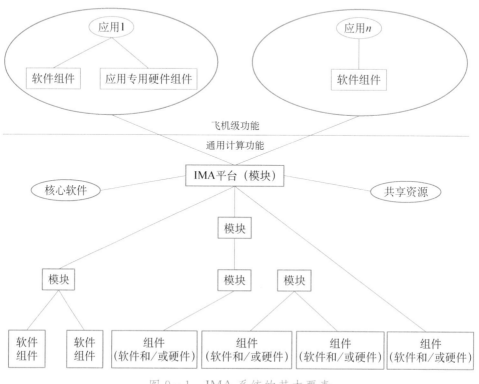

图 9-1　IMA 系统的基本要素

平台(platform)：由一个或一组模块(含核心软件)组成，并通过对资源以某种方式进行管理使其至少足以支持一个应用。

IMA 系统主要有如下几个方面的特点：

（1）对航电系统功能布局、硬件封装、软件接口、网络互连、可靠性等进行一体化考虑，典型技术为统一网络、标准模块、容错与重构以及 ARINC 650、ARINC 664 等一系列标准和规范。

（2）航电系统主要子系统功能和信息集成，典型技术为功能综合及信息融合。

（3）不同子系统共享资源，"和谐"相处，典型技术为物理综合，如 ARINC 653 支持下的模块共享等。

（4）标准化设计的软/硬件模块，典型技术为标准硬件模块、标准软件接口、标准网络接口单元等。

（5）标准模块的组合性，典型技术为严格定义的架构层次、硬件/应用的独立升级、可组合开发技术等。

（6）灵活可伸缩的系统架构，典型技术为基于蓝图或配置表的系统管理技术、应用与硬件分离技术等。

9.2　DO‑297 产生背景

IMA 系统是一种超复杂的系统，其核心词是"共享"。基于联合式系统架构制定的 ARP 4754 等指南已不能全面指导综合模块化系统的开发及认证。随着 IMA 系统迅速广泛的应用，航空业界专家意识到需要制定新的指南，以应对这种新型架构可能带来的设计和认证挑战。在此背景下，RTCA 和 EUROCAE 成立了联合工作组，发布了 DO‑297《IMA 系统开发指南及认证考虑》，它在 ARP 4754/4761、DO‑178 和 DO‑254 的基础上提出了针对 IMA 系统开发和认证的指南。在 DO‑297 框架下，IMA 系统的基本开发及安全性评估过程仍需符合 ARP 4754/4761、DO‑254 及 DO‑178 指南要求，除此之外 IMA 系统的开发还应满足 DO‑297 中提出的针对 IMA 系统开发和认证的特殊要求。

该指南于 2005 年发布，2010 年 FAA 发布咨询通告 AC 20‑170 接受其作为 IMA 系统的设计保证方法。

为了解耦 IMA 系统的复杂性，DO‑297 将 IMA 系统开发过程分为平台、驻留应用以及 IMA 系统三个层次进行说明，并对 IMA 系统的特殊设计要求提出了全面系统的指导原则。同时 DO‑297 将 IMA 认证相关的工作分解为六个任务，采用增量递进的方式对 IMA 系统分阶段进行认证，直至完成飞机型号认证。

任务 1：模块/平台级认证，组件、模块集成构成平台。

任务 2：应用级认证，单个任务与平台的集成。

任务 3：IMA 系统级认证，完成多个应用与平台的集成以及应用与应用之间的集成。

任务 4：飞机级认证，IMA 系统与飞机及飞机系统的集成。

任务 5：变更，识别变更、变更影响以及需要重新进行的验证。

任务 6：重用，识别可以用于其他 IMA 系统以及安装的 IMA 组件。

各层级认证任务与开发活动之间的关系如图 9-2 所示。

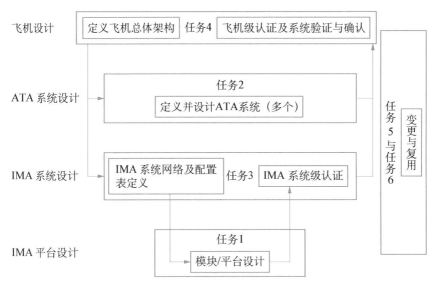

图 9-2　各层级认证任务与开发活动之间的关系

在上述开发和认证活动中，系统（IMA 系统和 ATA 系统）各自的开发及安全性评估过程需符合 ARP 4754/4761 指南的通用要求，平台/模块开发过程需符合 DO-254（硬件组件）、DO-178（软件组件）和 ARP 4754（模块）指南的通用要求，驻留应用的开发过程须符合 DO-178 指南的通用要求。除此之外，系统、平台/模块及驻留应用还应满足 DO-297 中提出的特殊要求。

在第 1 章中我们已经了解了 IMA 系统中的硬件组件是组成 IMA 系统的基本元素。IMA 模块可以由单组件组成,也可以由多个组件或模块组成,是最顶层的模块。从组件到 IMA 平台之间,存在多个层级的模块。其开发过程应遵循 DO‐254 指南,在此不再赘述。本章基于 DO‐297 对 IMA 模块级开发及认证所需开展的活动进行说明。

9.3　IMA 模块/平台开发过程

IMA 模块/平台设计应尽可能独立于飞机及驻留应用,其开发过程如下。

1) 规划并定义 IMA 模块/平台

(1) 架构定义,包括 IMA 模块、资源、组件的种类和功能以及相互关系。

(2) 驻留应用(含软件和硬件)与 IMA 平台集成的方法。

(3) IMA 模块/平台级认证方法。

(4) 提供给驻留应用的平台服务清单。

(5) 平台对飞机级功能期望的可用性与完整性等级的支持能力以及支持方法。

(6) 平台的健康管理和故障管理的方法(不包括外部接口,外部接口属于飞机健康管理和机组告警系统范畴)。

(7) 模块/平台和 IMA 系统的构型管理方法。

2) 定义 IMA 模块/平台需求

(1) 安全性。

a. 确定可能影响驻留应用的平台失效顶事件。

b. 定义与每个失效事件相关的可接受的失效率(平台硬件模块的可靠性要求)。

c. 提供满足飞机和潜在驻留应用可用性与完整性要求的指南。

d. 定义安全性需求,包括强分区、健康监控、故障管理、资源管理以及其他安全特性与保护措施。

(2) 性能。

(3) 构型管理方法。

(4) 平台模块预期的运行环境。如果模块与其他组件共享环境,如模块与电源、总线在同一机柜内,那么还应对共用环境进行说明。

(5) 故障管理与报告的方法和要求,包括容错、模块级故障隔离以及单点失效的检测与隔离等相关内容。

(6) 概念定义涉及的相关方面的详细需求。

(7) 基于安全性要求定义并验证的 IMA 平台架构。

3) 设计并实现 IMA 平台

为满足相应的安全性,软件和硬件组件的开发过程应分别符合相应等级的 DO-178 和 DO-254 以及规章补充文件的要求。包含多个组件的模块开发过程则应符合 ARP 4754。除此之外还应进行共因分析(common cause analysis, CCA),并应针对各平台顶事件的失效进行定量分析。

4) IMA 模块/平台的验证与确认

(1) 针对特定的环境条件进行环境鉴定试验。

(2) 进行分区分析和验证测试并验证保护能力和安全性特性(资源管理、健康监控、故障管理、自测试等)。

(3) 通过共因分析表明平台实现满足独立性要求。

(4) 通过定量分析表明平台实现满足可靠性要求及能力要求。

(5) 对模块共享环境和资源的情况进行说明(包括与非 IMA 模块共享环境)。如果共享环境中只有 IMA 模块,且模块的构型是确定的,则应在开展飞机综合前进行局部环境鉴定试验。

5) 完成 IMA 模块/平台级认证

按照 IMA 模块/平台认证的要求完成 IMA 模块/平台级认证工作,具体包括开发并向局方提交相关的设计和质量保证数据,确认和验证 IMA 模块/平台需求,建立并维护需求、实现以及验证活动之间的追溯性等。

9.4　IMA 模块/平台认证

9.4.1　认证目标

模块/平台级认证的目的是表明模块的特性、性能以及接口符合预期要求以获得局方对模块/平台的阶段性批准,这一过程提供的证据对后续 IMA 系统级认证任务及可能的复用提供支持。模块/平台级认证过程应实现如下目标:

(1) 策划阶段认证工作,保证模块/平台满足所有适用的认证要求,并确保其他利益相关方对计划达成共识。

(2) 开发模块/平台需求规范并举证实现的模块/平台符合模块需求规范(module requirements specification,MRS)。在通常情况下模块供应商应根据预期使用假设开发 MRS,相关假设应记录在文档中并在后续的验证和确认过程中进行确认。

(3) 表明资源内在属性的符合性,例如,时间和空间分区、故障管理、健康监控、其他安全属性、确定性、延迟、资源管理、资源配置以及应用参数等,应预先在可用资源的边界内定义使用特性属性。

(4) 验证资源属性与模块/平台需求规范的符合性,例如性能、接口、服务、安全性、故障管理和鲁棒性。

(5) 开发与模块/平台相关的核心软件(如操作系统、API、核心服务等)和/或硬件并证明其过程符合适用的指南与规章。

(6) 开发并向局方提供模块/平台级认证数据。

(7) 为模块的用户提供正确使用及集成模块所需的必要信息(如用户指南、模块的数据单以及接口规范)。

（8）对模块/平台开发和验证中所使用的工具进行评估，必要时进行鉴定。

（9）如果模块为平台级模块，完成平台集成工作。

（10）开展模块/平台级认证要求的质量保证、构型管理、集成、确认、验证以及认证联络工作。

（11）为用户提供正确管理模块/平台构型所需的必要信息，模块/平台应为用户提供获取模块/平台构型（如物理件号）、电子件号/版本、核心软件标识以及变更历史的方法。

（12）必要时，定义提供给用户使用的模块/平台支持工具并为工具制订规范、对工具进行评估和工具鉴定。如果使用共享的工具，应制订共享工具数据的方法（如用户指南、工具鉴定的数据和工具规范）。

（13）如果期望模块开发的输出可以复用，则在开发过程中应体现模块复用的考虑。

9.4.2　认证数据

模块/平台级认证的过程应有计划、有步骤地进行，包括计划、需求以及符合计划和需求的证据。下面对模块/平台级认证所需的重要数据进行说明。

1）模块/平台认证计划

模块/平台要获得增量式阶段性认证时，开发商需通过模块阶段性认证计划（module acceptance plan，MAP）向局方说明开展模块/平台阶段性认证工作的计划，包括模块的开发、验证、构型管理、质量保证以及表明符合性的方法等。MAP 应该建立模块/平台级认证基础，并说明模块/平台如何在 IMA 系统中使用。MAP 应该包含如下方面内容。

（1）系统概述：对模块/平台所运行的系统进行概要描述，包括系统可能驻留的应用和功能及其到硬件和软件的分配、架构、选用的处理器、硬件/软件接口和安全性特性等。

（2）模块/平台概述：对模块/平台的功能进行概要描述，重点关注安全性和分区相关的内容,如资源管理、冗余、非相似设计、容错以及定时与调度策略等。

(3)阶段性认证准则:明确模块/平台级认证准则,以确保其符合在系统中的预期用途和功能,包括软件设计保证等级、硬件设计保证等级、硬件可靠性数据、硬件环境鉴定试验级别和/或需通过模块/平台建立的支持 IMA 系统认证的符合性证据。另外还应关注分配给模块/平台的各项安全性目标以及与安全有关的需求、已明确的模块/平台对 IMA 系统安全性评估的影响,架构以及支持安全性分析、分区或其他保护策略的其他特性。

(4)生命周期:定义模块/平台开发生命周期并说明如何满足各生命周期过程的目标(需求、设计、实现、验证),同时还要说明所涉及的组织及利益相关方、组织的角色与责任、系统生命周期过程以及认证联络过程的责任等。除此之外还应关注构型管理、质量保证和验证等过程。

(5)生命周期数据:定义生命周期过程中要产生和控制的模块/平台生命周期数据,描述这些数据之间以及与系统定义的数据之间的关系,说明应向局方提交的生命周期数据(模块/平台阶段性认证数据和/或模块符合性数据)、数据的形式以及局方获取数据的途径。如果数据名称或数据包与 DO-297 中的要求不一致,则应说明它们与 DO-297 中生命周期数据的映射关系,保证具备所有适用的数据。

(6)进度:向局方提供模块生命周期过程活动安排,以便局方制定评审计划。

(7)工具鉴定:说明对用于模块开发、验证、构型以及加载等工具的评估方法,确定需要进行鉴定的工具并通过引用工具鉴定计划对工具鉴定进行说明,对不需要进行鉴定的工具说明理由。工具鉴定计划应描述提供给模块用户的工具的功能和鉴定方法,包括支持其进行开发、配置生成、加载应用和配置、执行与验证的所有支持工具,还应确定与其他模块以及应用开发方、系统综合方共享的工具。

（8）模块复用：如果模块开发考虑后续复用，MAP应该体现如下内容：

a. 说明适合复用的理由，即模块的哪些特性使其适宜复用。

b. 提供给申请人作为型号设计数据并支持项目模块阶段性认证的数据列表。

c. 已具备的模块符合性以及要完成并满足新目标开展的后续活动。

d. 规划与复用相关的事项。

e. 支持复用的开发数据，例如接口定义数据、文档化的使用特性定义、安全性假设或失效状态、用户指南、限制、已具备的局部符合性的说明等。

f. 适用的复用应用指南。例如AC 20‐148和/或FAA 8110.49第12章。

（9）其他考虑：说明可能影响模块/平台阶段性认证过程的项目特性，例如替代的符合性方法、工具鉴定、可重配置的模块、商用软件和/或硬件，以及产品服务历史。

MAP可以分成多个文件，例如开发计划、构型管理计划、质量保证计划以及验证计划，MAP可以对这些计划进行引用构成完整的计划。

2) 模块/平台需求规范

模块/平台需求规范（module requirements specification，MRS）定义模块/平台需求并为模块在IMA系统中的集成定义设计准则，MRS应包括如下类型的信息：

（1）描述模块/平台需求，尤其关注与安全相关的需求、保护需求和可能的失效状态。

（2）在各种运行模式下的功能和操作需求，包括模块/平台的功能和性能，如下所述。

a. 功能：模块/平台所完成的功能进行描述，特别关注影响模块/平台用户的外部功能描述。

b. 性能：对用户所需的用于接口以及集成目的模块/平台性能进行描述（如精度、分辨率、定时特性、容量和限制）。

（3）安全性：用户对系统进行开发和分析以确保模块/平台符合安全性要求所需的必要信息；同时也包括模块/平台预期的关键程度、失效与功能异常、故障的概率、软件与硬件的设计保证等级、假设条件、飞行机组告警与系统信息、维护检查、安装限制、独立与隔离要求、环境限制，以及对资源管理、健康监控、故障管理、强分区和其他保护措施的要求。

（4）接口需求：包括协议、格式、输入/输出、输入频率、输出频率，以及允许的与其他模块的接口。

（5）接口定义：包括用户使用模块/平台和与模块/平台对接所需的信息，例如数据缓冲区设计、电压、引脚信号定义、数据传输协议（运行/维护/加载、数据完整性的编/解码、存储器映像布局、定时、同步信号、中断定义、电子构型数据、分区边界建立信息、API 定义）。另外，还要定义与假设的异常状态数据和控制接口有关的信息，例如无效数据状态、测试模式、初始条件以及复位模式。

（6）故障管理和健康监控需求。

（7）资源管理：管理各种资源及其限制，设计余量策略以及度量设计余量的方法。

（8）调度过程与内部进程/内部任务的通信机制，包括严格的时间顺序调度、抢占调度和中断。

（9）强分区需求：包括确定模块/平台分区间所允许的交互以及防止分区违规、检测分区冲突和从分区冲突恢复的方法与措施。

（10）模块/平台及其组件描述，无论是新开发的还是以前开发或已完成阶段认证的模块/平台及其组件都需要进行描述，如果是后者，则可以引用已建立的基线。

（11）如果适用的话，则还应对非激活特性或后续重新配置的机制进行描述。

（12）如果模块/平台使用软件和/或硬件需求和设计数据，则软件和硬件数据应包含 DO - 178 第 11.9 节和第 11.10 节与 DO - 254 第 10.3 节所描述的内容。通常在本文档中引用的这些数据,不必要也不建议在本文档中重复相同的内容。

(13) 物理和安装定义:包括物理和安装所需要的特定信息(如 DO - 160),供系统集成方用于模块/平台与其他模块/平台及与 IMA 系统集成。

3) 模块/平台确认与验证数据

模块/平台确认与验证数据是模块/平台的完整性、正确性以及符合 MRS 所定义需求的证据。这些数据保证模块/平台是基于需求设计的,制造的产品符合设计并经过确认和验证,满足阶段性认证准则。确认与验证数据包括模块/平台评审、分析、仿真和测试的过程与结果。模块/平台确认与验证至少包括如下数据:

(1) 模块确认/平台与验证计划,该计划可以单独编制,也可以包含在 MAP 和/或 IMA 系统确认与验证计划中。

(2) 当模块/平台包含软件时,与软件等级匹配的软件验证用例、过程和结果。

(3) 当模块/平台包含复杂硬件时,与硬件等级匹配的追溯数据、评审与分析过程与结果、测试过程与结果以及测试验收准则。

(4) 环境鉴定相关数据,包括环境鉴定的类型、试验级别、试验计划、试验程序和试验结果,需要注意并非所有的试验都能在模块/平台级别上完成,有些类型的试验只有当模块/平台集成到系统中和/或飞机上时才能进行。

(5) 用于模块/平台集成的确认与验证用例和程序,至少包括如下数据。

a. 评审与分析程序:说明采用的评审或分析方法的范围和力度,是对确认与验证计划的进一步细化和补充。

b. 测试用例:每个测试用例的目的、输入集、条件、满足覆盖准则的预期结果以及通过/失败判据。

c. 测试程序:说明如何设置并执行测试用例,如何评估测试结果以及如何使用测试环境的工作步骤。

（6）模块/平台集成确认与验证结果，记录如下内容：

a. 活动中每个评审、分析和每个测试程序的通过/失败以及最终通过/失败结论。

b. 标明评审、分析或测试的构型项版本。

c. 测试、评审和分析结果，包含覆盖分析和追踪性分析。

（7）模块/平台追踪数据，在需求、详细设计、实现以及验证数据之间建立相关性，便于进行模块/平台的构型控制、修改和验证。

4）模块/平台质量保证记录

模块/平台质量保证过程活动的结果记录在质量保证记录中，包括质量保证评审或审计报告、会议记录、授权的过程偏离记录以及符合性评审记录。

5）模块/平台构型索引

模块/平台构型索引（module configuration index，MCI）确定模块/平台的构型和模块/平台生命周期环境，建立该索引的目的是支持模块/平台复制，MCI 应包含如下内容：

（1）模块/平台描述与构型。

（2）模块/平台下一层级组件。

（3）复用的模块。

（4）模块/平台生命周期数据，包括模块/平台阶段性认证数据和模块/平台符合性数据。

（5）存档及发布介质。

（6）建造模块/平台的指令或图纸。

（7）标识模块/平台生命周期环境。

（8）标识用于开发和验证模块/平台的开发和验证工具包括相关的工具鉴定数据。

（9）标识用于验证模块/平台的测试环境。

（10）数据完整性校验。

6）模块/平台阶段性认证构型管理记录

模块/平台构型管理过程活动的结果要记录在构型管理记录中，包括构型标识清单、基线或库记录、更改历史报告、归档记录以及发布记录等。

7）模块/平台阶段性认证完成工作总结

模块/平台阶段性认证完成工作总结（module acceptance accomplishment summary，MAAS)说明 MAP 主要内容的执行情况，MAAS 应包括如下内容。

（1）与 MAP 一致以及偏离的内容。

（2）模块/平台的特性：描述时序和存储器的设计余量、资源限制、额外的约束以及度量各项特性的方法。这部分内容是模块/平台阶段性认证数据单的摘要（见下节）。

（3）模块/平台标识：通过件号和版本确定模块/平台构型。

（4）更改历史：如有变更，对变更进行汇总，应特别关注由于失效或异常导致的变更，并标识自上次阶段性认证后的变更。

（5）模块/平台状态：汇总在阶段性认证时尚未解决的问题报告，包括原因和功能限制声明。

（6）符合性声明：符合模块/平台阶段性认证目标、相关数据要求、模块/平台阶段性认证准则的符合性声明，并概述用于表明符合阶段性认证计划所定义准则的方法，还需要说明计划及 DO－297 指南之外的工作以及偏离。

（7）其他活动：说明为保证正确并安全地使用模块/平台，用户和/或集成商应关注的活动。

8）模块/平台阶段性认证数据单

应向用户、系统集成商、申请人以及局方提供模块/平台阶段性认证数据单（module acceptance data sheet，MADS)。MADS 通常应包括如下内容：

（1）模块/平台描述及预期的用途和功能。

（2）模块/平台件号，包括修改和修订的状态。

（3）最终模块/平台构型索引 MCI(含修订状态)。

（4）软件及硬件的设计保证等级。

（5）达到的环境鉴定试验级别。

（6）硬件的物理连接信息（如内部数据总线接口、耦合连接器、I/O 连接器以及外部数据总线和接口需求、安装和操作要求、模块内部接口与互连、接地和屏蔽规定、物理分离与逻辑隔离规定）

（7）电源需求与分配。

（8）尺寸与重量。

（9）特殊的安装信息，包括如下内容：

a. 软件的加载程序。

b. （模块/平台）所需的平台机箱或电子设备机架的型号。

c. 接地和防护要求。

e. 安装要求（包括在飞机上的方位）。

f. 间距要求（clearance requirements）。

g. 空气流量与制冷要求。

i. 物理分离与逻辑隔离要求。

j. 用户、安装人员或集成人员所需的其他信息。

（10）限制。

（11）持续适航信息，包括用户或安装人员涉及的各种持续适航信息。

（12）可能影响安装的安全性评估信息。

（13）用于软件开发、验证和系统构型的工具需求（适用时）以及对用户指南的引用。

（14）其他相关的阶段性认证数据，例如阶段性认证信件、数据批准信件等，也应在本文件中引用。

（15）模块/平台的使用特性。

9）模块问题报告

模块/平台问题报告是标识并记录模块/平台错误、失效和异常行为、与模块/平台计划不符的过程以及模块/平台生命周期数据缺陷解决情况的一种方法。模块/平台问题报告应包括如下内容：

(1) 标识发现问题的构型项和/或模块/平台生命周期过程活动。

(2) 标识需要修改的构型项或对需更改的过程进行描述。

(3) 问题描述。

(4) 描述解决所报告问题需要采取的纠正行动。

(5) 对纠正行动（解决方案）的验证。

10) 模块/平台阶段性认证其他生命周期数据

除了上述讨论的生命周期数据外，必要时还应该考虑以下生命周期数据。

(1) 支持数据：能支持模块阶段/平台认证的 DO - 178、DO - 254 和 DO - 160 数据。

(2) 能支持整个飞机安全性评估过程和 IMA 系统评估过程的安全性评估分析/报告。

(3) 工具数据：用于模块/平台开发和验证的工具可能需要进行验证或鉴定，必要时应提供相关数据。另外，模块/平台开发商可能向系统集成商或申请人提供工具以支持模块/平台集成或对集成进行验证。工具的验证应该记录在验证报告中，如果工具需要鉴定，应生成工具鉴定所需的数据。

(4) 用于模块/平台开发的开发标准（如编码标准、需求标准和设计标准）。

(5) 用户指南：包含用户、集成商和申请人成功进行模块/平台集成所需的信息。用户指南应说明模块/平台阶段性认证数据有效的使用特性。用户指南信息还应包括正确使用的建议及示例。另外，用户指南要强调模块/平台集成时的警告或限制信息，以避免可能的不正确或非预期使用。

10

适航审查过程

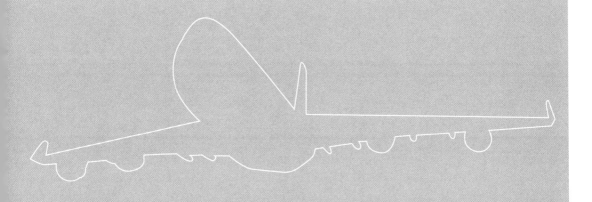

对于机载电子硬件而言,获得适航审查机构(局方)的批准意味着机载电子硬件作为机载系统或设备的一部分能够安装到飞机上。在机载电子硬件的审查过程中,需要申请人(通常为机载电子硬件开发方或使用方)与适航审查机构保持长期有效的沟通及协调,这是成功完成适航审定的重要因素。

通常适航审查过程是一个长期的、系统性的过程,如果在机载电子硬件开发过程中未关注适航审查要求或过晚关注适航审查要求,可能会导致机载电子硬件无法通过适航审查或严重推迟项目进度,对于开发方或使用方都影响重大。因此,在硬件开发过程中必须关注适航审查要求,及时配合局方开展适航审查活动。本章将从申请人的角度讨论硬件适航审查过程中需要关注的要点,帮助机载电子硬件开发方或使用方了解硬件适航审查过程。需要说明的是,本章仅代表笔者个人观点,并不能代表审查方真正在项目审查过程中的观点与方法,申请人在项目实际开展中,仍应遵守审查方的要求。

10.1　硬件适航审查简介

RTCA DO‐254 中提到,申请人需要提供能够表明硬件生命周期过程符合硬件计划的证据材料,局方可以在申请人或其供应商处评审这些材料,申请人需要安排硬件相关评审并保证硬件生命周期数据可以获得。

为了帮助审查方和申请人更好地实施审查,FAA 提出了四个介入性阶段评审(stage of involvement,SOI),分别是计划、开发、测试和结项。FAA 8110.105 及 Job Aid 中定义了该方法的具体执行内容和重要关注点。针对机载电子硬件的局方评审分为四个阶段,分别为 SOI♯1 硬件计划评审、SOI♯2 硬件设计评审、SOI♯3 硬件确认和验证评审、SOI♯4 最终评审,评审的基本要求如表 10‐1 所示。

表 10 - 1　硬件局方阶段评审概述

SOI 评审	所需数据	对应 DO - 254 章节
SOI♯1 硬件计划评审	硬件合格审定计划 硬件设计计划 硬件确认验证计划 硬件构型管理计划 硬件过程保证计划 硬件过程保证记录 硬件需求标准、设计标准、确认和验证标准、档案管理标准 工具鉴定评估数据(如适用)	10. 1. 1 10. 1. 2 10. 1. 3,10. 1. 4 10. 1. 5 10. 1. 6 10. 8 10. 2. 1,10. 2. 2,10. 2. 3,10. 2. 4 11. 4
SOI♯2 硬件设计评审	硬件需求标准、设计标准、确认和验证标准、档案管理标准 硬件需求规范 硬件(概要)设计文档、设计数据 HDL 编码或硬件设计原理图 硬件评审和分析程序 硬件评审和分析结果 硬件生命周期环境构型索引 问题报告 硬件构型管理记录 硬件过程保证记录	10. 2 10. 3. 1 10. 3. 2 10. 4. 2 10. 4. 3 FAA 8110. 105,4 - 5. b 10. 6 10. 7,FAA 8110. 105 4 - 5. a 10. 8
SOI♯3 硬件确认和验证评审	硬件需求规范 硬件(概要)设计文档、设计数据 HDL 编码或硬件设计原理图 硬件测试用例、测试程序、追溯矩阵 硬件测试结果、分析报告、评审报告 硬件生命周期环境构型索引 硬件构型索引 问题报告 硬件构型管理记录 硬件过程保证记录 工具鉴定评估数据(如适用)	10. 3. 1 10. 3. 2 10. 3. 2. 2 10. 4. 1,10. 4. 2,10. 4. 3,10. 4. 4 10. 4. 3,10. 4. 5 FAA 8110. 105,4 - 5. b FAA 8110. 105,4 - 5. a 10. 6 10. 7,FAA 8110. 105,4 - 5 10. 8 11. 4. 2

（续表）

SOI 评审	所需数据	对应 DO - 254 章节
SOI♯4 最终评审	硬件测试结果、分析报告、评审报告 硬件生命周期环境构型索引 硬件构型索引 问题报告 硬件构型管理记录 硬件过程保证记录（含硬件符合性评审报告） 硬件完成总结 工具鉴定评估数据（如适用）	10.4.3,10.4.5 FAA 8110.105,4 - 5.b FAA 8110.105,4 - 5.a 10.6 10.7,FAA 8110.105,4 - 5 10.8 10.9 11.4.2

尽管 FAA 定义了四个 SOI 阶段，但并不意味着每个项目都必须进行四个介入性阶段评审或者每个项目审查方介入的程度都一样。在项目前期审查方和申请人应尽可能地充分沟通，评估硬件相关信息，确定硬件审查介入的程度和深度。评估准则可以参考 FAA 8110.105 中提出的硬件审查介入准则，分为硬件等级评价（见表 10 - 2）和其他细化评价，通过评价将项目介入程度分为高、中、低三类，对应不同的审查介入策略。

表 10 - 2　硬件等级评价准则

RTCA DO - 254 硬件等级	FAA 介入程度
A	中或高
B	中或高
C	低或中
D	低

如果机载电子硬件设计中采用了新技术、新方法或新工具等，或需要审查方新的审查政策，审查方的介入程度可能会提高。在这种情况下，A 级和 B 级硬件的介入程度会定义为"高"，C 级和 D 级硬件的介入程度会定义为"中"。

在 FAA 8110.105 中描述了"高""中""低"三种介入程度常见的项目介入活动示例，如表 10 - 3 所示。

表 10‐3　按照介入程度的项目审查策略示例

介入程度	常见项目审查策略
高	（1）最小限度地授权委任代表，委任代表仅有批准数据的建议权 （2）局方首席科学技术顾问（CSTA）、理事会成员或 FAA 总部人员介入（当具体指南不适用时） （3）局方介入全部硬件生命周期，开展监控、现场评审、桌面评审等活动（现场评审不少于 2 次） （4）申请人提交所有硬件计划 （5）申请人提交硬件完成总结（HAS）、硬件构型索引（HCI）或其他构型数据以及验证结果 （6）建议申请人提交 DO‐254 目标符合性矩阵、追溯性数据以及符合 DO‐254 目标的过程数据（这些内容也可以包含在 HAS 中）
中	（1）适当地授权委任代表，委任代表可以建议 PHAC 和 HAS 的批准，可以批准 HCI，其他计划及数据 （2）局方适当介入硬件生命周期，一般在初始阶段（主要为制订计划，解释规章政策和监控部分活动）和项目结束（主要为最终批准） （3）可能需要局方首席科学技术顾问（CSTA）、理事会成员或 FAA 总部人员介入 （4）至少开展一次现场评审，大多评审为桌面评审 （5）申请人需要提交 PHAC、HCI 或其他构型数据以及 HAS （6）申请人可能需要提交 HVP、HPAP、HCMP 和 HDP
低	（1）最大限度地授权委任代表，除建议批准 PHAC 外，委任代表可以批准所有其他数据和文件 （2）最小限度地局方介入（无现场评审，很少桌面评审） （3）极少需要局方首席科学技术顾问（CSTA）、理事会成员或 FAA 总部人员介入

　　在审查过程中，审查介入程度可能会根据项目进展中出现的风险、审查情况、审查方人力资源等方面的问题进行调整。建议申请人能够指定其内部专人作为适航联络人员与审查方进行协调和接洽。适航联络人员需要负责与审查方协调审查计划和日程，清晰地了解审查方的预期审查目标、审查要求和后勤保障要求。此外，适航联络人员应该熟悉项目背景，具备一定的适航审查和硬件开发背景知识，以保证和审查方沟通良好。

10.2　适航审查关注项

适航审查过程中除需关注机载电子硬件开发过程与 DO - 254 相应目标的符合性外,还需重点关注硬件开发中的工具鉴定、设计复用、商用货架产品使用、单粒子效应(SEE)等内容。本节将针对上述审查方关注的问题进行讨论。

10.2.1　工具鉴定

伴随机载电子硬件规模和功能架构复杂程度的增加,用于机载电子硬件开发和验证的工具也日益复杂。表 10 - 4 举例说明了目前硬件生命周期中的常见的工具使用类型和使用范围,可以看出工具使用伴随着硬件生命周期全过程。

表 10 - 4　硬件生命周期中使用的工具类型和范围

工具类型	工具使用范围
开发工具	需求管理、设计、建模、编辑、编译、综合
验证工具	调试、静态分析、模型验证、仿真、自动测试
过程管理工具	构型管理、同行评审

在硬件生命周期中使用工具,一方面能够减轻硬件设计人员和验证人员的工作量;另一方面,如果设计工具本身存在缺陷和错误,那么就可能向硬件引入新的缺陷或错误;如果验证工具本身存在缺陷或错误,那么就可能无法检测到硬件中的错误,这都将影响硬件的安全性和可靠性。为了尽可能消除工具带来的缺陷和错误,提升工具使用的置信度,在 DO - 254 第 11.4 节中提出了工具的评估和鉴定要求,包括工具鉴定的过程要求和数据要求。

本节将基于 DO - 254 以及 DO - 330(工具鉴定指南)等标准对工具鉴定相关活动进行讨论。

1) 工具鉴定的确定

首先需要说明,并非所有在硬件生命周期中使用的工具都需要进行鉴定。

只有当使用工具消减了 DO-254 过程活动或工具将自动执行 DO-254 中要求的过程活动时,如果不再对工具的输出结果进行验证,工具就应该获得相应等级的置信度,以保证工具的输出结果可信,这种情况就需要进行工具鉴定。简单地说,工具出现错误后对系统安全性造成影响的风险越高,工具鉴定要求的程度就越严格。

DO-254 给出了确定工具是否需要进行鉴定的评估过程,包含设计工具和验证工具的鉴定考虑,可以指导申请人或工具开发方制订工具鉴定的策略,如图 10-1 所示。

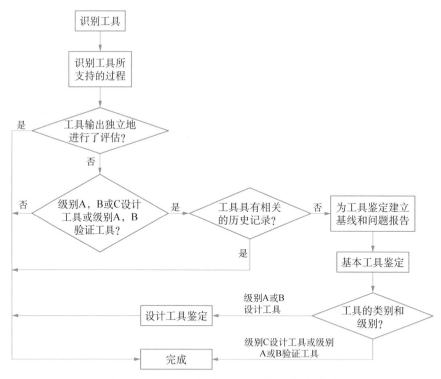

图 10-1 设计和验证工具的评估和鉴定

DO-254 中将工具鉴定活动分为基本工具鉴定和设计工具鉴定,只要求对用于支持 A 级、B 级硬件的设计工具进行设计工具鉴定,对 C 级设计工具或 A 级、B 级验证工具只要求进行基本工具鉴定,对于 D 级设计工具和 C 级、D

级验证工具不需要进行基本工具鉴定和设计工具鉴定。

如图 10-1 所示,硬件工具的评估过程和鉴定过程包括以下步骤。

(1) 步骤一：识别工具。

需要识别工具的名称、来源、版本及其基于的主机环境,记录并跟踪工具的升级情况;这部分内容应该作为硬件生命周期环境构型管理的一部分。当升级一个工具时,应评估工具升级对现有结果和硬件剩余生命周期的潜在影响。

(2) 步骤二：识别工具所支持的过程。

需要识别工具用于支持的设计过程或验证过程、所有相关的使用限制及工具产生的用于硬件生命周期的输出。如果工具存在已知问题,需要评估存在问题对硬件的影响,确定工具使用是否可接受,并提供工具使用可接受性的声明及理由。

(3) 步骤三：确定工具的输出是否独立地进行了评估。

如果工具输出经过了独立评估,那么就不需要开展进一步的评估;该工具鉴定评估活动可以直接完成。如果工具输出未经过独立评估,则需要进行下一步骤。

独立评估是用一种独立的方式验证工具输出的正确性。对设计工具整个或部分产生的输出的独立评估可通过对如元件、网表或装配件等硬件项进行验证来建立。在这种情况下,最终硬件项的完整性不仅只取决于设计工具输出的正确性,而且还可以通过人工检查再次确认。验证工具输出的独立评估可以包括对工具输出结果的人工评审,或者同时选用与被评估工具完成相同验证活动的另一种工具,将两者输出进行比较。

(4) 步骤四：确认工具是否是 A 级、B 级或 C 级的设计工具或 A 级或 B 级的验证工具。

如果工具用于 D 级硬件开发验证或用于 C 级硬件验证,则不需要进一步的评估,该工具鉴定评估活动可以直接完成。如果工具用于 A 级、B 级或 C 级硬件设计,或用于 A 级或 B 级硬件验证,则需要进行下一步骤。

(5)步骤五:确认工具是否具有相关的使用历史。

如果工具为先前使用工具,并且具备可接受的工具评估结果,则不需要进一步的评估,该工具鉴定评估活动可以直接完成。评估中,应对比工具的相关先前使用方法与工具拟使用方法的差异。工具的历史记录可以基于机载用途或非机载用途,提供的数据能够表明工具使用历史的相关性和相应的置信度即可。

(6)步骤六:为工具鉴定建立基线和问题报告。

(7)步骤七:基本工具鉴定。

为工具编制工具验证计划,使用分析或测试的方法,确定工具对于预期的应用产生了正确的输出;需要注意的是验证需要针对工具操作需求进行。

(8)步骤八:依据工具的类别和级别评估是否需要进行下一步工作:

如果工具用于 A 级或 B 级硬件设计,则需要进行下一步骤的设计工具鉴定;如果工具用于 C 级硬件设计或 A 级、B 级硬件的验证,则完成基本工具鉴定即可。

(9)步骤九:设计工具鉴定。

在 DO - 254 中,考虑到工具使用情况、使用技术、工具实现和生命周期数据的可见性以及其他因素,未详细定义 A 级和 B 级设计工具鉴定的要求。实际项目工具鉴定可以参考 DO - 178 中关于软件开发工具的工具鉴定指南、DO - 330 软件工具鉴定或审查方可接受的其他方法,对级别 A 或 B 设计工具进行鉴定。

(10)步骤十:完成。

将工具评估、评估结论的理由、必要时包括工具鉴定数据形成文档。为了支持工具评估和鉴定,还应提供工具的安装指南、用户手册和工具鉴定数据。

2)工具鉴定指南

为了规范工具鉴定的过程,RTCA 于 2011 年发布了 RTCA/DO - 330(以下简称 DO‑330)。

DO‑330 标准与 DO‑178 标准架构相似,工具开发的生命周期包括计划、需求、设计、验证、构型管理、质量保证以及适航审定联络等过程。DO‑330 中将工具分为 5 个工具鉴定级别(tool qualification level，TQL);TQL‑1～TQL‑5,决定了工具鉴定过程中的要求,不同级别工具的鉴定级别对应不同的工具鉴定目标。TQL‑1 级别的工具鉴定要求最高,对应目标最多。TQL‑5 级别的工具鉴定要求最低,对应目标最少。具体每个等级工具鉴定的目标可以参见 DO‑330 附录 A。

DO‑330 标准编制是为了多个领域的工具鉴定,包括系统、电子硬件、航空数据库和安全性评估过程。由于 DO‑254 发布早于 DO‑330,因此 DO‑254 中并未解释如何使用 DO‑330。如果在硬件审定过程中拟采用 DO‑330,则应该在硬件合格审定计划或其他计划文件中明确如何确定硬件工具的 TQL 并确定硬件的特殊要求。DO‑330 附录 B 中描述了通信、导航监视和空中交通管理(CNS/ATM)领域是如何实现 DO‑330 的例子,笔者认为复杂电子硬件工具鉴定也可以参考类似的方法。

3) 工具鉴定的数据要求

在 DO‑254 第 11.4.2 节中对工具评估和鉴定数据的内容提出了要求,工具评估和鉴定数据应包括如下内容:

(1) 识别工具和其支持的过程(见第 10.2.1 节的步骤三、步骤四、步骤五的评估内容)。

(2) 定义明确的工具鉴定构型(见第 10.2.1 节的步骤六的要求),以及当被测试的构型与实际设计或验证最终硬件有差别时,被测试构型适用的理由。

(3) 工具鉴定详细描述,包括用于测试的需求、测试程序、预期结果、用来解释和补充测试结果的分析过程,以及如何确定独立性。

(4) 设计工具的鉴定计划,包括适用的鉴定程序以及计划中识别的所有活动的输出。

（5）对已知的工具勘误的处理，以及产生的问题报告（适用时）。

参考 DO-178 和 DO-330 中对工具鉴定资料的要求，硬件工具鉴定资料包括如下内容：

（1）工具鉴定计划。

（2）工具开发计划。

（3）工具验证计划。

（4）工具构型管理计划。

（5）工具质量保证计划。

（6）工具需求标准。

（7）工具设计标准。

（8）工具编码标准。

（9）工具操作需求（TOR）。

（10）工具需求。

（11）工具设计说明。

（12）工具源代码。

（13）工具可执行目标码。

（14）工具鉴定测试用例和测试程序。

（15）工具验证结果。

（16）追溯资料。

（17）工具构型索引。

（18）工具生命周期环境构型索引。

（19）工具构型管理记录。

（20）工具质量保证记录。

（21）工具完成总结。

（22）工具安装报告。

（23）工具操作验证用例和程序。

（24）工具操作验证结果。

工具鉴定的资料可以根据需要的鉴定工具的实际情况进行准备，并不局限于上述资料。

4）工具鉴定的考虑

（1）工具鉴定过程与硬件开发过程的交互。虽然工具鉴定过程可以参考DO‐330 或采用工具开发方定义的其他过程，但是工具鉴定需要在特定的项目中开展，不可能脱离使用工具的软件和硬件生命周期而独立进行。在整个硬件合格审定过程中应该注意工具鉴定过程与硬件开发过程的交互。

在 PHAC 中应明确工具鉴定相关内容，能够有助于审查方和申请人在早期关于工具鉴定内容达成共识，避免后期发生工具未鉴定或证据不充分的情况。为了达到预期目的，申请人可以在 PHAC 中描述如下内容：

a. 识别硬件生命周期中所使用的所有工具及其预期用途，包括工具对硬件生命周期的影响。

b. 解释工具鉴定想获得的置信度（即解释使用工具去除、减少了哪些过程或目标或自动化执行了哪些过程或目标）。

c. 表明工具成熟度和技术/理论背景。

d. 工具拟定的 TQL 和支持证据材料。

e. 确定工具开发商或工具来源。

f. 描述工具鉴定的相关方及其职责。

g. 描述工具 TOR 定义过程，工具操作集成过程和工具操作确认验证过程。

h. 描述工具使用的操作环境。

i. 解释工具鉴定的任何额外考虑，包括复用数据、COTS 工具、使用历史等情况。

j. 引用 TQP，如果没有单独的 TQP，则需要引用其他相关文件。

此外，硬件完成总结（HAS）和硬件环境构型索引（HECI）中也应该包含工

具鉴定的相关信息。对于等级为 TQL1～TQL4 的工具,在硬件完成总结中应该包含如下内容:

a. 工具标识(件号或其他标识号)。

b. 工具寻求的置信度详细信息(即解释使用工具去除、减少的过程或目标或自动化执行的过程或目标)。

c. 引用工具完成总结。

d. 声明工具开发、验证和集成过程符合工具鉴定计划。

e. 分析工具相关的所有开口问题报告,保证工具符合 TOR。

f. 描述与 PHAC 中定义工具使用的差异。

对于 TQL-5 的工具,在硬件完成总结中只需要描述工具标识、置信度和引用工具鉴定资料即可。

(2) 工具操作需求。DO-330 中强调了工具操作和工具开发,提出工具操作需求(tool operational requirements,TOR)的概念。在软件和硬件开发过程中,软件和硬件高级需求的输入是系统需求,但是对于工具而言,不存在上一级的系统需求,工具开发高级需求的输入是 TOR。DO-178 和 DO-254 中定义了系统需求、高级需求和低级需求三个层次的需求,DO-330 中定义了 TOR、工具需求和低级工具需求。在工具鉴定过程中,工具开发方需要区别 TOR 和工具需求,包括 TOR 定义过程和工具需求过程的区别。

TOR 文档包括如下内容:

a. 工具使用环境的描述(工具安装环境)。

b. 工具输入,包括格式、语言定义等。

c. 工具输出,包括格式和内容。

d. 工具功能和技术指标的需求。

e. 工具能够检测异常激活模式或不一致输入的需求(TQL-5 不适用)。

f. 适当的用户信息,如用户手册和安装指南。

g. 工具操作的描述(包括选项、参数值、命令行等)。

10.2.2　硬件复用

对于机载软件和电子硬件而言,复用是适航审查中的重要关注点之一。因为除了个别完全新研制的项目,大多数民用机载系统或设备都是从已有系统或设备中发展而来,因此复用(先前开发的软件和硬件)会在系统或设备构成中占一定比例。一般而言,硬件复用是使用先前开发的硬件,且被复用的硬件需要单独作为一个构型项。复用硬件根据不同的开发情况,可能是COTS硬件或开发方内部的历史项目开发的,开发过程可能遵循DO-254或其他标准指南,因此需要对硬件复用的可行性进行评估。

1) 硬件复用的可行性评估

在DO-254第11.1节中提出了硬件复用的相关考虑,包括先前开发硬件的变更、飞机安装的变更、应用或设计环境的变更、设计基线升级以及额外的构型管理考虑。在DO-254中并未明确先前开发硬件使用的条件,参考DO-178中对软件复用的要求,在硬件复用前需要注意如下问题:

(1) 确定该先前开发硬件已通过适航批准。如果该先前开发硬件之前在航空产品中得到过适航批准,则硬件满足复用的先决条件,无须进行返工或再次验证。如果之前未得到批准,则将需要重新表明硬件对DO-254相应等级目标的符合性。

(2) 确定安装和开发保证等级(DAL)是否相同。如果硬件以相同的使用方式安装在相同的系统中,且安全性等级相同,则硬件满足复用条件,无须进行返工或再次验证。如果使用方式或安全性等级不相同,则需要进行评估。

(3) 在PHAC及HDP中需要说明使用先前开发硬件的策略。如果是整个硬件进行复用,则还需要在系统或更高层级计划文档中对复用策略进行描述;复用策略需要考虑第a项和第b项的内容。

(4) 确认先前开发硬件是否使用DO-254并得到了批准,以保证先前开发硬件遵循了DO-254,否则需要进行与DO-254的差距分析,并与审查方就差距的补充符合性方法达成共识。

2) 硬件复用的变更考虑

硬件复用变更可以分为三种类型：对先前开发硬件本身的变更、硬件安装的变更和环境的变更。

先前开发硬件本身的变更可能由需求变更、发现错误、硬件或工艺改进或采购困难等因素引起。变更中需要进行如下分析：

（1）评估由于硬件变更对系统安全性造成的影响。

（2）分析硬件 DAL 是否需要提高。如果等级提高，则需要分析之前 DO-254 符合性数据与所需目标之间的差距，评估是否需要进行额外的补充验证工作，相关差距分析应与审查方达成一致并在 PHAC 中描述。

（3）分析对硬件基线的变更，应评估硬件变更影响到基线中哪些数据内容，对于硬件基线的升级可以参见 DO-254 第 11.1.4 节中的内容。

硬件安装的变更是由于使用硬件的系统或航空器发生了变化，或者硬件安装的安全性影响发生了变化产生的。申请人需要在系统层面的安全性评估过程中开展安全性影响评估，并确定硬件 DAL。如果安装改变造成先前开发硬件变更，则应与硬件变更一样执行差距分析，并评估硬件变更影响。

环境的变更可能是设计环境的变更、使用环境的变更或软/硬件接口的变更，这些变更均会造成硬件基线的变更。如果硬件设计环境使用了新的工具，需要考虑硬件工具评估与鉴定相关活动；如果先前开发硬件与不同的接口硬件一起使用时，需要重新进行硬件接口的验证；如果先前开发硬件使用了不同的软件，需要评估是否需要重新进行硬、软件接口的验证。

10.2.3　COTS 元件使用

COTS(commercial off-the-shelf)元件，即商用货架元件。随着集成电路设计及半导体制造工艺等技术的快速发展，COTS 元器件功能性能提高，更新换代速度加快。在机载电子系统 COTS 元件应用广泛，几乎所有的机载电子系统都离不开 COTS 元件，这也使 COTS 元件成为机载电子硬件适航审查中的重点关注内容。DO－254第11.2节提出了COTS元件的使用考虑,侧重COTS元件的管理和采购。

1) COTS元件管理

FAA于2010年修订和发布了COTS元器件风险减缓指南《COTS元器件风险缓解指南:有效COTS采购与生命周期保障实用办法》,指出在电子设备中使用COTS产品存在的主要风险,并针对这些风险提出了相应的风险减缓策略。此外,国际电工委员会(IEC)发布的IEC/TS 62239:2008《航空电子系统过程管理——管理计划——第一部:电子元件管理计划的编制和维护》对机载电子产品供应商如何对元器件实施管理提供了方法和依据。机载电子硬件供应商在进行COTS元件采购与管理时可以参考上述标准中的要求。

机载电子硬件开发方需要建立电子元器件管理程序,并且针对具体项目编制电子元器件管理计划,对元器件使用的全周期进行策划和控制。参考IEC/TS 62239,元器件管理计划中通常需要包括元器件选用、元器件使用、元器件鉴定、元器件持续质量保证、元器件可信度、元器件与设备制造过程的符合性、元器件停产考虑、元器件数据以及构型控制等内容。

2) COTS IP

COTS IP是指商业上用于设计和实现部分或完整用户微编码组件(如PLD、FPGA或类似可编程组件)的功能逻辑块(包含库)。

FAA在DOT/FAA/AR－08/55中定义了三种COTS IP类型,包括软IP,固件IP和硬IP。软IP核包含数据的详细程度最高,能够达到Verilog语言或VHDL语言描述的寄存器传输级;固件IP核能够到达网表级别,因此需要集成方在布局、布线和映射时进行一些分析和优化的工作;硬IP核包含数据的详细程度最低,直接提供工业标准语言的物理布局格式,硬IP核类似黑盒,无法充分地进行分析和/或优化。

由于COTS IP不是申请人或硬件开发方开发的,而且其在开发时考虑了多种不同的应用场景,因此COTS IP通常不太可能按照严格的设计保证方法进行开发(如 DO-254)。基于这种原因,审查方通常需要申请人或硬件开发商表明使用 COTS IP 仍符合适用的适航规章、政策和指南。如果机载系统或设备采用了 COTS IP,则申请人可以采用 FAA 8110.105 中提出的下列几种方法来建立对适航需求、规章和指南的符合性。

(1) 逆向工程:需要从已有的 COTS IP 功能和设计中重新产生所需的生命周期数据。

(2) 扩展 COTS IP 测试和分析:申请人能够获得更多 COTS IP 功能方面的详细信息,以及其边界和失效条件下如何工作。无论申请人在该项目中是否使用 COTS IP 的所有功能,都需要对其所有功能进行测试和分析。

(3) 在设备级、板卡级、LRU 级或系统级架构上设计减缓措施:能够检测和/或减缓复杂电子硬件和简单电子硬件非预期的操作或无法检测的故障,包括未使用或未激活的 COTS IP 功能的减缓措施。如果出于符合性要求,则申请人需要从架构设计上考虑减缓措施,以保证相应的设计保证等级,满足系统安全性评估要求。

(4) 产品服务历史:按照 DO-254 第 11.3 节内容,申请人需要提交证据材料来支持产品服务历史获得认证置信度。

10.2.4　单粒子效应

1) 单粒子效应概念

单粒子效应(SEE)是电子部件由于受到单粒子(如宇宙射线、太阳高能粒子、高能中子和质子等)的撞击而产生的反应。SEE 能够导致电子硬件的失效,民用机载电子设备则因为其工作所处的高度环境而特别容易受到影响。当单粒子撞击一个门电路时,可能造成瞬时的损坏(软错误)或永久的损坏(硬错误)。软错误是指改变了逻辑值,但是可以通过复位、余度、校验等方法纠正,例如单粒子脉冲、单粒子翻转、单粒子功能中断。硬错误是破坏性的,导致硬件永久损坏,不可纠正,例如单粒子烧毁、单粒子栅穿、单粒子锁定。

常见软错误如下：

（1）单粒子翻转（single event upsets，SEU）。

a. 可能改变用户设计和嵌入内存的值。

b. 可能改变配置存储器和布线的值（SRAM 器件）。

（2）单粒子脉冲（single event transients，SET）。

a. 瞬态电流（或者脉冲）。

b. 可能引起组合逻辑输出或者全局布线的错误。

c. 根据频率情况，如果被寄存器锁存可能导致一个 SEU。

（3）单粒子功能中断（single event functional interruptions，SEFI）。

当出现 SEE 时，引起器件停止正常模式的运行。

常见硬错误如下：

（1）单粒子锁定（single event latch up，SEL）。在大电流状态器件死锁。

（2）单粒子栅穿（single event gate ruptures，SEGR）。栅极电介质击穿是由高电流引起的，可能导致器件永久性短路。

（3）单粒子烧毁（single event burnouts，SEB）。高电流状态持续一段时间引起器件永久性失效。

2）SEE 符合性方法

EASA 在 CM－SWCEH－001 中对 SEE 问题提出了两种常用的符合性方法。

（1）自顶向下方法：通常型号申请人（飞机制造商）使用该方法。由于 SEE 可能会对飞机/发动机造成影响，因此需要在飞机级或发动机级开展 SEE 分析来检查硬件组件对 SEE 的易感性。例如，按照飞机巡航高度定义 SEE 发生的概率。

型号申请人开展自顶向下分析的目的是为所有供应商定义适用的 SEE 设计准则，该设计准则是基于系统架构和向系统分配的开发保证等级/功能开发保证等级（DAL/FDAL）制订的。

（2）自底向上方法：通常系统/设备供应商使用该方法。对于一些 SEE 敏感的元件,需要识别出每个硬件组件由于 SEE 原因发生的故障或错误;同时表明这些 SEE 造成的故障或错误是如何在组件级、板级、设备级、系统级或飞机/发动机级进行抑制和/或减缓处理的。

10.2.5　DAL A/B 特殊要求

在系统安全性评估中识别出的 DAL A/B 级的硬件,其功能失效或异常,将会引起飞机"安全-关键"功能失效,从而导致飞机处于灾难性或危险性的失效状态。因此在 DO - 254 中提出,对于 DAL A/B 级的硬件,除了遵循 DO-254 第 3 章到第 10 章提出的指南外,还应该考虑 DO-254 附录 B 中的内容。在设计中,由硬件实现的 DAL A/B 级功能,还需要考虑硬件功能潜在异常和潜在错误的处理方式,需要具备出于安全性考虑的设计。需要注意的是在 DO-254 中提到的 DAL A/B 的要求是针对复杂的可编程电子硬件,对于板卡、硬件模块和简单电子硬件则无论其对安全性的影响如何,开发过程只需按照 D 级要求进行控制。例如,一个 DAL 为 B 级的信号处理模块其功能失效将导致危险级(hazard)影响,但其不包含复杂电子硬件,因此该模块的开发过程可以按照 DO-254 DAL D 级进行。功能安全性方面的考虑将在系统层面通过冗余或其他方法来保证。

10.3　局方阶段性审查过程

机载电子硬件开发方(或申请人)熟悉局方阶段性审查过程,就能够在开发过程中关注局方的审查要求,将审查要求和开发工程活动相结合,保证硬件生命周期及生命周期数据符合适航要求,避免审查过程中出现过多不符合问题项。

FAA 在 2008 年发布了 Job Aid，用于帮助审查组、委任代表和申请人开展机载电子硬件评审。本节将结合 Job Aid 中 SOI 审查建议和机载电子硬件适航实践经验来具体讨论申请人在硬件 SOI♯1～SOI♯4 审查时需要考虑的内容。

10.3.1　SOI♯1 审查

开展 SOI♯1 审查的目的如下：

（1）评估硬件开发过程与系统开发过程、软件开发过程、系统安全性评估过程之间的接口关系；评估系统分配给硬件的 DAL，并确定用于支持系统可靠性、完整性、安全性、功能性、性能和操作性需求的安全性考虑的适用性，包括系统和硬件安全特性、安全监控硬件及保护机制。

（2）评估申请人确定的硬件等级、安全性特性和安全性相关硬件需求的相关计划和标准。

（3）确认计划和标准符合 DO－254 中确定的目标，并且符合其他适用的硬件适航要求和指南。

（4）评估当申请人按照计划开展工作时，能够满足所有适用的 DO－254 目标和其他适用的硬件适航要求和指南。

1）SOI♯1 审查所需数据

通常 SOI♯1 审查需要准备的数据如下：

（1）硬件合格审定计划。

（2）硬件确认/验证计划。

（3）硬件开发计划。

（4）硬件构型管理计划。

（5）硬件过程保证计划。

（6）工具鉴定计划（如适用）。

（7）前期评审活动产生的发现项、问题等。

（8）硬件设计标准。

（9）系统安全性评估数据。

（10）系统架构。

（11）硬件构型管理(CM)记录。

（12）硬件过程保证(QA)记录。

（13）其他必要的数据,例如申请人(或开发方)内部文件或指南。

2) SOI♯1 主要评估内容

通常 SOI♯1 评估内容可以参考 FAA Job Aid 表 5 中的内容进行,主要评估内容如下:

（1）评审所有硬件计划和标准。通常在计划和标准评审中,需要检查如下内容:

a. 计划数据的受控情况。

b. 计划与标准等引用的完整性和正确性。

c. 对 DO-254 第 10 章要求内容的符合情况。

d. 硬件和工具的变更过程定义。

e. 所有硬件工具的识别和鉴定评估。

f. 硬件开发过程的输入输出和转换准则定义。

g. 硬件设计方法。

h. 硬件计划过程活动的证据符合 DO-254 计划过程目标的情况。

i. 硬件设计过程之间的接口。

j. 项目有特殊的额外考虑,例如采用除 DO-254 外的符合性方法,采用新颖的设计方法等。

k. 针对上述额外考虑,相关的问题纪要或政策法规,以及对问题纪要/政策法规的符合性考虑。

l. 硬件 DAL 的符合性方法。

申请方可以将上述检查内容纳入其内部评审的检查单中,以便于早期内部评审中消除内容缺失、前后不一致等问题。

(2) 确定 DO-254 第 11 章中提到的额外考虑已经在计划中进行了描述。附加考虑包括硬件复用、COTS 元件和 COTS IP、外场可加载硬件、产品服务历史、符合性替代方法等;申请人需要在硬件合格审定计划(PHAC)或硬件开发计划(HDP)中详细描述上述内容在设计验证中的考虑。这部分内容可以参见本书第 10.2 节适航审查关注项中的相关描述。

(3) 评审硬件合格审定计划(PHAC)。PHAC 评审时需要重点关注如下内容:

a. PHAC 对 DO-254 第 10.1.1 节相应内容的符合性。

b. PHAC 中描述的计划变更和计划偏离的处理方法。

c. PHAC 中安全性内容与系统安全性评估的一致性。

d. PHAC 对 DO-254 附录 B 附加考虑的描述。

e. PHAC 对 DAL A/B 级硬件的独立性要求等内容。

建议申请人在内部评审时,将上述内容纳入内部评审检查单,特别是计划变更和计划偏离,应该在计划阶段评审中重点关注。

(4) 评审硬件开发计划(HDP)。HDP 评审时需要重点关注如下内容:

a. HDP 内容对 DO-254 设计过程目标的符合性。

b. 在 HDP 中详细描述了硬件设计过程,能够指导硬件设计活动。

c. 如果存在下级供应商,如何将 HDP 中适用内容传递至下级供应商。

d. 在 HDP 中对硬件开发环境和硬件综合工具的定义和考虑。

e. 在 HDP 中对采用的 HDL 编码标准和硬件设计标准等考虑。

硬件开发计划可能在内容上与 PHAC 和 HVVP 有重叠,在编制及评审中需要注意各计划文档之间内容的一致性。建议申请人在内部评审时,对各计划的一致性进行交叉检查。

(5) 评审硬件构型管理计划(HCMP)。HCMP 评审时需要重点关注如下内容:

a. HCMP 对 DO－254 构型管理目标的符合性。

b. HCMP 内容对 DO－254 第 10.1.5 节要求的符合性。

c. 如果存在下级供应商,如何将 HCMP 中适用内容传递至下级供应商。

如果 HCMP 中有关内容引用了系统级构型管理计划或企业内部文件,申请人需要在 HCMP 中描述引用关系,并将引用材料提交审查方审查。

(6) 评审硬件过程保证计划(HPAP)。HPAP 评审需要重点关注如下内容:

a. HPAP 对 DO－254 过程保证目标的符合性。

b. HPAP 内容对 DO－254 第 10.1.6 节要求的符合性。

c. 确保 QAE 与开发团队的独立性,使 QAE 在确认 QA 审计问题、行动项和缺陷的纠正情况中具有充分的自主性和权威性。

d. 在 HPAP 中定义了过程保证计划和过程保证活动的偏离处理方法。

e. 充分定义了硬件开发过程之间的转换准则、过程之间关系和顺序。

f. 在 HPAP 中定义了项目问题、行动项和缺陷的纠正程序。

g. 过程保证发现问题过程的独立性,QAE 上报问题的途径独立。

h. 在 HPAP 中定义了 QAE 介入(包括抽查、参加评审、评估、过程符合性审计、目击试验等)的准则。

i. 在 HPAP 中描述了过程保证活动的人员和组织职责。

j. 如果存在下级供应商,如何将 HPAP 适用内容传递至下级供应商。

如果 HPAP 中有关内容引用了系统级过程保证计划或企业内部文件,申请人需要在 HPAP 中描述引用关系,并将引用材料提交审查方审查。

(7) 评审硬件确认和验证计划(HVVP)。HVVP 评审需要重点关注如下内容:

a. HVVP 对 DO－254 确认和验证目标的符合性。

b. HVVP 内容对 DO－254 第 10.1.3 节和第 10.1.4 节要求的符合性。

c. 如果存在子供应商,HVVP 中验证计划、环境、工具、培训和程序等适用内容应传递至子供应商,以保证子供应商对验证计划、标准和程序的符合性。

d. 能够保证验证活动的独立性。

e. HVVP 描述了每一种验证活动采用的方法、检查单、工具和程序,例如评审活动、分析活动(追溯性、覆盖率分析等)、测试计划/用例/程序/结果的评审活动、测试活动(需求测试、硬件集成测试、软/硬件集成测试等)。

f. HVVP 详细描述了验证环境,包括根据 DO－254 第 11.4 节内容开展验证工具鉴定的考虑。

g. 如果存在子供应商,相关验证计划,包括测试计划和程序,如何传递给子供应商以保证其活动和结果符合批准的计划和程序。

h. HVVP 描述了测试用例选择的策略或方法,定义了每条需求的测试方法,如硬件组件级测试、板级软件和硬件集成测试。

i. 检查 HVVP 中对验证实施人员的定义。

硬件确认计划和硬件验证计划可以合并为一份文件或者单独分为两份文件,重点在于计划中考虑了所有审查方的关注点,并且可以指导后续确认和验证活动。此外,申请人在验证计划评审中,需要关注验证计划、测试计划和测试程序的相互关系和一致性。

(8) 评审硬件标准。硬件标准评审需要重点关注如下内容:

a. 按照相应的硬件开发等级,是否具有需求标准、硬件设计标准、确认和验证标准以及硬件数据检索标准等文档。

b. 相关标准和硬件计划文档之间协调一致,且标准能够支持计划的实施。

c. 硬件设计标准能够支持相应硬件等级和硬件对 DO－254 目标的符合性。

d. 标准在每个硬件生命周期过程中进行了验证,标准能够满足硬件开发等级要求。

e. 标准的描述内容能够满足 DO－254 计划过程目标(即 DO－254 第 10.2.1 节、第 10.2.2 节、第 10.2.3 节和第 10.2.4 节)。

f. 在硬件设计标准中是否说明了 HDL 或其他语言的选择考虑。

硬件标准可以是企业内部通用标准或者项目专用标准。在计划阶段,申请人对通用标准的选择需要明确剪裁范围、标准版本等内容,以保证标准在项目的适用性。同时在硬件开发过程中申请人需要注意对标准符合性的验证,保证标准在硬件设计开发活动中的贯彻。

3) SOI♯1 审查前准备工作

按照 SOI♯1 的审查目的和评估内容,依据笔者的工程经验,在下文中提出 SOI♯1 准备工作的建议,希望有助于 SOI♯1 审查顺利开展。

(1) 被审查方(指申请人或机载电子硬件开发方)需要按照其开发硬件的等级和相应 DO-254 的目标,完成所需计划文档和标准文档的编制;必要时,被审查方可以编制一个与 DO-254 目标的符合性矩阵,以表明计划文档、标准对 DO-254 的符合性,这份符合性矩阵可以编入 PHAC 或单独维护。

(2) 被审查方需要完成各项计划文档和标准的内部评审,包括文档之间一致性的评审;并且保证在 SOI♯1 之前,内部评审中发现的问题已关闭;被审查方可以在内部评审中参考 FAA Job Aid 关于 SOI♯1 的内容。

(3) 被审查方需要保证所有的计划文档和标准纳入构型管理,变更和发布过程符合构型管理计划;对计划的偏离有相应记录。

(4) 被审查方应该确保硬件开发团队成员了解所有计划文档和标准的内容,并在开发过程中能严格执行计划文档和标准。

10.3.2 SOI♯2 审查

SOI♯2 审查通常在硬件详细设计结束后进行,一般为现场评审。开展 SOI♯2 审查的目的如下:

(1) 通过检查硬件生命周期数据,评估申请人对计划和标准执行的有效性。

(2) 评估硬件计划的变更,并批准变更。

（3）评估硬件生命周期数据对 DO‐254 相应目标的符合情况。

1）SOI♯2 审查所需数据

通常 SOI♯2 审查需要准备的数据如下：

（1）硬件需求标准、设计标准和编码标准。

（2）硬件需求规范。

（3）硬件概要设计说明。

（4）硬件设计说明。

（5）硬件详细设计数据（综合结果、布局布线结果、仿真验证结果、位流文件等）。

（6）硬件确认和验证结果。

（7）问题报告。

（8）硬件构型管理（CM）记录。

（9）硬件过程保证（QA）记录。

（10）追溯矩阵/工具。

（11）预评审记录。

2）SOI♯2 主要评估内容

在 SOI♯2 评估过程中，需要使用追溯矩阵或类似追溯工具，对每个主要子系统进行自顶向下的追溯（如系统需求到硬件需求，硬件需求到硬件概要设计，硬件概要设计到详细设计，直到测试用例）。评估内容可以参考 FAA Job Aid 表 6 中的内容进行，主要评估内容如下：

（1）评审 SOI♯1 后的项目进展状态。评审主要目的是检查 SOI♯1 中的问题是否都已经关闭，如果没有关闭，是否有合理解释。任何未关闭的 SOI♯1 审核问题通常需要在 SOI♯2 开始时进行讨论并解决，因此建议申请人在 SOI♯1 到 SOI♯2 期间一直保持对 SOI♯1 中发现的问题跟踪。

（2）评审需求捕获过程。需求捕获过程评审需要重点关注如下内容：

a. 硬件需求按照硬件构型管理计划中的 HC1 类别受控。

b. 按照 HVVP 中描述的方法开展硬件需求评审。

c. 建立硬件需求到上一级的系统需求的追溯关系。

d. 对于 A 级和 B 级硬件验证的独立性要求,验证人员应独立于需求人员;即验证工程师和需求工程师不应为同一人。

e. 需求符合需求标准,例如需求均有唯一标识;需求含义清晰、严谨、准确,且内容完整;需求可验证。

f. 检查需求评审和硬件设计计划中定义的评审活动一致;在内部评审中应确认需求捕获活动按照硬件设计计划开展。

g. 派生需求应准确一致,并反馈至安全性评估过程或其他相应过程进行确认。

h. 硬件需求中发现的系统级别遗留问题和错误能够反馈给系统开发过程(问题报告)。

硬件需求过程需要重点关注派生需求。在硬件需求捕获过程中,对产生的派生需求除开展评审外,还应向安全性评估过程反馈,评估方法可以是系统安全性工程师参加派生需求评审,也可以是针对派生需求单独进行安全性影响评估,总之需要有证据表明派生需求对安全性的影响是可以接受的。

(3)评审硬件概要设计过程。硬件概要设计过程评审需要重点关注如下内容:

a. 概要设计说明充分地描述了硬件架构和功能设计。

b. 概要设计说明处于受控状态。

c. 概要设计说明中硬件设计内容能够追溯到硬件需求。

d. 概要设计过程中识别的硬件派生需求按照要求反馈到需求捕获过程。

e. 概要设计过程中发现的需求遗漏和错误能够反馈至相关过程处理(问题报告)。

硬件概要设计过程产生的设计数据可能为多种形式,包括文档、模型、仿真数据等。需要注意的是,概要设计说明编写不能过于简单,应详实地表述硬件架构设计;在概要设计过程中发现的需求遗漏和错误向相关过程的反馈应保留记录,例如问题报告或其他过程记录。

(4) 评审硬件详细设计过程。硬件详细设计过程评审需要重点关注如下内容:

a. 详细设计数据足够详细,能够按照需求实现硬件组件。

b. 详细设计数据能够追溯到概要设计和硬件需求。

c. 在硬件详细设计过程中识别的硬件派生需求按照要求反馈到需求相关过程。

d. 硬件详细设计过程发现的需求遗漏和错误能够反馈至相关过程处理(问题报告)。

对于复杂电子硬件而言,详细设计数据通常包括详细设计文档、HDL 代码、仿真模型等,所有数据均应按照构型管理计划中定义的控制类别进行构型管理,过程中的数据迭代应该进行记录。在详细设计过程中发现的需求遗漏和错误向相关过程的反馈应保留记录,例如问题报告或其他过程记录。

(5) 评审硬件实现过程。硬件实现过程评审需要重点关注如下内容:

a. 硬件组件制造采用具备生产经验的典型制造工艺。

b. 硬件组件生产、装配和安装数据完整可用。

c. 硬件组件生产数据可以追溯至详细设计数据(设计图纸或设计文档)。

d. 硬件实现过程中识别的派生需求按照要求反馈至详细设计过程或需求相关过程。

e. 硬件实现过程中识别的需求遗漏和错误能够反馈至相关过程处理(问题报告)。

实现过程数据通常包括硬件设计数据(综合结果、布局布线结果)、仿真验证数据、逻辑编程位流文件等,所有数据均应按照构型管理计划中定义的控制类别进行构型管理,过程之间的数据迭代应该进行记录。在实现过程中发现的需求遗漏和错误向相关过程的反馈应该保留记录,如问题报告或其他过程记录。

(6) 评审生产移交过程。硬件生产移交过程评审需要重点关注如下内容：

a. 制造数据已按照产品构型准备完成。

b. 生产移交过程中产生的相关变更或改进，依据产品要求和安全性需求开展了评估。

c. 制造数据和产品构型设计数据之间一致性和完整性经过了检查或评审。

d. 明确了安全性相关的制造需求，例如关键工序，并且开展了生产控制。

e. 定义了用于开发验收测试准则的数据，例如可检测的产品参数项等。

f. 在生产移交过程中识别的派生需求按照要求反馈至实现过程或需求相关过程。

g. 在生产移交过程中识别的需求遗漏和错误能够反馈至相关过程处理（问题报告）。

在生产移交过程中一项重要内容是验收测试准则的准备，通常需要针对每项硬件组件定义验收测试项，针对可编程逻辑准备固化说明文件和用户手册。此外，建议申请人可以进行试生产以评估制造数据的完整性和可用性。在生产移交过程中发现的需求遗漏和错误向相关过程的反馈应该保留记录，如问题报告或其他过程记录。

3) SOI♯2 审查前准备工作

按照 SOI♯2 的审查目的和评估内容，依据笔者的工程经验，提出以下 SOI♯2 准备工作的建议，希望有助于 SOI♯2 审查顺利开展。

(1) 被审查方应该在 SOI♯2 开始之前，确认 SOI♯1 发现的问题关闭情况，并准备相应的证据材料。对于没有关闭的问题，应有合理的解释；可以维护一份 SOI 过程的问题清单，并保持对所有问题状态的跟踪。

(2) 被审查方应该按照硬件的开发保证等级和相应 DO-254 的目标，完成所需设计数据和生产数据的编制及内部评审；被审查方可以在内部评审中参考 FAA Job Aid 关于 SOI♯2 的内容。

(3) 由于 SOI♯2 会涉及大量硬件设计数据,被审查方应该在正式审查开始之前准备所有设计数据,保证审查方在现场能够顺利查看到设计数据。

(4) 被审查方可以准备自顶向下的需求追溯示例(从系统需求到硬件需求,再到硬件概要设计和详细设计)和自底向上的追溯示例(从详细设计到概要设计,再到硬件需求,最终到系统需求),示例可以准备多个,从不同功能、不同复杂性、安全性需求等方面进行选取。

(5) 被审查方应该整理硬件开发过程中的问题清单和变更记录,包括之前预审查发现的问题、对计划执行的偏离、评审发现的问题等,并提供问题的纠正措施或拟采用的解决方案。

(6) 被审查方应该保证所有数据纳入构型管理,数据的变更和发布过程符合构型管理计划。

10.3.3　SOI♯3 审查

SOI♯3 审查通常在硬件验证完成后进行。开展 SOI♯3 审查的目的如下:

(1) 评估申请人确认/验证计划和确认/验证程序实施的有效性。

(2) 检查相关 CM 和 QA 任务的完成情况。

(3) 确定评审中发现的(或申请人提出的)计划和标准可接受的偏离。

(4) 保证硬件需求已经进行了确认和验证。

(5) 保证硬件生命周期数据符合 DO‐254 目标。

(6) 保证验证活动满足 DO‐254 附录 B 中的验证覆盖要求。

1) SOI♯3 审查所需数据

通常 SOI♯3 审查需要准备的数据如下:

(1) 硬件需求。

(2) 硬件概要设计说明。

(3) 硬件设计说明。

（4）硬件详细设计数据（综合结果、布局布线结果、仿真验证结果、位流文件等）。

（5）硬件验证用例和硬件验证程序。

（6）硬件验证结果（测试报告和仿真报告）。

（7）问题报告。

（8）硬件构型管理（CM）记录。

（9）硬件过程保证（QA）记录。

（10）追溯矩阵/追溯工具。

（11）预评审记录。

2）SOI♯3 主要评估内容

SOI♯3 评估与 SOI♯2 一样，通常在申请人现场进行。审查方将通过抽取系统需求（能够分配到硬件需求）进行追溯，检查申请人是否充分地进行了测试。同时通过测试用例向上追溯系统需求以检查追溯性。SOI♯3 主要评估内容如下：

（1）评审 SOI♯1 和 SOI♯2 后的项目进展状态。评审的主要目的是确认 SOI♯1 和 SOI♯2 中的问题和发现项是否已关闭，未关闭的问题和发现项应有合理解释；任何未关闭的 SOI♯1 和 SOI♯2 审核问题通常要在 SOI♯3 开始时进行讨论并解决，因此申请人在 SOI♯2 到 SOI♯3 期间需要一直保持对前期审查中发现问题的跟踪。

（2）按照计划评审相关文件记录和材料，确认按照硬件验证计划（HVP）和其他验证、集成、测试相关计划执行验证活动的情况。这项评审不是针对验证活动具体内容，主要为了评估计划的执行和偏离情况。

（3）评审派生需求确认情况。派生需求确认评审需要重点关注如下内容：

a. 用于验证硬件项的硬件派生需求是正确和完整的。

b. 评估派生需求对安全性的影响并对评估过程保留记录。

c. 派生需求的遗漏和错误已反馈至相关过程进行解决（问题报告）；由安

全性工程师或团队对派生需求的安全性影响进行确认。

需求确认通常通过评审的方式进行。在 DO‐254 中强调了派生需求的确认，但是在实际项目过程中，建议申请人对所有硬件需求都进行确认，并提供相关确认记录作为证据材料。对于派生需求需要特别注意安全性影响的评估。

（4）抽取申请人的测试用例进行检查。测试用例检查过程需要重点关注如下内容：

　　a. 测试用例到硬件需求的追溯关系。

　　b. 硬件需求到详细设计数据（如 HDL 代码、原理图等）的追溯关系。

　　c. 测试用例能够对正常范围进行测试。

　　d. 测试用例能够对设计的鲁棒性进行评估。

硬件测试用例依据硬件规模，可能数量不等。在评审前，申请人可以准备需求与测试用例、测试用例与测试程序、测试程序与测试结果之间的追溯关系矩阵，以便审查过程中抽取。

（5）评审测试用例和测试程序。测试用例和测试程序评审需要重点关注如下内容：

　　a. 通过评审等方式对测试用例和测试程序的正确性进行了检查。

　　b. 测试用例和测试程序符合测试计划和标准。

　　c. 测试用例和测试程序的注释描述详细。

　　d. 测试用例和测试程序处于相应等级的变更控制和构型控制下。

　　e. 每个测试用例的目的都有明确解释。

　　f. 测试用例之间的分隔清晰，例如每项测试都定义了开始和结束。

　　g. 测试用例和测试程序描述了测试输入、测试顺序、测试条件和预期输出。

　　h. 每项测试用例的输入源自需求（而不是源自 HDL）。

　　i. 测试用例和测试程序能够充分覆盖所有相关需求（包括环境鉴定试验需求）。

j. 每项测试用例均有对应的测试程序,包含测试设施、测试步骤和通过-失败准则。

k. 如果测试用例在模拟器或仿真器上运行,且模拟器或仿真器简化了任何测试步骤,则需要按照 DO-254 第 11.4 节进行验证工具鉴定。

l. 测试能充分保证硬件的验证覆盖率。

测试用例和测试程序的检查可以采用抽查的形式进行。此外,申请人的测试用例和测试程序评审检查单中可以包含上述检查内容,在内部评审时检查上述要求是否已经满足。

(6) 评审测试用例、程序和结果的检查单。测试用例和测试程序检查单需要重点关注如下内容:

a. 检查单能充分保证基于需求的测试用例、程序和结果满足验证目标。

b. 检查单内容包括评审人员、评审内容、评审时间、发现问题和纠正措施。

c. 检查单能够发现用于提供符合性证据的测试用例结果是否明确;保证每项固定的测试用例/测试程序都可以重复执行。

d. 检查单能够检查出测试用例不符合验证标准的情况。

e. 检查单能够检查出未能按预期实现每个功能单元覆盖的测试用例(功能单元覆盖见 DO-254 附录 B 第 3.3.1 节)。

f. 测试用例检查单、测试程序检查单和测试结果检查单进行过评审。

测试用例、测试程序和测试结果检查单作为符合性证据之一,在整个验证过程中非常重要,因此需要对检查单进行评审。评审检查单的目的是确认检查单的有效性,以保证评审结果的有效性。使用不完整、不充分的检查单对测试用例、测试程序和测试结果进行评审,很难发现其中隐藏的问题,无法达到测试目的。

(7) 评审测试结果(测试报告)。测试结果(测试报告)评审需要重点关注如下内容:

a. 测试结果能够明确地关联到测试程序和详细设计数据上。

b. 每项测试结果明确地关联到一个测试用例上。

c. 测试结果能清晰反映出未通过的测试用例。

d. 测试结果能反映出每项程序是否通过和最终的通过/失败结果。

e. 测试结果内容符合验证计划、验证标准和相关程序文件。

f. 目击至少一项基于需求的测试,并确认测试的可重复性、完整性、结果与内容的一致性、对需求的验证性等内容。

g. 记录了预期结果与实际结果之间的偏差,并有解释或反馈至相应过程进行处理。

h. 检查测试结果、测试用例和需求之间的追溯性。

i. 所有硬件需求均进行了测试/验证。

j. 评审过的数据符合 HVVP 中定义的过程活动。

k. 测试结果处于相应等级的构型控制下。

硬件测试执行可能需要较长的时间,因此审查方对于测试结果的评审可能是抽查目击部分测试用例的执行,检查或抽查其他测试用例的测试结果。在测试过程中,申请人需要如实记录预期结果与实际结果之间的偏差,可以采用问题报告流程或其他验证计划里规定的流程。

(8) 评审测试未通过理由和重新测试情况。对于测试未通过理由和重新测试情况的评审,需要重点关注如下内容:

a. 对预期结果、标准和计划的偏离具有可接受的理由。

b. 对未通过的测试用例的解释合理,并已产生相应的问题报告。

c. 详细设计或重新测试能够合理解释测试失败的原因。

d. 在回归测试时测试用例按照测试计划进行了重新执行。

建议申请人将测试中未通过的情况进行管理,需要注意未通过情况的处理方法是否和标准、计划中规定的方法一致。

(9) 评审验证覆盖率完成情况,考虑通过基于需求测试 HDL 覆盖率是否 100%达到;如果未达到,应对未覆盖代码有合理解释或分析。

（10）评审集成过程数据确认对 DO－254 的符合性。集成过程数据的评审需要重点关注如下内容：

a. 板级集成和验证过程的目标的实现过程。

b. 集成测试过程符合验证计划或集成计划。

c. 已经明确识别需要通过软件验证活动实现的硬件验证目标。

申请人需要在验证计划中明确集成过程和验证过程活动的范围，避免出现集成活动和验证活动混淆，保证集成活动按照计划完成相应目标，并形成集成活动记录。

（11）评审问题报告和硬件生命周期数据变更。问题报告和变更过程评审需要重点关注如下内容：

a. 申请人按照硬件构型管理计划记录相关问题。

b. 具备问题报告流程和变更控制流程。

c. 问题报告中充分描述了缺陷/异常行为和变更计划。

d. 问题报告中能够识别所有受影响的硬件模块。

e. 构型项的版本能够体现构型更新。

f. 问题报告中的描述能够充分支持设计变更。

g. 变更批准经过了确认。

h. 在文件初始位置记录了变更历史。

i. 如果变更影响了硬件设计，则应对设计数据进行了更新或对基线进行了变更。

j. 如果变更影响了需求，则应对需求进行了更新或对基线进行了变更。

k. 在变更过程中进行了重新测试或回归分析以及安全性影响评估。

在 SOI♯1 和 SOI♯2 审查中也有对问题报告和变更流程进行的评审，但当项目进行到 SOI♯3 时，申请人已基本完成了硬件的开发和验证工作，大部分生命周期数据已经到达最终状态，此时对问题报告和变更流程进行审查，更为重要。建议申请人在整个硬件生命周期中能维护问题报告和变更记录的清单,以便管理和追踪问题报告和变更的状态。

(12) 评审数据归档、数据检索和数据发放程序。数据归档、数据检索和数据发放程序评审需要重点关注如下内容:

a. 有措施能防止对产品进行未授权的变更。

b. 有存储介质管理措施,能降低数据损坏和错误重建的风险至最小。

c. 有物理隔离的备份以进行灾后数据恢复。

d. 有措施验证制作的复件的正确性,包括检查可执行文件的名称、版本、日期等信息。

数据归档、数据检索和数据发放的过程要求通常会在构型管理过程中定义,如果申请人的这部分活动在企业级文件中有详细描述,那么在构型管理计划中应该明确引用。在项目开发过程中数据归档、数据检索和数据发放活动需要保留相应记录。

(13) 如果验证工具需要进行工具鉴定,则评审工具鉴定数据。工具鉴定数据评审需要重点关注如下内容:

a. PHAC 或 HVVP 中定义了需要鉴定的工具和鉴定理由。

b. 编制有详细的验证工具需求。

c. 在工具鉴定过程中进行了充足的分析,能够发现验证工具的错误和工具功能的限制。

d. 工具鉴定数据能够表明工具的变更评估和变更控制的过程。

申请人需要在 SOI♯1 评审时向审查方表明需要进行工具鉴定的项目。

(14) 评审 A 级和 B 级验证。A 级和 B 级验证评审需要重点关注如下内容:

a. 验证的独立性要求是否满足。

b. 完成了功能失效路径分析(FFPA)。

c. 采用了合适的额外保证方法。

A 级和 B 级在验证过程中除 DO-254 中相应验证活动目标外,还需要进行 FFPA。

3) SOI♯3 审查前准备工作

按照 SOI♯3 的审查目的和评估内容,依据笔者的工程经验,提出以下 SOI♯3 审查前准备工作的建议,希望有助于 SOI♯3 审查顺利开展。

(1) 被审查方需要在 SOI♯3 审查开始之前,确认 SOI♯1 和 SOI♯2 发现的问题关闭情况,并准备相应的证据材料;对于没有关闭的问题,应有合理的解释;可以维护一份 SOI 过程的问题清单,并保持对所有问题状态的跟踪。

(2) 被审查方需要准备验证计划、测试用例、测试程序、测试结果、覆盖率分析等数据及其评审记录,包括评审采用的检查单和检查单的评审记录;被审查方可以在内部评审中参考 FAA Job Aid 关于 SOI♯3 的内容。准备硬件需求与测试用例、测试用例与测试程序、测试程序与测试结果之间的追溯矩阵。

(3) 被审查方需要准备审查方目击的测试,包括测试环境、被测硬件、测试资料、测试人员等,保证所有测试的可重复性。

(4) 被审查方需要准备之前测试过程中的问题报告记录、构型管理记录、过程保证记录等;对于未关闭的问题应有合理解释。

(5) 被审查方应该保证所有数据纳入构型管理,数据的变更和发布过程符合构型管理计划。

10.3.4　SOI♯4 审查

当之前 SOI 审核的问题已关闭,并且验证结果、HCI 和 HAS 已经纳入基线管理时,就可以开展 SOI♯4 审查。SOI♯4 通常是远程进行,但如果在前几次审查中发现问题较多,审查方有可能会选择现场评审。

开展 SOI♯4 审查的目的如下:

(1) 确定所有 DO-254 目标的符合性已经完成,且开口项已经制订实施计划。

(2) 评估硬件构型管理记录(包含硬件生命周期环境的记录),硬件完成总结以及其他之前未评审的文档。

1）SOI♯4 审查所需数据

通常 SOI♯4 审查需要准备的数据如下：

（1）硬件构型管理(CM)记录。

（2）问题报告。

（3）硬件完成总结。

（4）预评审记录。

（5）之前评审中有问题的数据。

2）SOI♯4 主要评估内容

SOI♯4 主要评估内容如下：

（1）评估 SOI♯1 和 SOI♯2 或 SOI♯3 中遗留的活动、发现的不满意项和需要进行的变更是否已完成。SOI♯4 作为最终评审，之前未关闭的问题应该在这个时期进行检查，否则将影响整个项目完成。

（2）硬件完成总结已完成了评审（如包含必需的信息，描述了硬件标识、变更历史、硬件状态和符合性声明）；硬件完成总结可以参考 DO‐254 第 10.9 节的内容要求。

（3）硬件构型管理记录包含了硬件重新生成、重新验证或变更所需的硬件生命周期环境所有元素。

（4）硬件构型管理记录包含了硬件构型项、子装配件和子部件。

（5）所有必要的硬件生命周期数据均处于相应等级的构型控制下。

（6）评估问题状态，确认以下问题已经充分进行了分析和描述：

a. 是否存在有影响安全性的开口问题报告，需要有专人或团队确认开口问题对安全性影响已经完全描述清楚。

b. 是否存在有影响硬件运行的开口问题报告。

c. 开口问题报告的分类是否正确（如"影响安全性"和"产品改进"）。

d. 问题报告是否充分地进行了原因分析。

对于未关闭的问题报告的分析评估将影响项目是否能完成结项，如果未关闭问题报告影响安全性或涉及产品后续变更,需要评估硬件是否退出开发过程。对于未关闭的问题报告,申请人必须持续对开口问题进行管理,跟踪其状态。

(7)系统满足安全性评估目标,确认计划的安全性目标已完成;是否有专人或团队负责确认系统设计符合所有安全性目标。

(8)确认所有相应的 DO-254 目标已符合。

(9)针对硬件实物(as-built)开展了硬件符合性评审,硬件构型管理记录能够体现硬件实物的构型。

3) SOI♯4 审查前准备工作

按照 SOI♯4 的审查目的和评估内容,依据笔者的工程经验,提出以下 SOI♯4 审查前准备工作的建议,希望有助于 SOI♯4 审查顺利开展。

(1)被审查方需要在 SOI♯4 开始之前,确认 SOI♯1 发现的问题关闭情况,并准备相应证据材料;对于没有关闭的问题,应有合理的解释;可以维护一份 SOI 过程的问题清单,并保持对所有问题状态的跟踪。

(2)被审查方需要准备硬件构型索引(HCI)或顶层图、硬件生命周期环境构型索引(HECI)、硬件验证报告(HVR)、硬件完成总结(HAS)及相关评审记录,并且确认评审中提出的问题已经关闭;被审查方可以在内部评审中参考 FAA Job Aid 关于 SOI♯4 的内容。

(3)被审查方需要确认硬件符合性评审已经完成,符合性评审中发现的问题已经关闭,准备硬件符合性评审的证据文件。

(4)被审查方需要准备之前 SOI 中未提供的资料(如最终验证结果、分析数据等)。

(5)被审查方应该保证所有数据纳入构型管理,数据的变更和发布过程符合构型管理计划。

参考文献

[1] FAA. 8110. 105 A simple and complex electronic hardware approval guidance

[S]. FAA，2017.

[2] FAA. Conducting airborne electronic hardware reviews [S]. FAA，2008.

[3] RTCA. DO - 254 Design assurance guidance for airborne electronic hardware [S]. FAA，2005.

[4] RTCA. DO - 330 Software tool qualification consideration [S]. RTCA，2011.

[5] FAA. COTS risk mitigation guide：practical methods for effective COTS acquisition and life cycle support [R]. FAA，2010.

[6] IEC. TS62239 - 2012 - 1 Process management for avionics-management plan-Part 1：Preparation and maintenance of an electronic components management plan [S]. IEC，2012.

[7] EASA. CM - SWCEH - 001 Development assurance of airborne electronic hardware [S]. EASA，2012.

[8] SAE. ARP 4761 Guidelines and methods for conducting the safety assessment process on civil airborne systems and equipment [S]. SAE，1996.

[9] FAA. Microprocessor evaluations for safety critical，real-time applications：Authority for expenditure No. 43 phase 3 report [R]. FAA，2009.

[10] 刘文,王青. 机载复杂电子硬件开发中的过程保证研究[J]. 硅谷,2014,7(11)：45 - 46.

[11] 田莉蓉. 机载电子产品适航工程方法[M]. 北京：航空工业出版社,2016.

缩略语

缩略语	英文全称	中文
ABV	assertion-based verification	基于断言的验证
AC	advisory circular	咨询通告
AEH	avionics electronic hardware	航空电子硬件
ASIC	application specific integrated circuits	专用集成电路
ATA	Air Transport Association	航空运输协会
ATP	acceptance test procedure	验收测试程序
BFM	bus function model	总线功能模型
BIT	built-in test	自测试
BITE	built-in test equipment	自测试设备
BOM	bill of materials	物料清单
CAST	certification authorities software team	局方软件团队
CC	control category	控制分类
CCA	common cause analysis	共因分析
CCB	Configuration Control Board	构型控制委员会
CDC	clock domain crossing	跨时钟域
CM	configuration management	构型管理
CNS/ATM	communication, navigation, surveillance, and air traffic management	通信、导航、监视和空中交通管理
COTS	commercial off-the-shelf	商用货架产品
COTS IP	commercial off-the-shelf intellectual properties	商用货架知识产权

CP	certification plan	认证计划
CR	change request	变更控制
CSTA	chief scientific and technical advisor	首席科学技术顾问
DAL	development assurance level	开发保证等级
DIMA	distributed IMA	分布式 IMA
EASA	European Aviation Safety Agency	欧洲航空安全局
EDA	electronic design automation	电子设计自动化
EUROCAE	European Organization for Civil Aviation Equipment	欧洲民用航空设备组织
EWIS	electrical wiring interconnection system	电气线路互联系统
FAA	Federal Aviation Administration	美国联邦航空管理局
FAI	first article inspection	首件检验
FDAL	functional development assurance level	功能开发保证等级
FFPA	functional failure path analysis	功能失效路径分析
FMEA	failure mode and effect analysis	失效模式与影响分析
FPGA	field programmable gate array	在线可编程逻辑阵列
FSM	finite state machine	有限状态机
HAS	hardware accomplishment summary	硬件完成总结
HC1	hardware control category 1	硬件控制类别 1
HC2	hardware control category 2	硬件控制类别 2
HCI	hardware configuration index	硬件构型索引
HCMP	hardware configuration management plan	硬件构型管理计划
HDL	hardware description language	硬件描述语言
HLP	host local port	主局部端口

HDP	hardware design plan	硬件开发计划
HPAP	hardware process assurance plan	硬件过程保证计划
HVVP	hardware validation and verification plan	硬件确认和验证计划
IMA	integrated modular avionics	集成模块化航电
I/O	input/output	输入/输出
I2C	inter integrated circuit	内部集成电路
IP	intellectual property	知识产权
JTAG	joint test action group	联合测试工作组
JOVIAL	Joles own version of IAL	国际算法语言的朱尔斯文本
LRU	line replaceable unit	现场可更换单元
MAAS	module acceptance accomplishment summary	模块阶段完成总结
MADS	module acceptance data sheet	模块阶段认证数据清单
MAP	module acceptance plan	模块阶段认证计划
MCI	module configuration index	模块构型索引
MIPS	million instructions per second	每秒百万条指令
MOC	means of compliance	符合性方法
MRS	module requirements specification	模块需求规范
OP	overarching property	全局属性
PCB	printed circuit board	印刷电路板
PCI	pericheral component interconnect	外接组件互连
PHAC	plan for hardware aspect of certification	硬件合格审定计划
PLD	programmable logic device	可编程逻辑器件
PMC	PCI mezzanine card	PCI 接口子卡

PLL	phase locked loop	锁相环
PR	problem report	问题报告
PSSA	preliminary system safety assessment	初步系统安全性评估
QA	quality assurance	质量保证
QAE	quality assurance engineer	质量保证工程师
RTCA	Radio Technical Commission for Aeronautics	航空无线电委员会
RTL	register transfer level	寄存器传输级
SAE	Society of Automotive Engineers	自动化工程师协会
SDC	Synopsys design constraints	Synopsys 设计约束
SEB	single event burnout	单粒子烧毁
SEE	single event effect	单粒子效应
SEFI	single event functional interruption	单粒子功能中断
SEGR	single event gate rupture	单粒子栅穿
SEL	single event latch up	单粒子锁定
SET	single event transient	单粒子脉冲
SEU	single event upset	单粒子翻转
SOI	stage of involvement	(局方)阶段审查
SOPC	system on programmable chip	可编程片上系统
SRAM	static random access memory	静态随机存取存储器
SRU	shop replaceable unit	车间可更换单元
TBV	transaction-based verification	基于事务的验证
TOR	tool operational requirement	工具操作需求
TQL	tool qualification level	工具鉴定等级
TSO	technical standard order	技术标准规定

| WBS | work breakdown structure | 工作分解结构 |
| UART | universal asynchronous receiver/transmitter | |

索引

大飞机出版工程 书目

一期书目(已出版)

《超声速飞机空气动力学和飞行力学》(译著)

《大型客机计算流体力学应用与发展》

《民用飞机总体设计》

《飞机飞行手册》(译著)

《运输类飞机的空气动力设计》(译著)

《雅克-42M 和雅克-242 飞机草图设计》(译著)

《飞机气动弹性力学和载荷导论》(译著)

《飞机推进》(译著)

《飞机燃油系统》(译著)

《全球航空业》(译著)

《航空发展的历程与真相》(译著)

二期书目(已出版)

《大型客机设计制造与使用经济性研究》

《飞机电气和电子系统——原理、维护和使用》(译著)

《民用飞机航空电子系统》

《非线性有限元及其在飞机结构设计中的应用》

《民用飞机复合材料结构设计与验证》

《飞机复合材料结构设计与分析》(译著)

《飞机复合材料结构强度分析》

《复合材料飞机结构强度设计与验证概论》

《复合材料连接》

《飞机结构设计与强度计算》

三期书目(已出版)

《适航理念与原则》

《适航性:航空器合格审定导论》(译著)

《民用飞机系统安全性设计与评估技术概论》

《民用航空器噪声合格审定概论》

《机载软件研制流程最佳实践》

《民用飞机金属结构耐久性与损伤容限设计》

《机载软件适航标准 DO‒178B/C 研究》

《运输类飞机合格审定飞行试验指南》(编译)

《民用飞机复合材料结构适航验证概论》

《民用运输类飞机驾驶舱人为因素设计原则》

四期书目(已出版)

《航空燃气涡轮发动机工作原理及性能》

《航空发动机结构强度设计问题》

《航空燃气轮机涡轮气体动力学:流动机理及气动设计》

《先进燃气轮机燃烧室设计研发》

《航空燃气涡轮发动机控制》

《航空涡轮风扇发动机试验技术与方法》

《航空压气机气动热力学理论与应用》

《燃气涡轮发动机性能》(译著)

《航空发动机进排气系统气动热力学》

《燃气涡轮推进系统》(译著)

《燃气涡轮发动机的传热和空气系统》

五期书目(已出版)

《民机飞行控制系统设计的理论与方法》

《民机导航系统》

《民机液压系统》(英文版)

《民机供电系统》

《民机传感器系统》

《飞行仿真技术》

《民机飞控系统适航性设计与验证》

《大型运输机飞行控制系统试验技术》

《飞行控制系统设计和实现中的问题》(译著)

《现代飞机飞行控制系统工程》

六期书目(已出版)

《民用飞机构件先进成形技术》

《民用飞机热表特种工艺技术》

《航空发动机高温合金大型铸件精密成型技术》

《飞机材料与结构检测技术》

《民用飞机构件数控加工技术》

《民用飞机复合材料结构制造技术》

《民用飞机自动化装配系统与装备》

《复合材料连接技术》

《先进复合材料的制造工艺》(译著)

七期书目(已出版)

《支线飞机设计流程与关键技术管理》

《支线飞机验证试飞技术》

《支线飞机电传飞行控制系统研发及验证》

《支线飞机适航符合性设计与验证》

《支线飞机市场研究技术与方法》

《支线飞机设计技术实践与创新》

《支线飞机项目管理》

《支线飞机自动飞行与飞行管理设计与验证》

《支线飞机电磁环境效应设计与验证》

《支线飞机动力装置系统设计与验证》

《支线飞机强度设计与验证》

《支线飞机结构设计与验证》

《支线飞机环控系统研发与验证》

《支线飞机运行支持技术》

《ARJ21‑700 新支线飞机项目发展历程、探索与创新》

《飞机运行安全与事故调查技术》

《基于可靠性的飞机维修优化》

《民用飞机实时监控与健康管理》

《民用飞机工业设计的理论与实践》

八期书目（已出版）

《航空电子系统综合化与综合技术》

《民用飞机飞行管理系统》

《民用飞机驾驶舱显示系统》

《民用飞机机载总线与网络》

《航空电子软件开发与适航》

《民用机载电子硬件开发实践》

《民用飞机无线电通信导航监视系统》

《飞机环境综合监视系统》

《民用客机健康管理系统》

《航空电子适航性分析技术与管理》

《民用飞机客舱与机载信息系统》

《民用飞机驾驶舱集成设计与适航验证》

《航空电子系统安全性设计与分析技术》

《民机飞机飞行记录系统——"黑匣子"》

《数字航空电子技术（上、下）》